제2판

통계로 세상보기

김영민 · 김용구 · 송준모
이경은 · 조교영 · 조길호 지음

자유아카데미

제2판 머리말

통계학은 우리의 일상과 직간접적으로 관련이 있는 분야에서부터 사회과학 및 자연과학, 공학 등의 다양한 학문 분야와 전문 응용 분야에 이르기까지 널리 그리고 주요하게 활용되고 있다. 그리고 데이터를 생성하고 수집하는 곳에서는 항상 이를 과학적으로 다루는 방법과 그 배경 이론을 제공하는 통계학의 중요성을 강조해 왔다.

지난 10년간 우리 사회 AI(Aritificial Intelligence)와 빅데이터로 대표되는 4차 산업혁명 시대로 진입하게 되면서 이에 따른 많은 변화를 맞이하게 되었다. 사회 각 분야에서는 기존과는 비교할 수 없을 정도의 많은 자료가 생성되고 있으며, 이를 효과적으로 처리하고 분석할 수 있는 능력을 요구하고 있다. 이에 따라 데이터과학의 근간이 되는 통계학 그리고 더 나아가 통계적 사고력 향상의 중요성은 더욱 커지게 되었다. 시간이 지나 세상의 흐름이 바뀌고 또다른 형태의 생산시스템의 전환을 야기하는 혁명의 시대가 도래하더라도 데이터는 항상 새롭게 생성될 것이기 때문에, 통계학과 통계적 사고력의 중요성은 더욱더 강조될 것이다.

본 교재는 통계학 입문서로서 그리고 일반인들에게 통계학을 소개하는 목적으로 저술되었으며, 초판의 머리말에서 잘 정리되었듯이, 통계학의 실제 활용사례를 구체적으로 소개하고 있으며 실생활에서 접할 수 있는 통계 관련 자료를 올바르게 이해하기 위한 통계적 개념들에 대하여 설명하고 있다. 이번 제2판에서는 초판에 사용된 자료를 새롭게 업데이트하였으며, 임상시험과 6시그마 내용을 따로 분리하여 소개하였다.

이러한 노력에도 불구하고 부족한 부분이 있을 수 있다. 이 점은 양해를 바라며, 출간 후 나올 수 있는 수정사항 등은 자유아카데미 홈페이지(www.freeaca.com) 자료실을 통해 제공할 예정이니 참조하기를 바란다. 아무쪼록 독자들에게 본 교재의 내용이 다양한 통계학의 활용사례를 이해하고 새롭게 변화하는 시대에서도 변하지 않을 통계학의 중요성을 인식하는 데 도움이 되기를 바란다.

이번 제2판이 출간되기까지 많은 도움을 준 경북대학교 대학원 통계학과 유진경, 이주희 학생에게 감사의 마음을 전한다. 또한, 출판을 위해 애써주신 자유아카데미 관계자분들께도 감사드린다.

2021년 2월

저자 일동

초판 머리말

21세기는 지식정보화사회인데, 특히 20세기말부터 진행되어 온 정보화는 그 근간이 통계에 있음을 알 수 있다. 따라서 우리들 주위를 보면 통계로부터 생산된 갖가지 정보들로 넘쳐나고 있다.

우선 가장 민감하면서도 민주주의 체재가 확립되는 데 지대한 공헌을 하고 있는 여론조사의 경우를 들 수 있겠다. 대통령 선거는 물론이거니와 국회의원 선거라든가 혹은 특정 사안에 대한 국민의 지지 정도를 온전히 파악하는 데 있어 여론조사는 그 핵심적인 역할을 하고 있다. 하지만 제대로 조사된 믿을만한 결과인지 아닌지 각자가 판단하기에는 그렇게 쉽지 않다. 뿐만 아니라 조사 결과에 포함되는 오차의 한계 등의 용어에 대한 이해가 동반되지 않으면 지지율에 대한 해석이 제대로 이루어질 수 없다.

또 정부에서 발표하는 각종 통계에 대해 이를 바로 활용할 능력을 갖추지 못하면 엄청난 예산을 들여 생산하는 정부통계는 무용지물이 되고 마는 것이다. 예를 들면, 통계네비게이터를 찾아가 보면 블루슈머를 찾을 수 있도록 안내하고 있는데, 이는 지역별 특성에 대한 통계를 생산 제공함으로써 이를 바탕으로 21세기 특징인 프로슈머로서 블루 오션을 찾을 수 있도록 도와주고 있다. 그러나 여기서 제공되는 각종 통계나 지수를 제대로 이해하지 못하면 이 또한 무용지물이 되고 마는 것이다.

또 로또나 카지노 등과 같이 확률과 깊이 연관된 레저 산업이 증가되고 있는 추세에서 확률의 의미를 잘 알고 이를 바로 활용할 수 있는 것 또한 매우 중요한 능력이 되어 새로운 직업인 오즈메이커로 활약할 수도 있는 것이다.

신문이나 잡지를 펴보면 통계정보를 표현함에 있어 가장 기본적이면서도 전달력이 좋은 각종 통계 관련 그래프 등을 어느 때보다 많이 볼 수 있는데, 의도적으로 그린 그래프인지 공정하게 그려진 그래프인지 잘 알아야 속지 않을 것이다.

이렇게 홍수처럼 쏟아져 나오는 각종 통계 관련 자료나 정보들을 올바로 이해하고 활용할 수 있는 기본 소양을 함양하기 위해 이 책을 저술하였다. 한 학기용으로 만들어진 이 책은 처음 두 장은 데이터의 수집에 대한 것이고, 그래프와 그 활용, 그리고 평균과 산포에 대한 의미와 해석에 대한 부분이 있다. 또 확률의 기본개념과 활용 부분이 있으며, 연관성과 상관관계에 대한 이해를 돕기 위한 부분도 있다. 또 각종 지수나 임상시험, 6시그마, 인구통계나 기상통계 등 실생활에 빈번히 접하면서 그 의미를 잘 알면 매우 도움이 되는 부분에 대해 다루고 있다. 각 장마다 가급적이면 실제 예를 많이 인용하여 신문 등 각종 미디어에서 제공되는 통계관련 내용을 현실감 있게 다루기 위해 노력했다. 책의 내용을 보다 잘 이해하기 위해서는 현재 주변에 관련된 기사나 정보 등을 찾아 올바르게 해석하는 연습을 겸한다면 21세기 지식사회에서 현명하게 살아가는 데 매우 도움이 되리라 확신한다. 문명비판가인 오웬이 이야기했듯이 민주주의 국가에서의 시민이 되기 위해서는 마침내 통계문맹에서 벗어나야 하는 시점이 왔다고 해도 과언이 아니다.

이 책이 나오기까지 도움을 주신 자유아카데미는 물론이거니와 경북대학교 자연과학대학 통계학과 대학원생들에게 감사드린다.

2012년 2월 어느 날 복현골에서

저자 일동

차례

01 통계란 무엇인가?

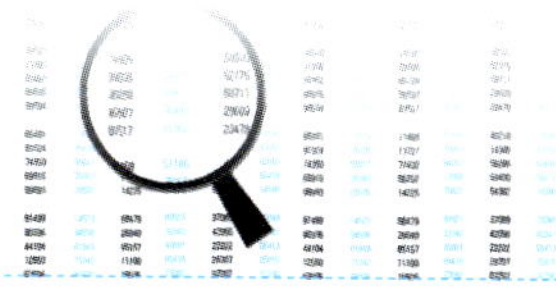

02 자료 모으기

03 자료 표현하기

04 자료 요약하기

05 확률이야기-개념과 모의실험

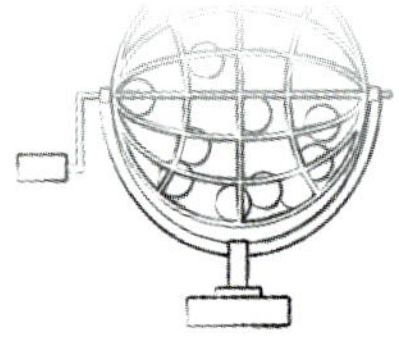

06 확률이야기-기댓값

07 통계로 추측하기

08 부분으로 전체보기

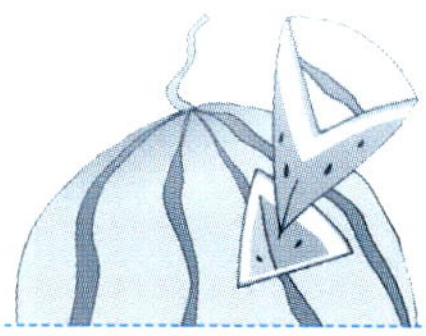

09 관련성과 상관계수

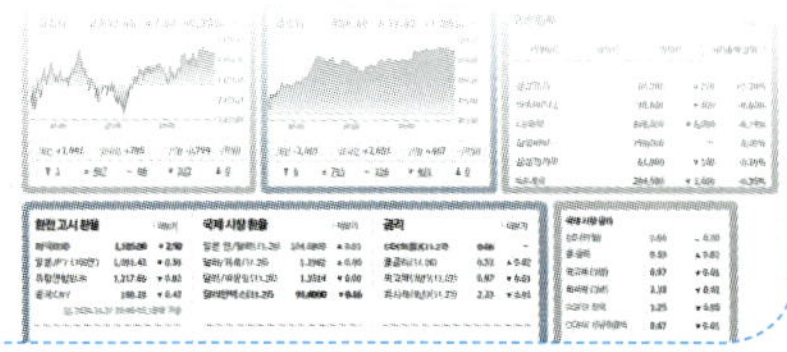

10 지수로 세상 읽기

11 임상시험 이해하기

12 6시그마 운동

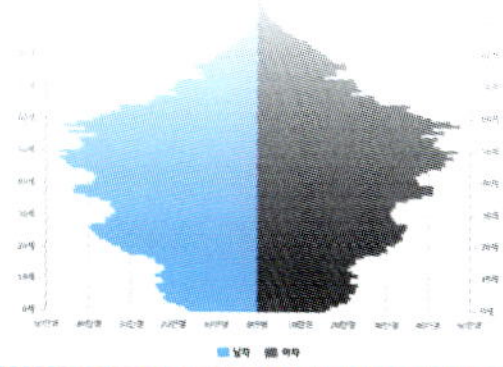

13 인구통계로 미래보기

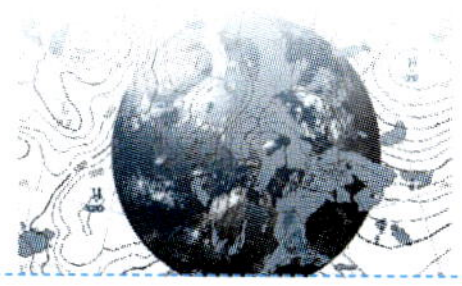

14 기상통계로 미래보기

1

통계란 무엇인가?

통계의 필요성과 중요성이 무엇이며, 통계와 통계학의 차이가 무엇인지를 이해하고자 한다. 역사 속의 통계와 통계로 본 우리나라를 살펴본 후 각종 사례를 통하여 통계학이 왜 필요한지에 대한 인식을 새롭게 하고자 한다.

1.1 통계와 통계학

최근에 각종 미디어에서 빅데이터, 데이터 과학, 인공지능 등의 용어를 쉽게 접할 수 있다. 이 용어들의 등장과 항상 함께하는 용어가 바로 통계이다. 미국 US 뉴스가 선정하는 2020년 100개의 좋은 직업[1] 중에서 통계학자는 6위에 자리매김했는데, 이를 통하여 최근에 얼마나 통계라는 분야의 보편화가 이루어졌는지 짐작해볼 수 있다.

또한 국가부처나 여론조사 회사에서는 국가를 구성하고 있는 개별 구성원들의 니즈(needs) 또는 의견을 파악하기 위하여 다양한 여론조사를 시행하고 있다. 예를 들어, 가장 대표적으로 시행되는 여론조사는 국가의 주요 선거(대통령, 국회의원, 전국동시지방선거) 등에서 구성원들의 의견을 파악하기 위하여 실시된다. 각 정부 부처(통계청, 한국은행 등)에서는 국가의 정책 수립과 미래에 대처하기 위하여 다양한 통계(인구총조사, 실업률, 소비자물가지수, 생산자물가지수 등)를 정기적으로 생산하고 있으며, 주요 통계를 "국가통계"로 지정하여 생산하는 통계에 관한 품질을 관리하고 있다. 각 정부 부처와 국회 등에서는 이런 국가통계를 활용하여 국가정책을 수립하고 있다.

하지만 통계라는 용어는 익숙해졌으나 통계학이 어떤 학문인지에 대해서는 잘 알려지지 않았다. 예전에는 통계학에 관하여 이야기하면 회계학과 관련이 있냐고 물어보는 사람들이 있었다. 최근에는 통계라는 용어가 많이 알려지면서 그러한 경우는 많이 줄었지만, 여전히 통계학은 일반 초중고 교육과정에서 쉽게 접하기 힘들다. 그렇기에 통계학은 다른 학문에 비하여 적게 다뤄지는 실정이다. 이번 장에서 우리는 통계학에 대한 올바른 정의를 알아보고, 흔히 사용되는 통계들에 대한 정의와 그 의미를 알아보고자 한다.

통계(statistic)

사회적 현상 혹은 자연 현상을 규명하기 위하여 수집된 각종 자료를 요약하거나, 적절한 방법을 통하여 가공되어 나오는 정보를 통계라고 한다. 통계는 숫자나 그래프, 도표 혹은 그림 등 적절한 표현 방법을 통하여 나타낼 수 있다. 동일한 현상에 대하여 얻어지는 자료에 따라 다양한 통계를 얻을 수 있으며, 이를 종합하거나 따로 해석함으로써 현상을 이해하거나 예측하는 데 사용할 수 있다.

우리가 흔히 일상생활에 접하는 것들로 소비자물가지수나 실업률, 조이혼률(粗離婚

---

1) https://money.usnews.com/careers/best-jobs/rankings/the-100-best-jobs

率), 출산율, 야구선수의 타율, 팀의 승률, 시청률, 정당별 지지율 등이 있다. 이런 통계는 이미 정의에서 언급했듯이 원자료(原資料)로부터 일차적인 가공을 거쳐 나온 것으로 비교적 단순하다고 할 수 있다. 물론 단순하다고 각각의 통계에 대한 중요도가 낮아지는 것은 아니다. 오히려 많은 사람이 쉽게 사용하고 또 의미를 알 수 있으며, 또한 다양하게 사용될 수 있다. 이를테면 프로야구선수의 연봉협상에서 투수인 경우 승수나 구원게임 수, 피안타율, 피홈런 수, 삼진 숫자 등 다양한 통계를 근거로 선수의 정당한 연봉을 정하는 데 매우 중요한 역할을 하며, 실업률이나 소비자물가지수, 종합주가지수 등은 한 나라의 경제 상태를 진단하는 데 유용하게 활용되고 있다.

지식의 단계

지식은 통계 등을 근거로 창의적으로 생산되어 나온 것을 의미한다. 따라서 자료나 통계 등을 바탕으로 생산된 창의적 산물로 정의할 수 있다. 메타지식은 지식에 대한 지식, 즉 시스템이 지닌 지식 혹은 시스템에서 사용되는 어떤 방법의 효율성에 대한 지식 등을 의미하는 것으로 일반적으로 어떤 시스템의 미래를 위한 계획이나 실행단계에 하나의 가이드 역할을 하는 것이라고 할 수 있다. 자료와 통계, 지식과 메타지식 사이의 관계를 그림으로 그려본다면 그림 1.1과 같다고 할 수 있다.

일반적으로 자료는 가장 기초가 되는 숫자 혹은 부호 등으로 이루어져 있으며, 모든 지식의 기초가 된다고 말할 수 있다. 자료로부터 얻어진 초보적 정보를 통계라 할 수 있는데, 우리가 흔히 사용하는 평균, 표준편차, 상관계수 등이 이에 해당한다. 그리고 통계보다는 한 단계 위에 있으면서 보다 고급 방법을 사용하여 얻은 창의적 결과를 지식

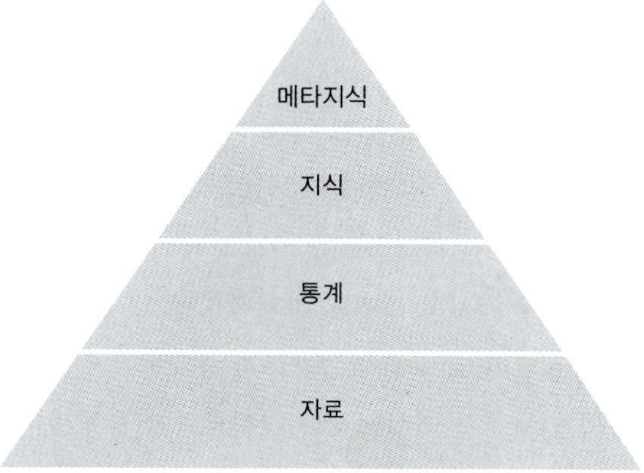

그림 1.1 지식의 단계

이라고 할 수 있다. 즉 통계와 지식의 차이는 보편성과 창의성에 있다. 지식은 시간이 흐르면서 빠른 속도로 통계 혹은 정보로 보편화가 이루어진다.

통계학(statistics)

통계학(statistics)은 라틴어의 status(state의 의미)가 어원으로, 원래는 국가 산술(state arithmetics)이란 의미이다. 통계학은 과거에 군주가 세금을 거둘 목적으로 인구수를 조사하거나 토지가격을 산출하는 것으로부터 시작되었다. 이후 17~8세기의 물리학이나 천문학 등의 발전과 더불어 무게나 거리 등의 물리적 양에 대한 측정의 정확성이 중요해지면서 통계학이 발전하기 시작하였다. 이 시기에 천문학자와 측량기술자 등은 동일한 대상을 여러 번 반복 측정할 때 측정값이 일정하지 않는다는 사실, 즉 측정값의 변동성(variation)의 존재한다는 사실에 직면하게 되었고 이를 해결하기 위하여 여러 가지 통계적인 방법이 개발되었다.

통계학은 자연 현상과 사회현상 등의 현상에서 보이는 불확실성을 규명하기 위하여 다양한 자료를 기반으로 확률론적 수단을 통하여 분석하는 의사결정방법과 적절한 자료의 가공을 통하여 지식을 창출하는 방법을 연구하는 학문이다. 통계란 불확실성을 규명하기 위하여 획득한 자료로부터 추출된 정보의 요약이다. 획득한 자료를 해석하기 위한 과학적 방법을 통계적 방법이라 하며, 그 방법론에 대한 지식체계를 통계학이라 한다. 이렇게 정의되는 통계학은 간단하게는 평균을 얻는 방법 혹은 그림이나 도표 등을 그리는 방법에서부터 두개골에 따른 종족 분류나 암환자의 수명연구 등 다양한 분야에서 지식을 생산하는 도구로써 연구 · 개발에 기여하는 학문이라고 할 수 있다.

통계학의 분야는 크게 기술통계학(descriptive statistics)과 추론통계학(inferential statistics)의 두 영역으로 나뉜다. 기술통계학은 주로 자료로부터 평균이나 분산 혹은 간단히 사용될 수 있는 도표나 그래프를 그리는 분야이며, 추론통계학은 자료로부터 추정 혹은 예측을 하거나 가설검정 방법 등에 대한 연구를 진행하는 분야이다. 더불어 21세기 빅데이터 시대를 맞이하면서 통계학과 결합한 새로운 연구 분야가 많이 생겨났는데, 20세기 말에 생겨나 현재 전 세계적으로 가장 연구가 활발히 진행되는 생명정보학(bioinformatics)은 생물학과 정보학 그리고 통계적 방법이 합쳐진 학문이며, 20세기에 크게 발전한 계량경제학(econometrics)은 경제학과 통계학이 합쳐져 생겨난 분야이다.

통계학은 정보과학의 기초로서 과학적 의사결정론의 이론적 배경을 제공하였고, 컴퓨터의 발전과 더불어 통계분석용 소프트웨어의 등장으로 대용량 자료를 분석할 수 있게 되었다. 20세기 초반부터 시작된 여론조사는 민주화의 발전에 이바지하였고, 20세기 초반에 제안된 관리도와 그 이후 발전한 품질관리기법은 품질향상은 물론 생산성 향상에도 기여하였다. 뿐만 아니라 사회복지, 보험개발을 통한 삶의 질 향상에 영향을 미치고 있다. 통계학이 생활 속에서 어떻게 사용되고 있는지는 1.3절에서 그 예를 통하여 보다 잘 이해할 수 있을 것이다.

1.2 역사 속의 통계

고대 사회에서의 통계

고대 사회에서는 인구 · 농지 등 사회현상의 수량적 조사 · 관찰이 이루어졌다. 이는 국가가 생겨나서 자리를 잡아 비교적 강한 조직이 되고, 행정적인 임무를 수행하면서 국가경제의 기초인 경지 면적, 인구, 납세에 대한 납부 능력, 군대 등에 대한 지식이 통치자에게 가장 중요한 것으로 인식되었기 때문이다. 따라서 국가의 경제 · 사회적 규모에 관한 기술(記述)을 목적으로 한 국가학(state science)이 생겨났다. 인구조사(census)의 어원인 라틴어 censere는 세금부과(taxation)의 의미를 지니며, 이러한 어원은 당시 인구수가 조세 능력과 직결되었음을 시사하고 있다.

BC 3050년경 이집트에서는 피라미드 건설을 위하여 조사조직이 만들어졌으며, BC 2200년경 최초의 토지조사가 이루어졌다. 또한 BC 1400년경에는 람세스 2세에 의하여 영지 또는 국가의 재분배를 위한 조사가 이루어졌다. BC 2300년 중국에서는 인구조사가 토지측량, 농공상(農工商)의 조사와 함께 이루어진 사실이 공자의 서경(書經)에 등장한다. 또 기록에 의하면 BC 550년 토지측량, 인구조사, 농공업조사가 시행되었음을 알 수 있다. 유럽에서는 BC 850년 스파르타의 리쿠르고스(Lycurgus)에 의하여 무재산기록부가 만들어지고 이를 근거로 토지 소유자의 분배가 이루어졌으며, BC 594년 아테네의 솔론(Solon)에 의하여 조세 조사가 이루어졌다. 또한 BC 435년에는 로마 최초의 센서스가 이루어졌다. 고대 로마의 황제 가운데서 위대한 황제로 간주하는 세르비우스 툴리우스(Servius Tullius)는 이른바 시민 명부를 작성하러 주기적인 인구조사를 시행하였다.

인구조사의 목적은 주민을 지속적으로 기록하고 각 소속 단체와의 관계를 기록하여, 이를 기초로 공무와 관직의 할당을 결정하기 위함이었다. 조사의 기술은 당시로서는 완벽에 가까웠다고 한다. 5년마다 시행된 인구조사는 성명, 소속 자치단체의 신고뿐만 아니라 주소, 출생지, 아버지의 성명, 해방된 노예는 그의 전 주인의 성명도 조사하였다.

이에 따라 호적법을 제정하고 출생과 사망에 대해서는 특정한 사원에 제출하게 하였다. 또 BC 390년 아테네에서 인구조사가 이루어졌는데 그 결과 시민 21,000명, 자유인 10,000명, 노예 400,000명이라는 기록이 남아 있다. 또 47년 클라우디우스(Claudius)에 의하여 센서스가 이루어졌으며, AD 72년 베스파시아누스(Vespasian)에 의하여 센서스가 이루어졌다는 기록이 존재한다. 아울러 BC 350년경 아리스토텔레스(Aristoteles)는 유럽의 각 도시 국가에 대해 신화적 · 역사적인 간략한 개요를 문헌으로 남겼는데, 지리적으로 개관하고 도시의 창설자, 헌법, 행정, 재정, 경찰, 시장 감독, 국세징수, 사법뿐만 아니라 과학, 예술, 도덕, 관습과 제례의 상황까지도 관찰하였다. 또한 로마의 필리우스(Plinius)는 케자르(Caser)가 계획하고 아우구스투스(Augustus)에 의해 전 로마제국의 재산조사가 실시되었다. 이렇듯 통계조사는 고대에는 잘 발달하다가 중세에 이르러서는 오히려 쇠퇴한다. 이는 강대국가의 분열 및 붕괴로 인하여 통계조사의 수행이 적지 않게 방해를 받았기 때문이다.

중 · 근세에서의 통계

중 · 근세에 들어와서는 카알대제(Karl der Grobe)에 의하여 수행된 왕령일람표(Capitulare de Villis)와 같은 대규모 조사가 있었다. 이것은 주택 · 건물 · 가구 · 가재식기 · 악기 · 농업용 산림 · 전야 · 하천 · 호소 · 가축 · 저축식량 등에 대한 정밀하고 치밀한 조사였다. 추가로 중세 말기가 되면서 여러 도시가 생성되어 조세와 징집 또는 장정 수의 조사를 목적으로 주민등록과 같은 시민부(Burgerrolen)가 작성된 점도 주목할 만하다.

주요 국가의 통계와 관련된 내용을 연대별로 간략히 살펴보면 1085년 영국 윌리엄 1세의 둠스데이 북(Domesday Book)은 노스엄버랜드, 웨스터모랜드, 컴버랜드, 북 랭카스터를 제외한 영국 전역의 모든 사유지, 재산, 산물에 대하여 상세히 조사한 국토지리지인 일람표를 작성하였다. 또한 1420년 모세이뇨(Moccenigo, D.)는 베네치아 집정관에게 상업 사정에 대한 자료를 제출하였는데, 이 보고는 정치적 목적으로 편집된 정부통계의 가장 오래된 예이다. 중상주의 시대에 들어와서는 1524년 교회 기록작성의 일반적 포고가 있었고, 영국은 1537년 이후 프랑스는 1539년 이후 실행하였다. 또한 1665년 콜베트(Corbert, J.)에 의하여 상업통계가 작성되었는데, 이때 뉴프랑스의 식민지 캐나다에서 정기적인 인구조사가 개시(호구조사에 의해 수집)되었다. 한편 1748년 프로이센에서는 매년 인구조사를 시행하였으며, 스웨덴은 법률공포를 통하여 교구마다 매년 출생표, 사망표, 총인구표를 작성해서 내무성에서 집계하였다. 1775년 이후는 5년마다 실시되었는데 이것을 최초의 센서스로 보는 견해도 있다. 이후 국세조사는 1790년 미국이 실시하였으며, 1801년에는 영국, 프랑스와 포르투갈이 제1회 국세조사를 실시하였다. 1806년 프랑스에서는 제2회 국세조사가 실시되었고, 1800년에서 1812년 사이에 일반통계국이 설치되었다. 나폴레옹은 수학을 좋아하였고 통계를 추진하였으며, "통계는 사물의 예산이다. 예산 없이는 공공의 복지도 없다"라는 유명한 말을 남겼다.

우리나라 역사 속의 통계

전한시대 낙랑군은 25현, 62,812호, 406,748명, 현도군은 3현, 4,500호, 22만여 명의 인구가 있었던 것으로 기록되어 있다. 또한 삼국유사를 보면 신라 전성기 지금의 경주인 경중에는 178,936호가 있었던 것으로 기록되어 있으며, 이에 대하여 KBS 역사스페셜 프로그램에서도 다루었듯이 통일신라시대 경주에는 한때 100만 명의 인구가 있었다고 한다. TV 프로그램에서는 100만 명이라는 숫자에 대해 상당한 무게를 두고 있는데 사실 당시 경주의 경계도 모호하며 어떤 구조의 집들이 있었는지 혹은 전체적으로 어떤 사회였는지 기록이 없는 것을 생각하면 좀 더 신중하게 살펴볼 필요가 있다. 또 동이보도(東史補道)에 의하면 고구려의 전성기에는 210,508호, 백제는 152,200호가 있었다고 한다. 현재 신라에 대해 남은 문서 중의 하나인 AD 750년경 경덕왕 민정문서에 의하면, 신라의 촌락구조는 인구로는 사해점촌이 남자 64명, 여자 78명, 살하지촌이 남자 47명, 여자 78명이며, 또 서원경은 남자 47명, 여자 60명으로 나와 있다. 또 토지로는 사해점촌은 밭 102결, 논 63결, 소 22두, 말 25두이며 살하지촌은 밭 63결, 논 119결, 소 12두, 말 18두이고, 서원경은 밭 29결, 논 78결, 소 8두, 말 10두로 나와 있다. 그리고 1395년 조선 태조 4년에는 근대적인 호적제도가 신설되어 경 5부(개성 제외)를 제외한 전역 153,403호, 인구 322,746명으로 기록되어 있으며, 1642년 인조 20년에는 식년제(3년 간격)의 호적신고를 의무화하여 광무 8년인 1904년까지 지속되었다. 호적신고에 의한 인구를 보면 1642년에는 441,827호, 1,649,012명이며, 1904년에는 1,419,899호, 5,928,802명으로 300년간 약 4배 정도 늘어났다. 호적제도의 목적은 병역과 과세, 부역이었으므로 상류층은 많이 빠져있었다. 다음의 내용은 이호철 교수의 「농업경제사연구」를 참조한 내용이다.

조선시대 호구파악의 실제

국가의 수취는 군역의 총액적 운영이나 공납물의 군현별 분정과 같이 군현을 단위로 이루어졌다. 따라서 군현 정치를 내실 있게 함으로써 그 소기의 목적을 이룰 수 있지만,

국가는 더욱 정확한 인구를 파악하기 위해 제반제도를 운영하였다. 물론 국가의 부세 수취가 군현을 단위로 이루어진다고 하더라도 그 기초로서 전체의 호구파악이 선행되어야 하였다. 국가는 인구통계를 위한 제도를 다양하게 마련하고 있음에도 불구하고 누탈할 가능성이 큰 호구 파악방식(3가 1호설:조선중기 5가작통법:천주교박해 세금:조선후기)을 운용하였고, 그것은 한편으로는 촌락사회 호강세력의 인구집중의 한 방편이기도 하였다. 그리고 빈소농층(貧少農層)에게는 불법적이기는 하지만 그것이 최소한의 생존을 위한 어쩔 수 없는 선택이었다. 이러한 호구 파악방식은 의도적이든 아니든 전 사회의 유지 차원에서 생산층의 유지라는 측면이 있었다. 또 호적제 운용의 한 목적이자 결과인 신분제의 유지 역시 전 사회 구조의 유지를 의미하는 것이었다.

조선 시대에도 역시 정확한 인구파악은 중요한 것이었으며 이를 위하여 호적법인 보법 · 호패법 따위를 이용해 정확한 인구파악을 위한 노력을 기울였으나 그다지 성공하지 못하였다. 선초 호구정책은 국가의 집권화 작업과 수취체제의 정비라는 문제와 표리관계를 이루면서 전개되었고, 국가적 의도는 국내의 전 인구수를 빠뜨리지 않고 호적을 만든다기보다는 군액(軍額) 따위의 역역(力役) 자원 확보, 신분질서 확립, 유민 방지라는 데 역점을 두었던 것이다. 호구가 국가의 물적 · 인적 토대인 사실은 틀림없으나 문제는 호구의 불안정성 그리고 부세 수취체계 운영상의 특징에 기인하여 형성된 독특한 인구 파악방식에 있었다. 공납제 혹은 군총제(軍總制)가 군현 단위로 시행되었으므로 국가는 인구의 정확한 파악보다는 군현의 부담인 구만을 정확하게 운용하면 되었다. 따라서 대단히 불안정한 상태에 있는 군현민의 이동을 염두에 두지 않을 수 없었고, 그에 따른 호구 파악방식이 제정되었다. 이 방식은 현재 파악된 인구에 대한 통제를 우선으로 하면서 누탈자(漏脫者)에 대한 파악에 관심을 두는 것이었다. 이 때문에 호구파악의 문제가 제기되었을 때 생계 곤란자에 대한 예외적인 처리가 가능한 것이었다. 아울러 그것은 호구를 일부 은닉하고 있는 세력에 대한 문제이기도 하였다. 호구 은닉자에 대한 처벌이 강하게 규정되었고, 호구파악 방식 자체가 현실적으로 과다한 인구를 한 호에 둘 수 있게 되어 있다는 점은 바로 그러한 사실을 알려 주는 것이다. 강제규정은 그러한 현실을 인정한 위에 취해지는 조처였다. 다시 말하자면 전체의 호구파악 및 호구통제를 위한 제도적인 장치를 마련하고 있으면서도 호구의 이용은 사실상 실재하는 전체의 호구를 대상으로 하지 않고 군현을 단위로 분정되어 있는 부분에 한하였다. 이 점은 호구 통제를 위하여 호패법을 세우면서 내세운 기본 원칙에서도 확인된다.

호패법을 시행하게 되면 외방군민이 이 호패법 시행의 목적을 "숨거나 빠진 솔정(率丁)을 적발하여 군액에 충당하고, 이 금법에 억제되어 다른 곳에 가지 못하게 함이다"라고 염려할 것에 대하여 세조는 관찰사에게 "어찌 국가에서 솔정을 다 뽑아 생계를 빼앗

겠는가?"라고 말하였다. 이때는 부담 가능층을 대상으로 하여 군현 단위로 분정하는 것을 기본 원칙으로 하였다. 따라서 촌락사회에서 항산(恒産)이 있는 사람만이 호적에 등재되어 공역을 담당한다던가, 정부에서도 경지의 다소를 참작하여 군역을 부과하는 것이 현실이었다. 이 점은 군현 단위로 파악된 호구수가 현실적으로 변동이 있다 하여도 군현의 제부담의 변동은 쉽게 뒤따르지 않는다는 점을 생각하여 보아도 수긍이 되는 것이었다. 이와 같이 호구의 불안정성은 전 호구에 대한 직접적인 수취로 나타나지 않고, 군현을 단위로 하는 부세 수취체계의 운영을 가져오고 그러한 군현 단위의 수취체계 운영은 또한 호구파악의 불철저를 초래하였다. 그래서 부담 가능층의 등급별 파악이 시행된 것이었다. 호등제의 운영은 그러한 호별차등을 전제로 부세운영의 기본 원칙과 관련되어 제기되고 운영되었다.

충청도 도관찰사가 보고하였다.

"이제 호패 (號牌) 를 만들어 줄 때에 추가하여 나타난 사람이 모두 1만 6천 2백 97명입니다. 청컨대, 아울러 호패를 주소서."

임금이 그대로 따랐다.

[원전] 1 집 699면

[분류] *호구-호적(戶籍)/ *호구-호구(戶口)

우리나라의 현대 통계

1948년 정부가 수립되면서 국가 통계를 산출하기 위해 공보처 통계국을 발족하였다. 당시 통계국은 통계관실과 서무, 기획, 국세조사 및 인구조사의 1실 4개과에 약 1,000명의 직원으로 조직되었다. 1948년 12월 13일 대통령령 제39호로『제1회 총인구조사 시행령』을 공포한 것이 최초의 통계시책이었다. 1961년 경제기획원 통계국으로 이관되었으며, 그 후 1990년 통계청으로 승격되어 오늘에 이르렀다. 통계청은 국가통계 인프라를 강화하고 통계업무를 혁신하기 위하여 통계정책, 통계지리 정보, 지역통계개발 지원 등과 관련된 기능을 강화하며, 기획재정부 소속의 외청으로 2020년 11월 현재 본청(1관 · 5국 · 1정책관, 1심의관, 4담당관 · 35과1팀)과 소속기관(2원, 5지방청, 1지청, 30과, 3실 34사무소)으로 구성되어 있다.

1.3 통계의 필요성

프로이센의 종군목사 쥐스밀히(Sussmilch, J.)는 왜 남녀의 출생 사망을 조사하였으며, 다윈(Darwin, C.)은 어떻게 통계를 활용하였는가? 멘델(Mendel, G.)은 어떻게 유전의 법칙을 찾았으며, 도박사인 카르다노(Cardano, G.)와 드 메레(de Mere, C.)는 어떻게 통계를 이용하였는가? 이제 이 절에서는 통계를 어떻게 활용하고 있는지 구체적인 사례를 들어서 알아보기로 하자.

자연의 섭리

쥐스밀히는 『신의 질서』에서 신의 섭리를 증명하는 데 통계를 활용하였다. 그는 장기간 남녀출생자 수와 사망자 수를 정리하여 출생 시 남녀의 비는 20대 21이지만 혼기에는 1대 1이라는 사실을 토대로 1부 1처제가 신의 섭리라고 하였다. 그리고 『종의 기원』으로 유명한 다윈은 타가수정 대 자가수정에서 타가수정의 우수성을 밝히고자 감자, 옥수수 등 7종으로 실험하였다. 또 멘델은 콩의 색깔 실험에서 황색콩 대 녹색콩의 개수가 각각 6,022개와 2,001개임을 깨달았다. 카르다노는 3개의 주사위 던지기를 해서 합이 9에 거는 것이 10에 거는 것보다 불리함을 경험적으로 증명하였고, 드 메레는 2개의 주사위를 24회 던져서 (6,6)이 나오면 승리하는 게임에서 돈을 거는 쪽이 불리함을 한평생 한 뒤에나 알았다. 그는 이 문제를 풀기 위하여 파스칼에게 자문을 구했는데, 파스칼은 승률이 1/2 이상이려면 주사위를 적어도 25회 이상 던져야 한다고 결론지었다.

이게 셰익스피어의 시 맞아?

생태계 연구에서 관측되지 않는 종의 수를 추정하는 문제를 셰익스피어가 알면서 사용하지 않았던 단어의 수를 추정하는 데 응용하였다. 에프론(Efron, B.)과 티스테드(Thisted, R.)는 셰익스피어 전문에 사용된 총 884,647 단어 가운데 서로 다른 31,534 단어의 빈도수를 기초로 위의 연구를 하였다. 17세기 이후 셰익스피어의 새로운 작품이 발견되지 않음으로 위의 연구결과를 적용하기가 어려웠으나 셰익스피어에 관한 연구가 테일러(Taylor, G.)가 1985년 11월 14일 1955년부터 수집된 보들리 도서관(Bodleian Library)의 전시된 철 가운데서 셰익스피어의 시로 추정되는 7연으로 된 시를 찾았다(이를 앞으로"Taylor의 시"라고 하자). 이 시는 총 429단어로 다른 셰익스피어 작품에 비해 작은 규모의 시였다. 에프론과 티스테드는 거의 쓰이지 않을 만큼 특이한 단어의 출현횟수를 근거로 통계적 검증방법을 제시하였다. 실제로 셰익스피어 작품에서 이러한 특이한 단어는 거의 공통으로 등장하였으며, 셰익스피어 전문에서 31,534단어 가운데 3분의 2 이상이 서너 차례 혹은 그보다 적게 나타났다. 이들이 제시한 검증방법은 비록 단어의 수가 불과 429단어라도 잘 구별해내었으며, 그 결과 이 시는 새로운 셰익스피어의 시로 판명되었다. 이와 유사한 예는 미국에서도 있었다. 1787년부터 1788년 사이에 뉴욕주의 시민들이 연방헌법을 인준하도록 설득하기 위하여 익명으로 게재된 「Federalist」라는 논문에 실린 글 가운데 12편이 해밀턴(Hamilton, A.)의 것인지 매디슨(Madison, J. Jr.)의 것인지에 대한 논쟁이 있었으며, 통계적 연구결과로 이 모두가 매디슨의 논문임이 강력하게 시사되었다.

기성복의 감추어진 이야기

우리나라에 기성복이 처음 등장한 시기는 1970년경이었다. 그 이전까지는 맞춤복을 사서 입었지만, 기성복이 나오면서 상의의 팔 길이와 가슴둘레, 목둘레, 하의의 길이, 엉덩이둘레 등에 대한 치수가 문제가 되었다. 어느 정도 조사 후 만들기는 했으나 기성복은 맞춤복에 비하여 몸에 거의 맞지 않았다. 따라서 초반에는 옷에 몸을 대략 맞추는 형편이었으나 그 후 많은 노력을 들여 어느 정도 한국인의 표준 체형에 대한 자료를 얻을 수 있었고 이제는 기성복도 맞춤복 못지않게 몸에 잘 맞게 되었다.

그럼 표준치수가 왜 중요한지에 대하여 한 가지만 생각해 보자. 가령 바지의 길이에 대한 측정이 부정확한 경우 제품을 만들 때 바지를 지나치게 길게 만들어, 막상 소비자가 입을 때는 상당 부분 잘라내야 하므로 낭비를 초래할 수 있다. 표준치수는 표본으로 선택된 사람들의 여러 가지 치수를 재어, 이 값들 사이의 관계식을 구해냄으로써 소비자 대부분에게 적절한 치수의 범위를 얻을 수가 있다. 따라서 가령 와이셔츠를 구매할 때 팔 길이와 목둘레만 알면 대략 몸에 맞게 입을 수 있다. 이는 팔 길이와 목둘레로 가슴둘레, 팔뚝 혹은 손목 둘레까지 어느 정도 예측할 수 있기 때문이다. 그러나 국민의 체형이 모두 표준화 범위에 있는 것은 아니므로 목둘레는 맞으나 팔 길이가 너무 길거나 짧은 경우가 있고, 혹은 팔 길이는 맞으나 목둘레가 너무 커다란 경우도 있다. 이는 그 소비자가 국민의 대부분이 포함되는 크기를 벗어나는 체형을 가진 것으로 생각하면 된다. 외국산 청바지의 경우는 멋이 나지 않는 경우가 종종 있는데, 이는 서구 사람들과 우리나라 사람들의 체형이 차이나기 때문이다. 우리나라 국민의 체형은 특히 상체와 비교했을 때 하체가 짧고 둔부의 발달이 서구 사람들보다 빈약하므로 그만큼 옷태가 나지 않는 것이다. 또 체구 자체가 서구에 비하여 작아 속옷을 입을 경우 서구 사람들에게는 보통으로 보이지만, 우리나라 사람이 입었을 경우 상당히 살쪄 보이는 경우가 있다. 이처럼 우리는 느끼지 못하더라도 통계는 실생활에 깊숙이 자리 잡아 중요한 역할을 담당하고 있다.

삽살개, 우리 토종개 맞아?

우리 토종개들의 모습은 참으로 다양하여, 여러 외국의 개들에게서 볼 수 있는 형태적인 특징들을 대부분 찾아볼 수 있다. 20세기에 들어서면서 여러 가지 요인에 의하여 우리 토종개의 유전자 구성이 크게 변하였다. 그러나 삽살개, 진돗개, 제주개 등은 특정 지역에 한정된 채 보존되긴 했으나 지금까지 순수한 토종개로서 명맥이 유지됨으로 인하여, 남은 토종개들의 혈통분석을 통하여 우리 민족의 원류를 찾아볼 수 있을 것이다.

다나베(Tanabe, Y.)는 아시아 지역에 서식하는 개들의 혈연적 유연관계를 분석하기 위해 혈액 단백질 27종류를 조사하여 이 중 16종류에서 다형이 나타남을 확인하였다. 다형을 보인 16종류 단백질 중에서 지리적인 구배를 보이는 hemoglobin(Hb), ganglioside monoxygenase(Gmo), pretransferrin(Ptf), esterase-2(Es-2), post-albumin-3(poa-3)들의 다형 변이 빈도를 중심으로 우리나라 개들의 이동경로를 추정하여 그림으로 나타내었다.

그림 1.2에서 Hb의 경우 에스키모개는 모두 A형이고, 유럽, 방글라데시, 중국, 대만의 개들은 모두 B형인 반면, 우리나라 개들은 A 또는 B형이었다. 진돗개는 대부분 A형인 반면, 삽살개와 제주개는 A, B형이 같은 비율로 존재하고, 일본개들은 B형이 우세하였다.

그림 1.3에서 GMO는 에스키모개, 유럽개, 러시아개 등에서는 모두 a형만 관찰되었지만, 우리나라, 중국, 일본, 대만 개들은 a형과 g형 두 가지 다 존재하나 우리나라 개들은 a형과 g형의 비율이 비슷하였다. 일본 중부 지역의 개들은 a형과 g형의 비율이 우리나라 개들과 비슷하지만, 남쪽과 북쪽으로 갈수록 g형이 급격히 줄어드는 것을 확인할 수 있다. 이를 통하여 우리나라 개들의 피가 일본 중부 지역 토종개 형성에 큰 영향을 끼쳤음을 추정할 수 있다.

그림 1.4는 몇몇 경우를 제외하고 각 견종이 서식하고 있는 지역을 기초로 한 근연 관계를 보여 준다. 즉 한국개인 진돗개와 삽살개가 한 그룹, 일본개인 아키다와 북해도견이 같은 그룹을 형성하는 등, 한국, 일본, 중국, 에스키모개 등은 서로 분리되었다. 그러나 사할린과 대만개는 서로 다른 지리적 위치에 거주함에도 동일한 그룹을 이루었다.

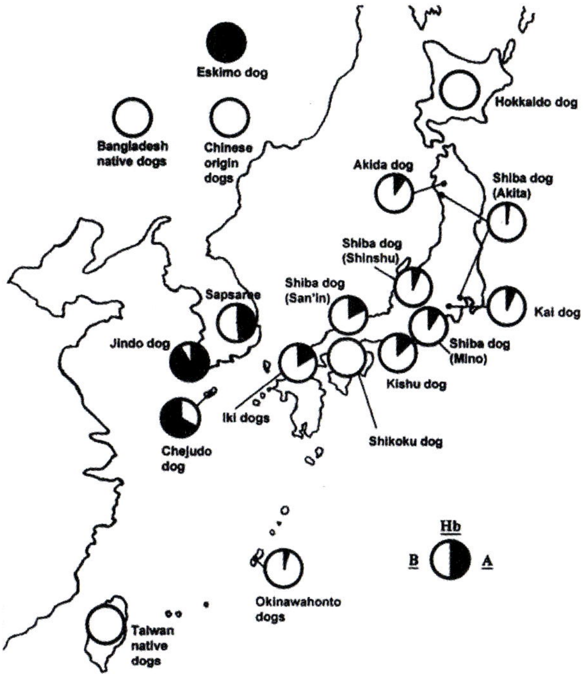

그림 1.2 한반도와 주변 국가에 서식하는 개의 Hb 분포

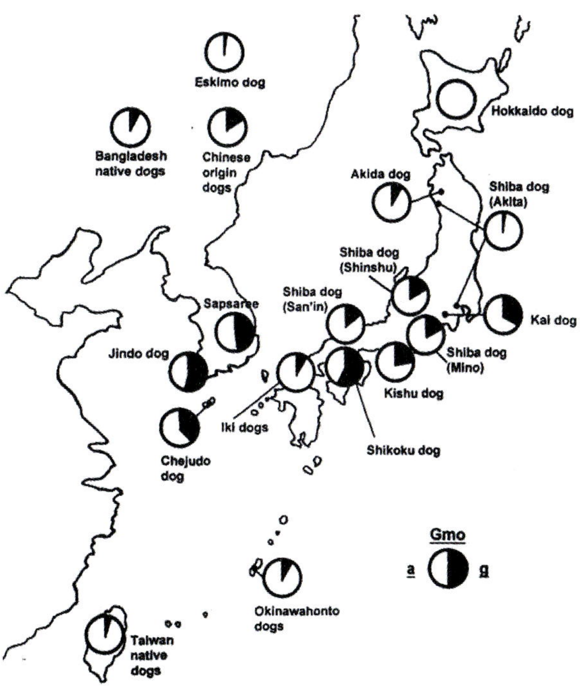

그림 1.3 한반도와 주변국가에 서식하는 개의 Gmo 분포

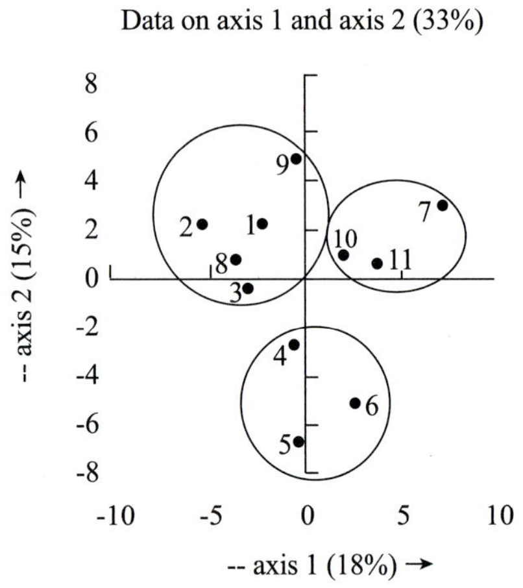

1. Sapsaree,	2. Jindo dog,	3. HAD,	4. Kishu dog,	5. Hokkaido dog,	6. Akita dog,
7. Shiba dog,	8. Sahalin dog,	9. Eskimo dog,	10. Taiwan dog,	11. Shichu dog(김, 1998)	

그림 1.4 아시아의 11가지 개에 대한 주성분 분석 결과

경북 지역에서 수집한 무작위 잡종개들은 진돗개나 삽살개보다 사할린과 대만개에 더 가깝게 위치하였으며, 일본개 중 시바견이 다른 모든 아시아 견종들과 유연관계가 먼 것으로 드러났다. 그림 1.4에서 3종류의 한국개들은 에스키모, 사할린개와 한 그룹을 형성하여 외국 견종 중에서는 가장 가까운 혈연관계를 보였으며, 시바견을 제외한 일본 견종들 역시 한 그룹을 형성하고 있었다. 또한 대만 견종은 중국종인 시추와 매우 가까운 거리를 유지하고 있었을 뿐만 아니라, 시바견과도 근접하고 있음을 알 수 있었다.

통계학의 분야

통계학은 크게 이론통계학과 응용통계학으로 나누는데, 이론통계학은 통계학의 개념이나 기법들을 이론적으로 정립하고 새로운 통계나 기법을 개발하는 분야이며, 응용통계학은 통계학의 기법들을 다른 분야에 적용하는 것이다. 21세기 컴퓨터의 발달로 통계학은 다양한 학문영역으로 응용되고 있다. 예를 들면 경제 · 경영 분야에 응용되는 통계를 경영통계학이라 하고, 심리학 혹은 사회과학에 응용될 때는 심리통계학 혹은 사회통계학, 생명공학분야에 응용될 때는 바이오통계학, 의학분야는 의학통계 등이며 보건통계, 공학통계, 농학통계 등 활용영역이 매우 넓다. 다른 말로 설명하면, 21세기 모든 학문의 발전은 과학적이고 객관적인 방법으로 전개되는데 통계기법이 하나의 강력한 도구로써 그 객관적인 근거를 제시하고 있다.

마무리

최근에는 엄청난 양으로 정보가 불어나 소위 정보의 홍수를 이루고 있다. 이러한 상황 속에서 선별적으로 적절한 정보를 택하고 이들을 알맞게 가공 · 분석하여 지식을 생산하고 활용할 능력을 갖춘 자는 풍요한 삶을 누릴 수 있게 될 것이다. 일찍이 영국의 문명비평가인 웰즈(Wells, H.) 는 다음과 같이 설파했음을 상기하자.

"Statistical thinking will be one day as necessary for efficient citizenship as the ability to read and write."

되돌아보기

이 장에서는 통계와 통계학의 정의가 무엇인지 알아보았다. 또한 역사 속에서 통계가 어떻게 발전해 왔는지 알아보았다. 그리고 통계가 어떻게 활용되는지 몇 가지 예를 들어 보았다. 지식사회에서 가장 중요한 지식을 생산하는 통계는 그 중요성이 국가를 초월함은 물론이거니와 이제 민주사회 시민으로서 가져야 할 기본 소양이 되고 있음을 알아야 한다.

용어정리

- **통계(統計, Statistic)** 사회적현상 혹은 자연현상을 규명하기 위해 수집된 각종 자료를 요약하거나, 적절한 방법을 통해 가공되어 나오는 정보
- **통계학(統計學, Statistics)** 자연현상과 사회현상 등에서 나타나는 현상에서 보이는 불확실성을 규명하기 위하여 다양한 자료를 기반으로 확률론적 수단을 통해 분석하는 의사결정방법 또는 적절한 자료의 가공을 통해 지식을 창출하는 방법을 연구하는 학문

배운 것 익히기

1 한 학기 동안 수강하면서 매주 1~2개씩 통계와 관련된 기사를 찾아 스크랩하라.

2 나의 생활 속에서 사용되는 통계를 찾아 설명하라.

3 내가 전공하고 있는 분야에서 통계학이 어떻게 활용되는지 조사하라.

2

자료 모으기

자료는 측정을 통하여 얻어진다. 측정과 관련된 여러 개념들을 설명하고, 네 가지 척도에 근거한 자료의 종류를 소개한다. 측정을 통해 구체적으로 자료를 수집하는 방법을 이해하고자 모집단과 표본의 개념을 소개한 후, 표본조사의 필요성과 표본추출방법을 설명한다.

2.1 측정과 자료 얻기

연구나 관심대상이 있을 때 그 대상이나 항목에 대해 숫자를 부여하는 작업을 측정(measurement)이라고 한다. 예를 들면, 초등학교 4~5학년 학생들의 지능지수에 관하여 관심이 있을 때, IQ 테스트를 실시하여 지능에 대한 적절한 값을 부여하는 작업을 측정이라 할 수 있다. 또 다른 예로 대학교 신입생들의 성별에 관심이 있을 경우, 각 신입생에게 남학생은 '0', 여학생은 '1'을 부여하는 작업을 측정이라고 한다. 그뿐만 아니라 두 도시 간의 거리를 측정하는 행위 등도 측정의 예라고 말할 수 있다.

측정의 결과를 값으로 나타내는데 측정척도(measurement scale)에 따라 4종류로 구분할 수 있으며 척도의 종류에 따라 그 값이 갖는 의미가 다르고 적용할 통계기법 또한 다르다.

명목척도(nominal scale)

단순히 집단의 분류만의 목적으로 사용된 척도를 말한다. 예를 들면, 남자인 경우 '1' 여자인 경우 '2'로 하거나, 기혼이면 '0' 미혼이면 '1'로써 나타내는 경우이다. 다른 예로, 인종을 나타낼 때 앵글로색슨족이면 '1', 아프리카 흑인이면 '2', 아시아인이면 '3', 히스패닉이면 '4', 기타 '5'로 구분한 경우이다. 이런 경우 부여된 값에 대해서는 단순 분류 이상의 의미가 없으므로 대소관계나 연산이 성립하지 않고, 집단별로 도수를 계산하여 사용할 수 있다.

순서척도(ordinal scale)

측정대상 사이의 대소관계를 표현하는 경우로서 흔히 순위가 그 예이다. 즉 1등, 2등과 3등은 단순히 순서관계만 나타내며, 1등과 2등의 차이와 2등과 3등의 차이는 일반적으로 같지 않다. 또 다른 예로는 정치적 견해에 대해 진보적이면 '1', 중도이면 '2', 보수적이면 '3'으로 나타낸 경우이다. 이 경우 값의 순서는 의미가 있지만, 더하기나 빼기, 곱하기, 나누기 등의 연산은 의미가 없다.

구간척도(interval scale)

기준값을 여러 개 더하여 나타낸 것으로, 온도나 지수 등이 그 예이다. 예를 들면, 섭씨 10도는 물이 어는 섭씨 0도부터 물이 끓는 섭씨 100도까지 수은주가 올라가는 길이를 100등분하여 얻어진 한 구간을 기준으로 하여, 0도부터 10개의 구간이 더해진 온도임을 나타낸다. 따라서 더하기나 빼기는 성립하지만 곱하기나 나누기는 성립하지 않으므로 두 관측값 사이의 비율은 의미가 없다. 즉 섭씨 20도가 섭씨 10도보다 2배 뜨거운 것이 아니라 섭씨 10도에서 기준을 10개 더 더한 것이 섭씨 20도인 것이다. 이를 화씨로 표현하면 10℃가 50℉가 되고, 20℃가 68℉가 되어 68/50 = 1.36으로 두 배가 아닌 것을 알 수 있다.

비율척도(ratio scale)

기준값의 여러 배수로 측정된 값으로 나타나며, 길이나 무게 혹은 절대온도 K가 그 예이다. 즉 길이는 기준길이의 몇 배인가를 나타내는 값이며, 또한 절대온도도 분자의 기준운동량의 몇 배인가를 나타내는 값으로써, 더하기나 빼기는 물론 곱하거나 나눌 수도 있다. 길이나 무게 등 비율척도는 물론 구간척도를 이용할 수 있어 구간척도나 비율척도는 많은 경우 구별하지 않고 혼용하여 사용한다.

이제 측정을 통하여 구체적으로 어떻게 자료를 모으는지를 이해하기 위해서 다음과 같은 질문을 생각해 보자.

- 현재 전국에 있는 소는 몇 마리이며, 닭은 몇 마리일까?
- 올해 전국 쌀 생산량은 어느 정도가 될까?
- 현재 전국에 있는 주유소는 몇 개나 될까?
- 7대 광역시 가정에서 한 달에 외식을 얼마나 자주 할까?

이러한 질문에 답을 하기 위해서 측정이 필요하다. 측정을 위해서 우리는 전체를 모두 조사할 수도 있지만, 그런 경우 무엇이 문제가 될까를 생각해 보자. 당연히 시간과 경비 등이 문제가 되고, 조사하고 집계하는 과정에서 오류가 일어날 수도 있다. 따라서 대부분의 경우 우리는 전체의 일부를 선택적으로 조사하게 된다. 이럴 경우 전체를 모집단(population)이라 하고, 선택된 일부분을 표본(sample)이라 한다. 하지만 어떤 경우에는 전체를 모두 조사하게 되는데, 이를 전수조사(혹은 센서스, Census)라 하며, 이와는 대조적으로 일부분만 조사하는 것을 표본조사(sampling survey)라 한다. 우리나라의 경우 통계청에서 매 5년마다 실시하는 인구주택총조사가 전수조사의 대표적인 예이다. 이제 표본조사의 필요성이나 용어 등에 대하여 자세히 알아보자.

- **모집단(population)**: 정보를 얻고자 하는 대상들의 전체 모임이다.
  예) K대학에서 신입생들의 한 달 용돈은 얼마인가를 조사하길 원하면, K대학의 신입생 전체가 모집단이 된다.
- **표본추출단위(sampling unit)**: 모집단을 이루는 개개의 개체이다.
  예) 위의 예에서 K대학의 신입생 각 개인
- **표본(sample)**: 모집단에서 추출된 일부이다.
  예) K대학의 신입생 200명
- **모수(paramemter)**: 모집단의 특성을 나타내는 값으로 주어진 상수이며 모르는 값이다.
  예) K대학에서 신입생들의 한 달 평균 용돈
- **확률변수(random variable)**: 관심대상으로부터 파악하고자 하는 속성이다.
  예) 나이, 키, 머리카락 색깔, 한 개의 초밥에 포함된 쌀알 개수, 실업률, 교통사고 건수, 음식물 쓰레기 처리비용, 위암 수술 후 5년 생존율 등

표본조사의 목적은 관심의 대상이 되는 모집단으로부터 표본을 추출하고, 그로부터 얻어진 정보를 분석하여 모집단의 특성인 모수에 대한 정보를 얻는 데 있다. 따라서 표본조사에서는 어떻게 하면 모집단을 잘 대표할 수 있는 표본을 추출하느냐가 중요하다.

편의와 정도

표본조사의 측정결과에서 편의(bias)와 정도(precision)를 고려해야 한다. 편의는 반복해서 표본을 추출할 때 각 표본에서 구해지는 통계값이 참값으로부터 벗어나는 양이다. 편의가 없을 때 불편성(unbiasedness)을 만족한다고 말한다. 정도(precision)는 반복해서 표본을 추출할 때 얻어지는 통계값의 변동(variation)을 나타내는데, 일반적으로 통계량의 신뢰도로 나타내는데 사용된다. 즉 변동이 작으면 정도가 높다고 하며, 이는 주어진 통계량의 신뢰도가 높다는 것을 의미한다.

편의와 정도의 개념을 아래 그림으로 설명하여 보자. 양궁선수가 과녁을 향하여 화살을 쏜다고 하자. 아래 4명의 선수 중 어느 선수가 가장 우수한 선수인가? 먼저, 〈가〉의 경우를 보면, 탄착군이 일관되게 모여 있어 아주 우수한 편이나 탄착군의 중심이 과녁의 중심에서 조금 벗어나 있다. 탄착군의 중심이 과녁의 중심에서 벗어난 거리가 편의를 나타내고, 탄착군의 변동 정도가 정도를 나타낸다. 따라서 〈가〉의 경우는 편의는 있으나 정도는 높은 선수의 탄착군이며, 〈나〉는 정도는 낮으나 편의는 없는 선수의 경우

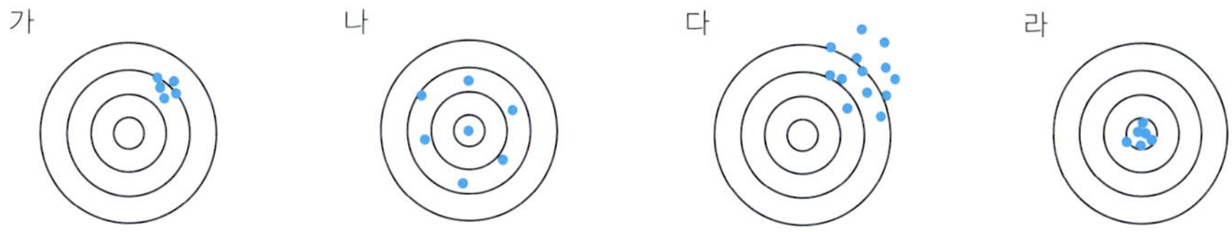

그림 2.1 편의와 정도

이고, 〈다〉는 편의도 있으며 정도도 낮은 선수의 경우이고, 〈라〉는 편의도 없으며 정도가 높은 선수의 탄착군이다. 따라서 〈라〉선수가 가장 우수한 선수인 것처럼 보인다. 그러나 〈가〉선수는 〈라〉선수보다 더욱 정도가 높지만 편의가 있어 〈가〉와 〈라〉선수 중 감독의 판단기준에 따라 최우수 선수가 달라질 것이다.

관측연구와 실험연구

흔히 통계조사나 비교실험에서 측정이 빈번히 이루어진다. 예를 들어, 한국인 중 흡연자의 비율은 얼마나 되는가? 현 정부의 부동산 정책에 대한 국민들의 지지율은 어느 정도인가? 이러한 질문에 대한 답을 얻기 위하여 국민 전체의 의견을 조사하는 일은 사실상 불가능할 뿐 아니라 설령 가능하더라도 많은 비용과 시간을 투자할 만큼의 가치는 없는 것이다. 따라서 국민 전체에서 일부분인 표본을 대상으로 여론조사하여 현상의 상황을 있는 그대로 관측할 필요가 있으며, 이런 조사를 관측연구(observational study)라 부른다.

한편, 새로 개발된 에이즈(AIDS) 치료제가 기존의 치료제보다 효과적인가? 새로 개발한 비료가 배추 수확량을 증가시키는가? 이런 유형의 질문에 답하기 위하여 어떤 형태의 실험을 계획하여야 한다. 감기약의 효과를 분석하기 위한 비교실험에서 감기환자 20명을 랜덤하게 10명씩 두 집단으로 나누고, 한 집단에는 감기약을 투여하고(이 집단을 처리집단(treatment group) 혹은 비교집단(comparison group)이라 한다) 다른 집단에는 위약(placebo; 겉으로 보기에는 감기약과 동일하게 보이나 실제는 아무 효과가 없는 가짜약)을 투여(이 집단을 대조집단(control group)이라 한다)한 후에 치료효과를 분석하는 실험을 생각하자. 일반적으로 약의 효과는 약을 복용하는 사람의 성별, 나이, 건강상태 등에 많은 영향을 받는다. 따라서 이 실험에서 순수하게 감기약의 효과를 분석하기 위해서는 감기약의 효과에 영향을 줄 수 있는 성별과 나이, 건강상태 등의 관점에서 실험 대상이 두 집단에 고르게 배정되어야 한다. 이는 완전확률화(complete randomization) 과정을 통하여 쉽게 이룰 수 있다. 이와 같은 실험을 흔히 확률화 실험

연구(randomized experimental study)라 한다.

관측연구와 실험연구를 구별하는 중요한 개념은 인과성(causality)을 말할 수 있느냐 없느냐이다. 예를 들어, 어느 고교에서 과목별 모의고사를 실시하여 각 학생들의 학습 성취도를 파악하고자 한다면 이는 관측연구에 해당한다. 이때 한 학급 내 학생들의 국어와 수학 점수를 분석해 보니 국어 성적이 좋은 학생은 수학 성적도 좋고, 국어 성적이 나쁜 학생은 수학 성적도 나쁘다는 현상이 나타났다고 가정하자. 이 경우 학생들에게 국어를 잘하면 수학 성적이 좋아진다고 말할 수 있을까? 반대로 수학 공부를 열심히 하면 국어 성적이 높아진다고 말할 수 있을까? 상식적으로 이런 분석은 성립되지 않는다. 이와 같은 관측연구에서는 인과성을 말할 수 없다.

그러나 실험연구에서는 변수들 사이의 인과성을 말할 수 있다. 예를 들어, 어느 화학 제품의 공정 온도로 현재 100℃를 사용하고 있는데, 회사에서는 제품의 내구성을 더 높일 수 있는 공정 온도를 찾는 데 관심이 있다고 하자. 이때 공정 온도를 변화시켜 80℃, 100℃, 120℃에서 각 온도마다 동일 조건에서 실험을 한 결과, 120℃에서 가장 높은 내구성을 가진 제품이 생산되고, 다른 온도에서 내구성과의 차이가 통계적으로 유의하다고 결론지을 수 있다면, 120℃로 공정 온도를 바꾸어 제품을 생산해서 좋은 결과를 얻게 될 것이다. 이 경우에는 온도 변수를 제외하고 반응에 영향을 주는 모든 조건을 똑같이 맞추어 놓은 상태에서 온도 하나만을 실험자가 조절하여 반응을 조사하기 때문에, 조절된 온도에 따라 내구성이 다르다는 현상을 온도와 내구성의 인과성으로 해석할 수 있다.

흔히 담배가 폐암의 원인이라고 말한다. 이를 통계적으로 규명하기 위해서 다음과 같은 실험을 계획하여 보자. 담배를 피운 경력이 없는 젊은 사람 200명을 선정한 다음, 100명씩 두 집단으로 나누어서 대조집단의 사람들에게는 절대 담배 연기도 맡지 못하게 감시하고, 20년 후 폐암 발생 건수를 조사한다. 그리고 처리집단의 사람들에게는 무조건 하루에 한 갑 이상씩 담배를 피우게 하고, 동일하게 20년 후 폐암 발생 건수를 조사한다. 이 결과 담배를 피운 집단에서 관측된 폐암 환자 수가 피우지 않은 집단의 폐암 환자 수보다 통계적으로 유의할 정도로 많이 나온다면, 우리는 과연 담배가 폐암의 원인이구나 하고 결론을 내릴 수 있을 것이다. 그러나 이와 같은 실험이 가능할까? 인간을 대상으로 하는 실험에는 언제나 윤리적 문제를 고려해야하므로, 아무리 인간을 위하고 궁극적으로는 유익한 실험일지라도 그 실험을 위하여 인간의 생명이나 존엄성이 무시된 채 인간이 실험도구로 전락해서는 안 될 것이다.

측정의 타당성과 신뢰성

측정을 통하여 자료를 수집할 경우 우선 자료를 모으는 목적이 분명해야 하며, 측정된 자료가 주어진 목적에 적합한가를 검토해야 한다. 예를 들면 수능시험은 주어진 문제들을 제한된 시간 내에 얼마나 정확하게 풀 수 있는가를 측정하여 고등학생의 수학능력을 숫자로 표현하는 측정방법이다.

이 경우 수능시험이 고등학생의 수학능력을 측정하는 올바른 측정도구가 되려면, 최소한 측정의 타당성(validity)과 신뢰성(reliability)을 가져야 한다. 타당성은 수능문제를 통하여 학생의 다양한 지적능력과 대학에서의 수학능력을 제대로 반영할 수 있는지를 나타내는 것이고, 신뢰성은 한 대상에 대한 측정값이 얼마나 일관성 있게 얻어지는가에 관한 것이다. 시험을 칠 때마다 수험생들의 순위가 큰 폭의 변동을 나타낸다면 이런 시험은 신뢰성이 없는 측정도구가 된다.

2.2 표본조사

이제 우리는 모집단, 표본, 편의, 정도 등에 대하여 알아보았다. 그러면 어떻게 믿을만하고 활용성이 높은 자료를 만들 수 있는지 알아보기로 한다. 먼저 쇠고기 맛을 알기 위하여 소 한 마리를 다 먹는 우(愚)를 범하지 않기 위해서는 어떻게 해야 하는지 알아보자.

표본추출의 필요성

여기서 왜 표본추출이 필요한지 다음의 예를 생각하여 보자.

- 제품의 내구성 조사를 위하여 모든 제품을 다 부술 수 있을까?
- 맛 평가를 위하여 공장에서 생산되는 맥주는 모두 다 마셔볼 수 있을까?
- 어느 지역구에서 어떤 후보가 국회의원이 될지를 알기 위하여 모든 유권자에게 다 질문할 수 있을까?
- 사과 한 상자의 맛이나 수박 하나의 당도를 한 입 혹은 한 조각으로 알 수 있을까?
- 대통령 선거의 유권자 3,800여만 명 모두에게 여론조사를 할 수 있을까?
- 일본뇌염으로 인한 비상 상황 여부를 어떻게 판단할까?

- 실업률은 어떻게 계산할까?
- 수십억 원이 넘는 미사일을 모두 쏘아 실험을 할 수 있을까?

이제 표본조사의 필요성을 이해할 수 있을 것이다. 아직 이해가 안된다면 다음을 더 읽고 생각해보는 건 어떨까?

왜 표본조사를 할까?

- 조사 환경에 따라 시간 및 비용에 한계가 있다.
- 전수조사보다 표본조사가 더 정확할 수 있다.
- 현실적으로 전수조사가 어려울 수 있다.

일반적으로 표본조사는 전수조사에 비하여 시간적으로는 물론 경제적으로도 훨씬 더 유리하다. 실제로 가축현황조사의 경우 표본조사가 전수조사보다 더 정확한 것으로 나타났다. 더욱이 표본조사의 정교함으로 인하여 굳이 전수조사를 실시할 필요가 없어진 것이다.

표본오차

표본조사는 전수조사를 하지 않고 랜덤으로 표본을 뽑아 조사함으로 일어나는 오차인 표본오차(sampling error)를 수반하며, 그 원인은 다음의 2가지 정도가 있다.

1) **랜덤성(randomness)**: 여름날 수박을 살 때 굳이 위쪽을 잘라 보여 주는 상인의 속마음에는 햇빛을 받는 윗부분이 아래보다 더 잘 익었다는 것을 알고 있으며, 이는 편의추출의 예이기도 하다.
2) **동질성(homogeneity)**: 단순히 전체를 랜덤으로 선택하는 경우 전체가 동질이 아니면 당연히 표본이 전체를 대표할 수 없으므로 표본오차가 매우 클 수밖에 없다. 실제에 있어서 모집단이 동질이 아닌 경우, 동질인 부분으로 층을 나누어 층별로 표본을 추출하는 층화추출법 등을 사용한다.

그렇다면 어떻게 표본오차를 줄일 수 있을까? 일반적으로는 다음과 같은 방법을 사용한다.

1) **편의제거**: 표본을 택할 때 모집단의 특정 부분에 치우치지 않게 한다.
2) **적절한 표본추출법**: 표본을 얻을 때마다 결과는 서로 다르게 된다. 즉 표본오차는 항상 일어날 수밖에 없다. 그러니 표본이 모집단을 잘 대표하도록 상황에 맞는 표본추출법을 선택해야 한다.
3) **표본의 크기**: 일반적으로 표본의 크기를 크게 하면 조사 결과의 변동을 작게 할 수 있고, 모집단의 대표성을 향상시킬 수 있다. 그러나 표본의 크기를 크게 하면 경비가 증가하고, 시간적 제약도 고려하여야 한다. 따라서 표본의 크기를 지나치게 늘리는 것보다는 좋은 표본추출법을 선택하는 것이 바람직하다.

비표본오차

표본조사는 전수조사를 하지 않고 표본조사를 함으로써 일어나지만, 이와는 무관하게 일어나는 비표본오차(non-sampling error)가 있다. 비표본오차에는 어떤 것들이 있으며 왜 일어나는지 생각하여 보자.

1) **무응답오차(non-response error)**: 표본으로 선정된 추출단위에서 응답거부, 부재, 분실 등으로 인하여 특성치의 값을 측정할 수 없는 무응답으로 생기는 오차를 말한다.
2) **응답오차(response error)**: 자료수집 과정 중 조사원에 대한 불충분한 감독이나 조사원의 경험 미숙과 훈련 부족 혹은 응답자가 의도적으로 조사원을 속이거나 정확하게 알지 못함에서 생기는 오차를 말한다.
3) **처리오차(processing error)**: 코딩 또는 자료입력 등의 수집된 자료를 처리하는 과정 중 발생되는 오차이다.

위에서 언급된 세 가지 외에도 많은 비표본오차의 발생가능성은 항상 존재한다.

표본추출방법

이제 표본오차를 줄이기 위한 표본추출방법에는 어떤 것들이 있는지 알아보자. 표본추출방법은 크게 확률표본추출법(probabilistic sampling)과 비확률표본추출법(nonprobabilistic sampling)으로 구분된다. 확률표본추출법은 모집단을 구성하는 모든 개체에 대하여 표본으로 추출될 확률을 사전에 알 수 있는 추출법을 말하며, 앞으로 설명할 단순랜덤추출, 층화추출, 계통추출, 집락추출 등이 확률추출법에 해당한다. 확률추출법을 사용하면 특정한 표본이 선정될 확률을 계산할 수 있고, 이를 근거로 표본정보를 이용하여 모집단을 추정할 때 발생하는 오차를 확률개념을 통해서 설명할 수 있다. 그러나 비확률추출법의 경우 추출된 표본이 선정될 확률을 알 수 없으므로, 표본에서 얻어진 추정결과에 대한 정도를 설명할 수 없다는 문제점을 지니고 있다. 따라서 모집단의 특성을 대충 파악하기 위한 탐색적 수준의 조사에서는 비확률추출법을 사용하기도 하지만, 정확성을 요구하는 과학적 조사를 위해서는 확률표본추출법을 통하여 표본을 확보하는 것이 요구된다. 비확률추출법에는 편의추출법, 유의추출법, 할당추출법 등이 있다.

단순랜덤추출법

모집단에 속한 개체들이 표본으로 선택될 확률이 모두 동일하도록 추출하는 방법을 단순랜덤추출(simple random sampling)이라 한다. 일정한 시간대에 TV의 각 채널별 시청률을 조사하기 위하여, 서울시 전 가구 중에서 단순랜덤추출 방법에 의해 600가구를 추출하여 전화조사를 실시하는 경우가 하나의 예이다. 시장조사에서는 종종 단순랜덤추출법을 사용하여 특정 상품의 잠재고객들의 성향을 조사하기도 한다. 예를 들면, 자동차의 색상에 대한 잠재고객들의 선호도, 음식 향의 종류에 따른 기호도 등을 알아보고자 하는 것이다. 뿐만 아니라 공장에서 납품된 제품 중 몇 개를 단순랜덤추출법으로 선택하여, 그 불량여부를 조사하여 전체 제품의 불량률을 추측하기도 한다.

일상생활 중에서 사람들이 랜덤하게 뽑는다는 말을 사용하는 것을 흔히 들을 수가 있다. 랜덤하게 뽑는다고 말할 때는 일반적으로 전체모집단 단위 중에서 아무렇게나 뽑는 것을 의미하거나 또는 여기저기서 골고루 뽑는다는 것을 의미할 때가 많다. 그러나 사실 그렇게 뽑힌 표본은 단순랜덤표본이라고 보기가 어렵다. 전체 중에서 아무렇게나 추출하는 방법이나 전체 중에서 골고루 추출하는 방법은 모두 확률추출법이 아닌 유의추출법이다. 이러한 추출법은 표본을 선택하는 사람의 주관에 의해 생기는 편의를 가지게 된다. 이와는 대조적으로 사전에 표본으로 채택될 확률을 미리 정해서 뽑는 방법을 확률추출법이라 하며 단순랜덤추출은 확률추출법의 가장 기본적인 방법이다.

그러면 어떻게 단순랜덤표본을 구할 수 있을까? 단순랜덤표본을 뽑기 위하여 흔히 난수(random number)를 이용하기도 한다. 난수란 고려대상이 되는 모든 숫자들이 동일한 추출확률을 갖도록 한 상태에서 랜덤하게 추출한 수들을 의미한다. 난수를 발생시키는 가장 간단한 방법은 다음과 같다. 크기와 모양이 동일한 구슬이 10개 들어 있는 상자를 만들고, 구슬의 표면에 각각 0에서 9까지의 숫자들을 새겨 넣는다. 상자를 잘 흔들어 섞은 후 그중 한 개의 구슬을 뽑는다면 각각의 숫자가 새겨진 구슬이 뽑힐 확률이 1/10로 동일하다. 뽑힌 구슬을 다시 상자에 집어넣고 새로운 구슬을 뽑고, 그 구슬에 새겨진 번호들을 기록해 간다면 이 수들이 바로 0에서 9 사이의 난수가 되는 것이다. 이와 같은 원리에 의하여 만들어진 표를 난수표라고 한다. 따라서 난수표에서 숫자를 뽑는 것은 상자 속에 숫자가 새겨진 구슬을 넣고 골고루 휘저어서 뽑는 것과 같은 개념이다. 현실 문제에서 단순랜덤표본을 추출하는 방법으로는 흔히 조사 대상 전부에 일련번호를 붙이고 난수표와 같은 랜덤 메커니즘을 이용하여 표본을 추출한다.

단순랜덤추출법의 아이디어는 매우 단순하지만 실제로 대규모 표본조사에서는 사용하기가 어렵다. 예를 들어, 전국 규모의 조사에서 전 국민에 대한 목록을 얻을 방법이 없고, 설사 목록을 얻는다고 할지라도 표본으로 뽑힌 사람들이 지리적으로 전국에 흩어져 분포할 것이 자명하므로 선택된 사람을 접촉하는 데 엄청난 노력과 시간이 들게 된다. 조사원의 수도 많이 필요하고, 조사비용 또한 만만치 않으며, 짧은 기간 내에 조사를 마치기도 쉽지 않다. 실제에 있어서 단순랜덤추출은 소규모조사나 예비조사에서 주로 사용된다.

층화추출법

모집단에 동질적인 집단들이 여러 개 포함된 경우 대표성을 확보하기 위해 고안된 표본추출법이 층화추출(stratified sampling)이다. 층화추출법은 먼저 모집단을 서로 겹치지 않는 여러 개의 동질적인 집단인 층(strata)으로 나눈 후, 각 층에서 단순랜덤추출법을 적용하여 표본을 뽑는 방법이다. 이때 각 층 내에 있는 개체들은 동질적인 것들로 구성되어야 한다.

예를 들어, 서울의 서점들을 대상으로 연평균 매출액을 파악하기 위하여 500개의 서점을 단순랜덤추출해서 표본조사를 실시한다고 하자. 이 경우 서울에 있는 서점들은 규모상 엄청난 차이가 있으므로 500개로 이루어진 표본에 우연히 대형 서점이 5개 정도 포함되는 경우와 10개 정도를 포함되는 경우를 비교해 보면, 평균 매출액에 대한 추정값에 있어서 엄청난 차이가 있게 된다. 즉 단순랜덤추출을 사용하는 경우 실제 표본이 어떻게 선정되는가에 따라 발생하는 표본오차가 커지게 되어 바람직하지 않게 된다.

이런 경우 만약 우리가 서울에 있는 각 서점의 매장 크기를 사전에 알고 있다면 서울 전체 서점을 매장의 크기에 따라 대형, 중형, 소형서점, 3개의 층으로 나눈 후 각 층에서 사전에 배정된 수만큼의 서점들을 단순랜덤추출하여 표본을 구성할 수 있다. 이렇게 하면 단순랜덤추출을 하는 경우와 비교하여 대형 서점이 표본에 몇 개 뽑히는가에 따른 변동을 제거할 수 있게 되어 표본오차를 대폭 줄일 수 있게 된다.

실제 표본조사에서 성별이나 지역, 연령, 학력 등이 중요한 층화변수로 널리 사용된다. 서울 시내 주택가격에 관한 조사를 한다면 지역(강남, 강북 등), 주택유형(단독주택, 아파트, 다세대주택, 등), 주택면적 등이 중요한 층화변수로 쓰일 수 있을 것이며, 전국적인 여론조사에서는 지역(서울 · 경기, 충정도, 전라도, 경상도 등)과 연령(20대, 30대, 40대 등) 등이 층화변수로 사용될 수 있다.

계통추출법

단순랜덤추출을 실제로 사용할 때 모집단에 속한 모든 개체들에 고유번호를 부여한 후, 난수표 등과 같은 난수발생 장치에 의하여 표본을 선택해야 하는 적용상의 어려움이 있다. 이를 해결하기 위해 표본추출과정을 보다 단순하고 편리하게 변형한 방법이 계통추출(systematic sampling)이다. 계통추출법은 실제 조사현장에서 단순랜덤추출을 대신하는 추출법으로 매우 폭넓게 사용되고 있다.

예를 들어, 어느 잡지사에서 구독자의 의견을 조사하기 위해 구독자 50,000명 중 1,000명을 표본으로 추출한다고 하자. 단순랜덤추출을 하기 위해서는 이 잡지를 구독하고 있는 50,000명의 구독자 이름과 주소 등이 기재된 명부에 고유번호를 부여하고 난수표를 이용하여 난수를 1,000개 뽑아 이에 해당하는 구독자를 추출하여 조사해야 한다. 이런 작업은 매우 번거로워 쉽지가 않다. 이 경우 50,000명 중 1,000명을 표본으로 추출한다는 것은 결국 50명 중 1명을 뽑는 것을 의미한다. 따라서 구독자 명부에서 처음 50명 중 1명을 랜덤으로 선택하고, 그 다음부터는 매 50번째에 해당하는 구독자를 표본으로 선택하는 간단한 방법을 생각할 수 있다. 이렇게 얻어지는 표본이 바로 계통추출에 의한 표본이 된다.

집락추출법

단순랜덤추출이나 층화추출에서는 모집단의 조사단위들을 모두 포함하는 추출틀(sampling frame)을 작성하여 직접 조사단위들을 표본으로 추출한다. 하지만 전국의 모든 가구(household)를 대상으로 하는 대규모 모집단에 대한 표본조사에서는 현실적으로 전국의 가구 목록과 같은 추출틀을 작성하는 데 엄청난 비용이 들거나 또는 현실적으로 확보가 불가능할 수도 있다. 그뿐만 아니라 이런 추출틀을 사용하여 직접 가구들을 단순랜덤추출하면 조사대상 가구들이 전국에 흩어져 있으므로, 표본가구들을 실제로 조사하기 위해서는 막대한 비용과 노력이 들게 된다. 이런 문제점을 극복하기 위하여 우선 전국의 가구를 지역적으로 인접한 것끼리 묶은 집락을 구성하고, 가구를 직접 추출하는 대신에 이들의 집합체인 집락을 추출하여 선택된 집락의 모든 조사단위를 조사하는 방법을 사용하게 되는데, 이러한 추출법을 단순집락추출법이라고 한다.

예를 들어, 서울시 고등학생들의 월평균 사교육비를 추정하고자 할 때 어떻게 표본을 선택하여야 하는가? 만약 단순랜덤추출을 사용한다면 추출틀에 해당하는 서울시 모든 고등학생이 포함된 학생명단이 필요하게 되고, 이 추출틀을 작성하는 데 엄청나게 큰 비용이 들게 되며, 경우에 따라서는 추출틀의 작성이 불가능할 수 있다. 서울시의 각 구를 층으로 사용한 층화확률추출을 사용하려 해도 각 층에 대한 학생들의 명단이 요구되기 때문에 이러한 문제를 피할 수가 없다. 이런 경우 조사단위에 해당하는 학생들을 직접 단순확률추출하는 것보다는 일단 고등학교를 추출하고, 선택된 학교의 학생들 전체를 조사하는 단순집락추출이나 또는 일부 학생만을 다시 추출하여 조사하는 2단계 집락추출(two-stage cluster sampling)법을 적용하는 것이 효율적이다. 이 경우 각 고등학교가 추출단위, 즉 집락에 해당하게 되고, 이런 추출법을 수행하는 데 필요한 추출틀은 서울시 전체 고등학교 명단으로 이런 추출틀은 확보가 된다. 만약 표본으로 선택된 고등학교에서 전체 학생 대신에 일부만을 추출하는 2단계 집락추출을 적용하는 경우에도 전체 고등학교가 아닌 표본으로 뽑힌 고등학교들에 대한 학생명단만 추가로 필요하므로 추출틀의 확보가 매우 쉬워진다.

집락추출을 사용하는 또 다른 이유를 이해하기 위하여 서울시 전체 고등학생들을 대상으로 단순확률표본을 추출하였다고 가정하자. 이 경우 서울 전역에 흩어진 선택된 고등학생들을 조사하기 위해서는, 조사원의 이동 등을 고려할 때 조사비용이 엄청나게 커지게 된다. 반면에 집락 내의 조사단위들은 지역적으로 인접해 있으므로 이동비용 등이 줄게 된다.

가장 대표적인 집락으로는 우리나라 통계청에서 사용하는 조사구(enumeration district)를 들 수 있다. 대부분의 정부공식통계 작성에서는 조사구를 집락으로 사용하는 집락추출법을 사용하고 있다. 또 다른 예로써, 조사단위가 사람들인 경우 가구가 사람들 개개인에 대한 집락이 되며, 특정 질병에 대한 통계 작성에서는 병원이 그 질병을 가진 환자들에 대한 집락이 될 수 있다.

집락추출에 있어서 반드시 유의해야 할 사항은, 일반적으로 집락은 가깝게 위치한 조사단위들을 묶어 구성되기 때문에 동일한 집락 내의 조사단위들은 여러 가지 측면에서 상당히 유사한 특성을 갖게 된다는 점이다. 예를 들어, 지리적으로 인접한 가구들을 집락으로 묶는 경우 동일한 집락에 속하는 가구들은 소득, 교육수준, 정치적 성향 등에 있어서 상당히 동질적일 가능성이 크다. 다시 말해 집락 내에서 얻어지는 관측값들은 상당히 높은 상관관계를 갖기 때문에, 동일한 집락 내에서 많은 가구를 조사하는 것은 비효율적이다. 이런 경우 1차적으로 선택된 집락에서 다시 일부 조사단위만을 표본추출하여 조사하는 2단계 집락추출법을 적용하게 된다.

층화추출과 집락추출은 약간 유사한 점이 있다. 층화추출에서도 모집단을 서로 중복되지 않는 그룹으로 나누어 층을 구성하였고, 집락추출에서 사용하는 집락도 모집단을 중복되지 않게 그룹으로 분할하여 구성한다는 측면에서 유사하다. 하지만 사용목적, 그룹의 효율적인 구성방법 등에 있어서 층화추출법의 층과 집락추출법의 집락은 큰 차이가 있다.

이들의 주요 차이점을 살펴보면 다음과 같다. 첫째, 층화추출에서는 층 내에 가능하면 동질적인 조사단위들이 구성되고, 반면에 층 간에는 가급적이면 서로 이질적으로 구성되는 것이 바람직하다. 하지만 집락추출에서는 각 집락이 가능하면 이질적인 조사 단위들로 구성될수록 동일한 조사비용으로 보다 효율적인 추정이 가능해진다. 둘째, 층화추출을 위해 구성한 층의 경우 모든 층에서 표본조사를 통하여 정보를 확보하게 되는데, 집락추출의 경우 전체 집락 중 오직 표본으로 추출된 일부 집락에 대해서만 표본조사를 통해 정보를 얻게 되기 때문에, 추정방법 등에 있어서 본질적으로 큰 차이가 있다.

실제 조사에서 흔히 사용되는 방법은 층화추출법과 집락추출법의 특성을 결합한 층화집락추출법(stratified cluster sampling)이다. 이를 실행하기 위하여 먼저 모집단을 층 내에서는 동질성이 높지만, 층간에는 이질적이 되도록 분할한 후, 동일층 내의 집락들은 동질적이지만 집락내의 조사 단위들은 이질적이 되도록 한다.

편의추출법

편의추출법(convenience sampling)은 조사자가 손쉽게 접촉할 수 있는 대상들을 표본으로 추출하는 방법을 말한다. 예를 들어, 대형 상가를 이용하는 고객들을 대상으로 표본조사를 실시한다고 가정할 때, 확률추출법을 적용하기 위해서는 이곳을 이용하는 고객들을 모두 포함한 리스트를 확보하여 이 리스트를 기준으로 고객들을 추출하고, 선택된 고객들을 찾아 조사해야 한다. 현실적으로 이런 조사를 시행하는 것은 불가능하므로 어느 날 상가 앞을 우연히 지나가는 사람 중 일부를 조사원이 주관적으로 선택하여 조사를 시행하였다면, 이런 추출법을 편의추출이라고 한다. 이런 추출법에 의하여 선택된 표본은 모집단을 대표할 수 없으므로 표본에서 얻어진 결과를 전체 모집단에 대한 결과로 일반화하여 해석하는 행위는 매우 위험하다. 흔히 접할 수 있는 다음과 같은 조사가 편의추출에 해당한다.

- 자발적으로 참가하기를 원하는 사람들을 대상으로 한 조사
- 조사하기 편리한 특정 학교의 학생들을 대상으로 한 조사
- 길거리 또는 백화점 앞에서 지나가는 사람들을 대상으로 한 조사
- 잡지에 설문지를 끼워서 배포하고 우편으로 응답하게 하는 조사
- TV 프로그램 중 전화를 건 시청자들을 대상으로 한 조사
- 포털 사이트에 조사문항을 게시하고 자유롭게 응답하게 하는 인터넷 조사

한편 리스트를 확보할 수 없을 뿐만 아니라 일상적인 방법으로는 조사대상자를 접촉하고 싶지 않은 경우, 먼저 소수의 대상자를 찾아 조사한 후 이들의 소개로 추가적인 조사대상자를 찾아 나가며, 표본을 확보하는 추출방법을 사용하기도 한다. 이런 추출법은 마치 작은 눈덩이를 굴려 점점 큰 눈덩이를 만드는 것과 유사하다고 하여 눈덩이추출(snowball sampling)이라고 한다.

예를 들어 새터민, 마약을 경험한 사람들, 폭력서클에 가입하고 있는 청소년들 또는 외국인 근로자를 대상으로 표본조사를 시행하는 경우 이런 조사대상자들은 접촉이 쉽지 않기 때문에 눈덩이추출법을 적용하여 표본조사를 하는 것이 효과적이다. 이런 눈덩이추출법도 일종의 편의추출법에 해당하므로 조사결과를 일반화하여 해석하는 데 있어서 상당히 유의하여야 한다.

유의추출법

조사를 시행하는 전문가가 주관적인 판단에 의하여 모집단을 잘 대표할 수 있다고 생각되는 대상들을 표본으로 추출하는 방법을 유의추출(purposive sampling)이라 한다. 만약 교육학자가 어떤 대도시 학생들의 의식을 조사하기 위하여 이 지역을 잘 대표할 수 있다고 판단되는 몇 개의 학교를 선택해서, 이들 학교의 재학생들을 대상으로 조사를 한다고 가정하면, 이때 사용된 표본을 유의표본이라고 한다. 만약 이 경우 다른 교육학자가 동일한 조사를 시행한다고 가정하면 이 학자는 이 지역을 대표하는 학교로 다른 학교들을 선택하게 될 가능성이 매우 크다. 다시 말해 유의추출로 얻어진 표본은 객관적으로 대표성을 확보할 수 없으며, 따라서 얻어진 결과는 객관성이 결여된다. 특히 이런 경우 설명할 수 없는 편의가 상당히 크게 발생할 우려가 있다.

일반적으로 표본조사에서 발생하는 오차는 편의와 변동으로 설명될 수 있다. 확률추출법을 적용하는 경우 편의가 발생하지 않는다. 따라서 적절한 확률추출법을 사용하면 발생하는 오차는 추정량의 분산으로 설명될 수 있다. 확률추출법에서 표본크기가 작아지면 추정량의 분산이 커지게 된다. 따라서 확률추출법을 적용하는 경우 신뢰할 수 있는 결과를 얻기 위해서는 상당한 수준의 표본크기를 확보하는 것이 필요하다. 다시 말해 표본크기가 아주 작은 경우 확률추출법을 적용하면 전혀 모집단을 대표할 수 없는 표본이 선택되어 엉뚱한 조사결과가 얻어질 수도 있다. 이런 경우 유의표본을 사용하게 되면 비록 편의가 발생하지만, 어느 정도 모집단을 설명할 수 있는 표본을 확보할 수 있다는 장점이 있으므로 표본크기가 아주 작은 경우에는 유의표본이 효과적일 수 있다.

예를 들어, 서울시 전체 고등학교를 대상으로 교육환경을 파악하기 위하여 3개 학교만을 표본으로 추출하여 조사한다고 가정하자. 이런 경우 어떤 표본을 얻게 될지 전혀 예상할 수 없는 랜덤 표본을 사용하는 것보다, 오히려 전문가에 의해 서울시 전체 고등학교를 잘 대표할 수 있는 3개 학교를 선택하도록 하여 조사하는 것이 더욱 효과적이다. 하지만 표본크기가 50개로 늘어난다고 하면, 이런 경우에는 비확률추출법보다는 적절한 확률추출법을 활용하여 좀 더 신뢰성 있는 결과를 얻을 수 있을 것이다.

할당추출법

할당추출(quota sampling)은 조사변수에 관련이 있다고 판단되는 특성에 대한 모집단의 구성 비율이 표본에 그대로 유지되도록 하는 표본추출법이다. 예를 들어, 어느 대학교 학생들의 한 달 평균 용돈을 추정하고자 하는 경우, 학생들의 용돈은 성별이나 학년에 따라 차이가 크다고 판단되면 이 대학교 전체 학생들의 성별, 학년별 구성 비율이 그대로 표본에 유지될 수 있도록 표본을 추출하는 방법을 말한다. 할당추출법에서 그룹을 형성하고 이들 그룹에 대한 구성 비율을 표본에 그대로 유지하는 이유는 최소한 그룹 구성을 위해 반영한 특성(예를 들어, 성, 학년)에 있어서는 조사원에 의한 선택편의(selection bias)를 제거하는 것을 목적으로 한다.

할당추출은 확률추출법 중 층화확률추출과 상당히 유사하다. 앞의 예에서 전체 학생을 성 및 학년별로 층화하고, 각 층에서 모집단의 구성 비율과 일치하도록 층별 표본크기를 배분하여 각 층에서 학생들을 단순랜덤추출하면 층화확률표본을 얻게 된다. 여기서 층화확률추출과 할당추출의 차이점은 무엇인가? 층화확률추출의 경우 최종적으로 학생들을 표본으로 추출할 때 해당 층(예컨대, 2학년 여학생)에서 랜덤하게 추출하는 반면에, 할당추출에서는 이 단계에서 조사원의 주관적인 판단에 의하여 최종 조사대상

학생을 선정한다는 차이가 있다. 다시 말하면, 층화추출과는 달리 할당추출에서는 랜덤화과정이 생략되어 있는 것이다.

확률추출법에 비하여 할당추출법은 비용이 적게 들고, 손쉽고 빠르게 조사결과를 얻을 수 있으므로 간단한 여론조사나 마케팅조사에서 빈번히 사용된다. 이론적으로 문제가 있지만 할당추출이 많이 사용되는 이유는 다음과 같이 정리할 수 있다. 첫째, 리스트를 필요로 하지 않는다는 것이다. 예를 들어, 할당추출에서 어느 지역에서 30대의 남성 50명을 조사해야 한다면 조사원은 조사대상자가 누구든지에 상관없이 30대 남성 50명을 무조건 조사하면 되므로 확률추출법과는 달리 리스트를 전혀 필요하지 않다. 둘째, 무응답이 발생해도 재조사하는 과정을 전혀 고려할 필요가 없다는 점이다. 예를 들어, 할당추출에서는 전화조사를 할 때, 전화를 건 가구에 통화가 안 되거나 응답을 거부하는 경우에 그대로 다음 가구로 전화를 걸어 조사하면 된다. 이런 두 가지 측면을 고려하면, 할당추출을 사용하면 조사를 신속하고 손쉽게 수행할 수 있게 되는 이유를 알 수 있다. 하지만 다른 한편으로는 이런 측면 때문에 할당표본에서 얻어지는 조사결과는 선택편의에 의하여 상당한 문제점을 갖게 된다는 사실을 알 수 있다.

여론조사 과정

여론조사는 의뢰인에서 출발한다. 의뢰인에 따라 조사방향과 방법이 결정되기 때문이다. 미국 같은 선진국에선 의뢰인이 요구하기에 앞서 미리 자료집 형태로 통계를 만들어 판매하는 경우도 있다. 최근 들어 통계청에서 지방통계청을 통하여 광역지방자치단체나 구청, 군 등의 지역 단위의 요구통계를 파악하여 통계를 만들어 활용하고 있는 것은 좋은 예이다. 가장 중요한 작업은 표본추출과정이며 여론조사의 정확성은 주로 이 단계에서 결정된다. 국내에서는 전체 유권자명부 같은 모집단 전체에 관한 정보가 부족해 비례할당법을 주로 쓴다. 필요한 표본을 지역별 성별로 배정하여 선택한다.

표본추출이 끝나면 전화나 면접 방식으로 조사를 진행한다. 면접은 비용과 시간 제약이 크지만 응답률을 높일 수 있고, 정확성도 높일 수 있다는 장점이 있다. 조사대상자가 털어놓기 힘든 심층정보가 필요하거나, 본격 조사에 앞서 사전정보를 얻고 싶을 때는 심층집단토의방법(FGI focus group interview)을 동원하기도 한다. 리서치 & 리서치의 노규형 사장은 '여론조사회사는 신뢰를 잃으면 존립 자체가 위험해진다'며 '조사과정에 최대한 정확성을 기하려고 늘 노력한다'고 언급하였다.

믿을만한 자료의 조건

YS정권 초기 공보처 조사에 의하면 국민의 지지율이 92%이었다. 과연 믿을 수 있는 조사일까? 공산주의가 아니고서야. 민주주의 국가에서는 지지율이 60%만 넘어도 대단하며, 70%가 넘는다면 확고한 지지에 속한다. 신뢰할 수 없는 자료는 한둘이 아니다. 숫자를 동원한 권위 있는 거짓말을 하는데 어쩔 수 없지만, 정권의 홍보와 유지를 위하여 정부가 조사하는 민심의 향방은 대부분 편의가 있을 수 있다.

- 흔히 100만 명 서명운동.
- 10부제하면 차량의 운행이 10% 줄어든다?
- 10,000대당 교통사고건수는 우리나라가 세계 1위이다.
- 헌혈을 합시다! 한 연구에 의하면 헌혈자의 86%가 심장병에 걸리지 않는 것으로 나타났다.
- 소비자물가지수와 장바구니물가지수의 괴리현상은 어쩌나? 다음에 물가지수에 대해 배울 것이나 미리 한 번쯤 생각하여 보자.
- 온도도 기상청온도와 체감온도가 있다. 특히 겨울에는 '바람에 의한 추위체감요인'(Wind Chill Factor)이라는 것이 있다. 같은 온도이지만 바람이 불 때 체감추위는 훨씬 더하다.
- 정부통계는 과연 믿을만한가?

믿을만한 자료의 조건은 무엇인가? 자료의 출처가 있어도 그 기관에 대한 신뢰성은 별개의 문제이다. 외국기관이라고 해서 무조건 믿을 수 없고, 미국에서도 엉터리 자료는 많이 존재한다. 따라서 통계조사를 할 경우는 아래 정보를 제공함으로써 조사전반에 대한 최소한의 신뢰성을 확보한다. 다음은 통계조사를 판단할 때 유의할 점이다.

1. 조사 주관기관/후원자
2. 조사대상 모집단에 대한 정보
3. 자료수집의 구체적인 정보
4. 표본의 크기와 추출방법
5. 설문예시
6. 조사시기와 방법
7. 표본오차와 신뢰수준
8. 오차요인에 대한 정보

되돌아보기

이 장에서는 측정을 통한 자료 모으기에 대해 알아보았다. 측정의 결과를 숫자로 나타내는데 사용되는 기본 척도에 따라 자료의 종류가 결정되고 분석방법이 달라진다. 또한 모집단을 잘 대표하는 표본추출법에 대하여 살펴보았다.

용어정리

- **측정** 관심의 대상이 있을 때 혹은 흥미로운 항목이 있을 때 그 대상이나 항목에 대해 숫자를 부여하는 작업
- **명목척도** 집단분류를 목적으로 사용하는 척도
- **순서척도** 순서를 매기는 목적으로 사용하는 척도
- **구간척도** 기준을 정하고 이를 얼마나 더한 것인가를 이용하는 척도
- **비율척도** 기준 양을 정하고 이에 대한 비율로 측정하는 척도
- **모집단** 정보를 얻고자 하는 대상들의 전체 모임
- **표본** 모집단에서 추출된 일부 모임
- **모수** 모집단의 성질 중 관측대상 혹은 흥미대상이 되는 값으로 모르는 값

배운 것 익히기

1 4가지 척도에 대한 예를 두 가지씩 들어라.

2 실험연구와 관측연구의 차이점을 설명하라.

3 편의와 정도를 설명하라.

4 표본조사와 전수조사의 차이점을 간략히 설명하고, 전수조사 대신 표본조사를 사용하는 이유를 서술하라.

5 확률추출법과 비확률추출법의 차이점을 설명하라.

6 층화추출법과 집락추출법의 차이점을 설명하라.

3

자료 표현하기

"표현하지 않는 사랑은 사랑이 아니다"라는 말이 있다. 표현하지 않으면 상대방이 알 수가 없으니 어떻게든 표현하라는 말이다. 이처럼 적절하게 표현되지 않은 것들은 알기가 쉽지 않을 뿐만 아니라 표현하는 방법에 따라 전달력의 차이가 매우 크다. 자료는 우리에게 무엇을 전달하려고 할까? 한 번 생각해 보자.

3.1 정보의 표현

우리는 다양한 형태의 정보를 접하며 산다. 그 가운데서 통계자료는 자연현상뿐만 아니라 사회적 · 경제적 현상을 분석하고 대처할 수 있는 가장 중요한 기본 자료이다. 따라서 각종 미디어에서 보도되는 통계 관련 정보는 실생활에서 많은 일을 결정하는 데 매우 커다란 영향을 끼친다. 그러나 흔히 통계라고 하면 단순한 숫자의 나열 혹은 도표 등을 연상하기가 쉽다. 이는 과거 대부분의 통계는 거의 숫자 형태로 제공되었기 때문에 정보의 전달력이나 제공되는 정보의 활용성은 그리 높지가 않았다. 그러나 어떤 종류의 통계정보라도 표현방법에 따라 정보를 전달하는 힘뿐만 아니라 다양한 이야기를 담을 수 있다. 예컨대, 신문에서 단순히 숫자를 제시할 경우 특별히 기사의 제목에 포함되지 않으면 별다른 관심을 끌 수가 없을뿐더러, TV에서도 짧은 시간에 나타나는 숫자는 그 의미를 제대로 전달하기가 쉽지가 않다. 반면에 잘 그려진 그래프는 우리의 관심을 끌 수 있을 뿐만 아니라 같은 통계라도 통계가 지닌 특성을 잘 나타내 준다.

이러한 점들이 반영되어 요즈음의 각종 미디어에서는 다양한 그래프를 사용하고 있음을 볼 수 있다. 그 예로써 증권회사의 웹사이트에 가서 특정 회사의 주가변동에 대한 내용을 보면 대부분의 경우 그림 3.1과 같은 그래프를 볼 수 있다.

그림 3.1 삼성전자의 주가 차트

이 그래프를 보면 2020년 9월 4일부터 2020년 12월 2일까지 삼성전자 주식에 대해 주가의 변동과 거래량에 대한 정보가 나와 있다는 점을 알 수 있다. 하지만 여기서 5, 20, 60, 120으로 표시되는 선과 네모상자 같은 그림이 무엇을 의미하는지 알기는 쉽지 않다. 물론 주식투자를 하는 사람들은 이것이 최근 5일, 20일, 60일, 120일간의 평균, 즉 이동평균을 의미하며 네모상자는 상자 그림으로 해당일의 주가변동과 관련된 값임을 알고 있을 것이다. 하지만 그래프에서 제공되는 여러 종류의 정보에 대한 기본 상식이 어느 정도 있다면 투자가가 아닌 일반인들도 어느 정도 감을 잡을 수 있을 것이다. 물론 때에 따라서 제공되는 정보가 다양해도 이를 제대로 해독하여 활용할 수 있는 사람이 적은 경우도 있다.

이러한 그래프에서 다양한 정보를 생각할 수 있는 능력은 매우 중요하다. 그뿐만 아니라 그래프를 적절히 잘 활용하여 표현하는 것 역시 중요하다. 같은 내용을 담더라도 어떤 그래프를 사용하느냐에 따라 정보의 표현 형태가 다르며 의미 또한 다르게 전달될 수 있으므로 유의하여야 한다. 그래프는 어떻게 그리더라도 주관적일 수밖에 없다. 그러므로 그래프를 제공할 때는 전달하고자 하는 내용에 부합하는, 그러나 가능한 한 정보를 왜곡하지 않는 그래프를 제공하려는 노력이 필요할 것이다.

3.2 그래프의 역사

그래프의 이용에 대한 역사를 보면 10세기나 11세기까지 거슬러 올라간다(Beniger, J.R. and Robyn, D.L., 1978). 하지만 그래프가 본격적으로 사용된 것은 영국의 플레이페어(William, P.)가 1786년 출간한 「경제와 정치의 지도(Commercial and Political Atlas)」에서 영국의 여러 재정적 현황 등을 많은 그래프를 사용해서 표현한 뒤부터라고 할 수 있다. 그림 3.2는 플레이페어의 저서에 실린 무역수지 시계열 차트로, 1700년부터 1780년까지 영국에서 덴마크와 노르웨이로부터의 수출입을 나타낸 그래프이다. 짙은 색 곡선은 영국의 수출, 약간 옅은 색 곡선은 수입을 나타내어 영국의 무역적자가 1775년부터 흑자로 돌아서는 현황을 보여 주고 있다. 또한 그는 막대그래프뿐만 아니라 1801년에 출간한 「Statistical Breviary」에서 원그래프도 사용하였다. 이후 베셀(Bessel, F.)과 푸리에(Fourier, J.) 등 유명한 학자들에 의해 다양한 종류의 그래프들이 고안되었다. 나이팅게일(Nightingale, F.)은 1858년에 발표한 논문에서 크림전쟁 중 1854년 4월부터 1855년 3월까지 일 년 동안 매월 영국군의 전투요원과 비전투요원에 대한 사망자 수를 그래프로 나타내었다. 후일 이 그래프는 콕스콤 그래프(Coxcomb graph) 혹은 장미 도표(rose diagram)라고 불린다. 나이팅게일은 통계학을 육군과 병원통계에 접목해 낸 공로로 영국통계학회 최초의 여성 회원으로 선출되었다.

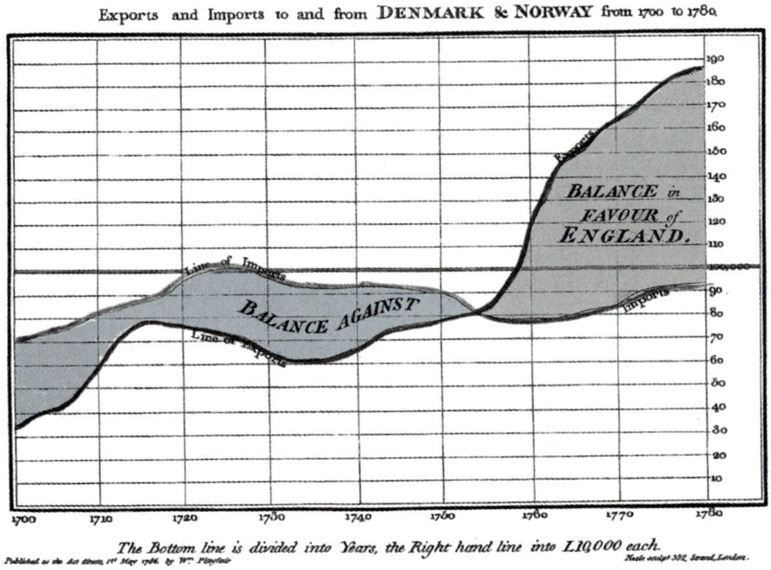

그림 3.2 「경제와 정치의 지도」에 실린 무역수지 시계열 차트, 1786

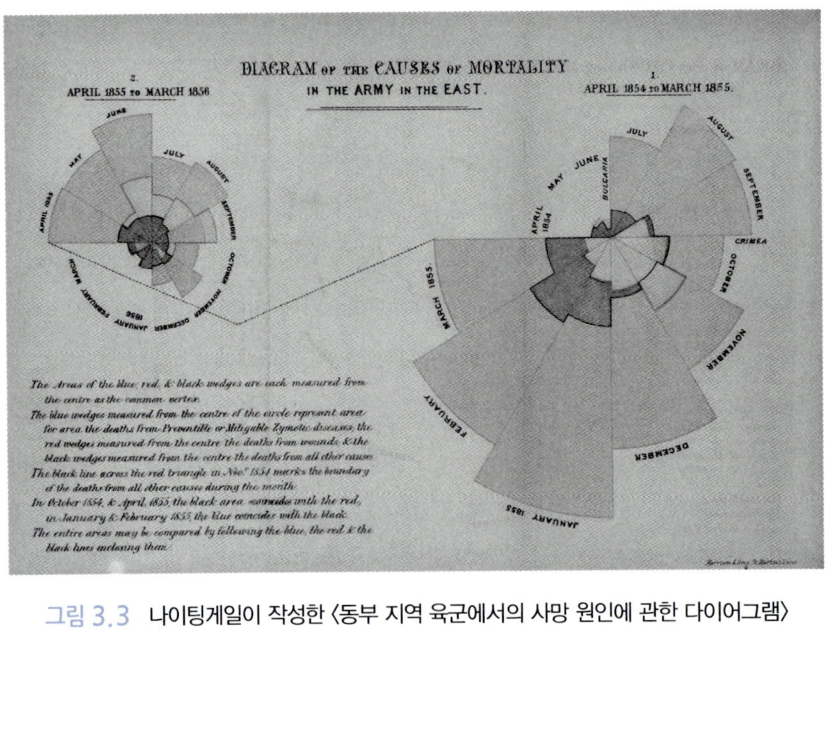

그림 3.3 나이팅게일이 작성한 〈동부 지역 육군에서의 사망 원인에 관한 다이어그램〉

3.3 그래프의 종류

그래프의 종류는 매우 다양하다. 여기서는 널리 사용되는 그래프를 소개하고 올바른 사용과 오용에 대해 알아보기로 하자.

꺾은선 그래프(broken line graph)

꺾은선 그래프 혹은 선 그래프는 경제 기사에 연관되어 가장 많이 볼 수 있는 그래프이다. 꺾은선 그래프는 연도별 GDP, 실업률 등 경제지표나 주식가격의 변동 등 시간이 흐름에 따른 경제의 전반적인 상황이나 변화를 나타내기 위해 주로 사용한다.

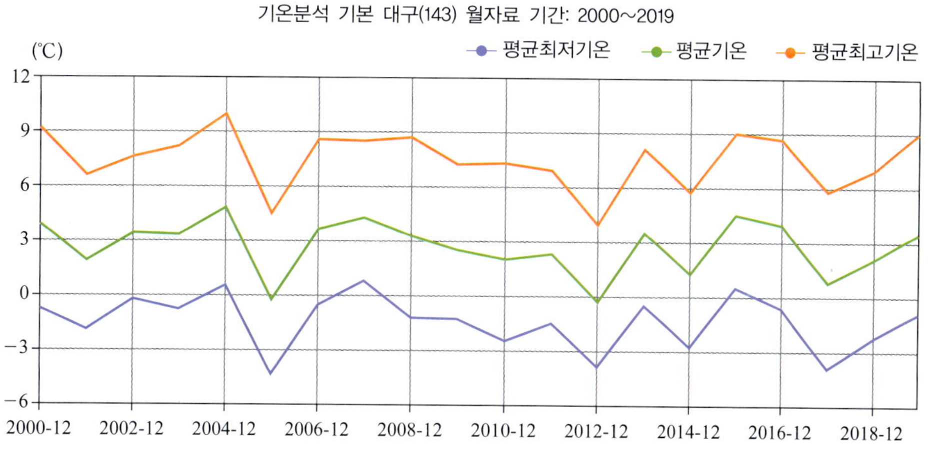

그림 3.4 대구의 12월 평균기온, 평균최저기온, 평균최고기온의 변화(2000~2019)

꺾은선 그래프를 그릴 때 시간은 가로축에 표시하고 나타내고자 하는 값은 세로축에 나타낸다. 꺾은선 그래프를 통해서 계절에 따른 변화추세를 나타내는 계절변동이나 일년 혹은 그 이상 기간의 변화를 나타내는 장기적 추세를 읽을 수 있다. 그림 3.4는 2000년부터 2019년까지 대구의 12월 평균기온, 평균최저기온, 평균최고기온을 꺾은선 그래프로 그린 것이다. 그림에서 보면, 2005년, 2012년에 강추위가 온 사실을 확인할 수 있다.

그림 3.5는 2019년 9월부터 2020년 11월까지 월별 소비자물가 상승률을 꺾은선 그래프로 그린 것이다. 이 그림에서 소비자물가는 2020년 1월부터 하락세를 보이다가 2020년 5월을 기점으로 상승하는 점을 확인할 수 있다.

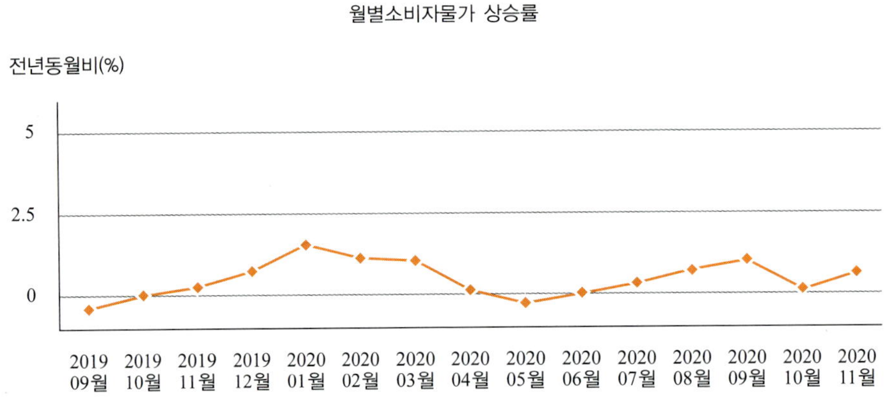

그림 3.5 소비자물가상승률(2019.09~2020.11)

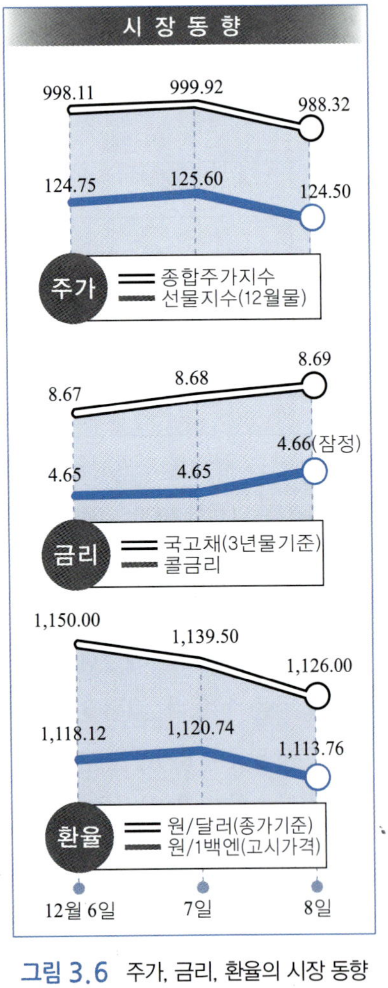

그림 3.6 주가, 금리, 환율의 시장 동향

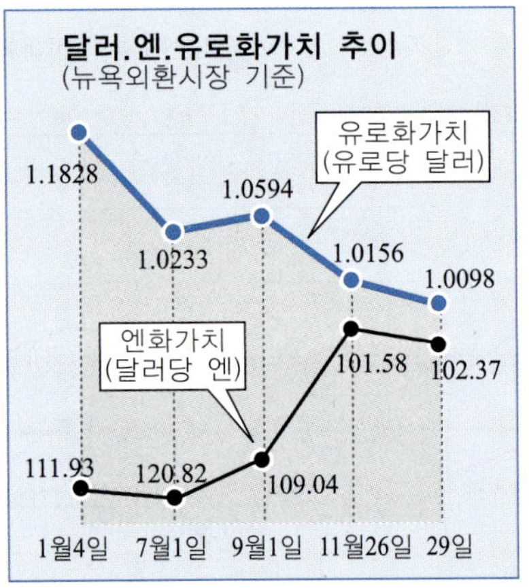

그림 3.7 달러에 대한 엔과 유로화의 가치 추이

그림 3.6은 한 그래프에 주가, 금리, 환율에서의 변화를 동시에 나타내어 마치 세 변수가 서로 비슷하게 변하는 것처럼 보인다. 그림 3.7은 가로축의 값이 일정한 간격으로 되어 있지 않기 때문에 나타난 그래프의 추세가 왜곡되게 나타날 수 있으며, 세로축은 값이 나타나 있지 않다.

원그래프(pie chart)

원그래프는 주로 명목척도로 측정된 자료의 비율 혹은 상대도수를 나타내는 데 사용하는 그래프이다. 그림 3.8은 전형적인 원그래프로, 각 범주에 해당하는 비율이 원의 각도에 그대로 반영되기 때문에 다른 그래프에 비하여 왜곡의 가능성이 적다. 원그래프는 전체 원의 면적에 대한 특정 항목에 해당하는 면적의 비율이 자료의 비율과 동일하게 나타나야 하는데, 이는 각 항목이 차지하는 비율을 왜곡하지 않기 위함이다. 그림 3.9는 그래프 제목만큼 잘라내고 남은 면적으로 그 값을 나타냄으로써 56.6%는 50%도 되지 않는 듯 보이며, 70.0%나 되는 항목 또한 겨우 50%를 넘어서는 것처럼 보인다.

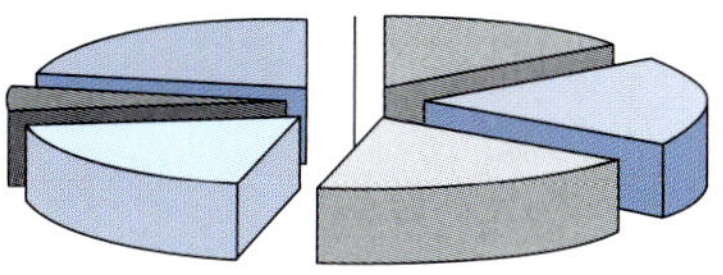

그림 3.8 전형적인 원그래프

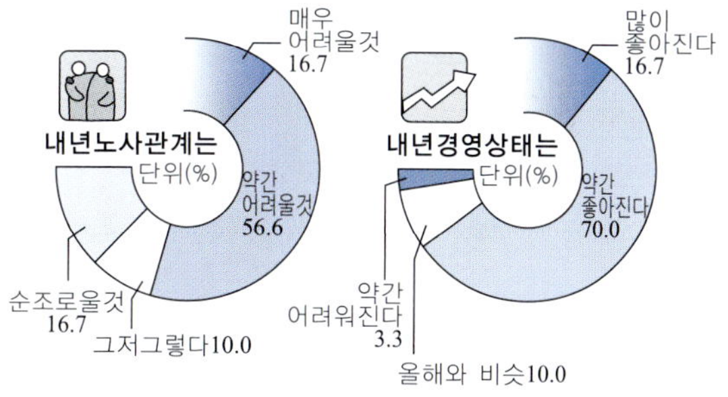

그림 3.9 잘못된 원그래프

막대그래프(bar chart)

막대그래프는 명목척도로 측정한 자료의 도수를 나타내거나 원그래프처럼 그 비율을 낼 때 주로 사용한다. 막대그래프는 항목 간 도수의 비율이 정확히 막대 높이에 반영되어야 하며, 따라서 막대 밑면의 길이는 모두 동일해야 한다. 때로는 막대를 변형하여 막대를 나타내고자 하는 것을 잘 보여 주는 사물 등으로 형상화하여 주기도 하지만, 이 경우에도 형상화된 사물들의 넓이의 비가 바로 도수의 비율과 같이 되도록 신경 써야만 한다. 주식 거래량이나 그림 3.4와 같이 시간에 대한 변화는 꺾은선 그래프를 이용하여야 하며, 이를 막대그래프로 그리는 것은 흔히 범하는 오류 가운데 하나이다. 또한 막대그래프에서 가장 흔한 오류는 높이의 비가 정확하지 않거나 막대의 굵기가 균일하지 않은 경우이며, 간혹 그림 3.11과 같이 변형을 시도하다가 막대의 굵기를 왜곡시킴으로써 정확성을 잃어버리는 경우도 있다.

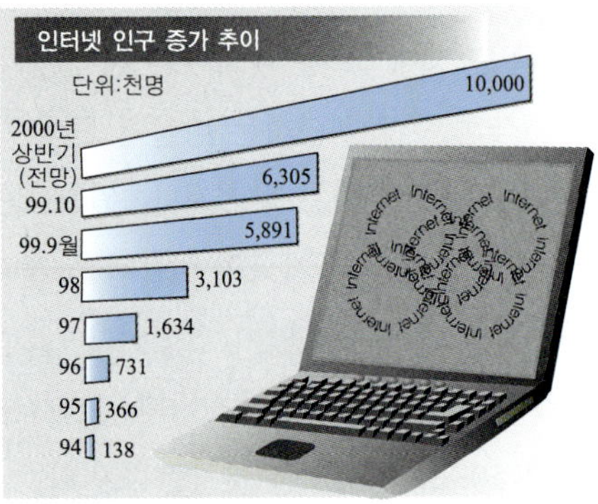

그림 3.10 꺾은선 그래프로 표현되어야 하는 그래프

그림 3.11 잘못된 막대그래프

히스토그램(histogram)

막대그래프와 유사한 그래프로 히스토그램이 있다. 히스토그램은 주로 비율 혹은 구간 척도로 측정된 자료들의 흩어진 모양을 나타내며, 이를 통계용어로 분포(distribution)라 한다. 두 그래프는 각 막대의 높이가 도수를 정확히 반영해야 한다는 공통점을 가지지만, 그 외에 많은 차이점을 가진다. 막대그래프에서는 막대의 폭은 일정해야 의미가 있으며 가로축에는 어떠한 눈금도 없다. 반면 히스토그램은 등분한 눈금이 있거나 적어도 가로축의 각 구간의 값이 정확히 표시되어야 한다. 또한 막대그래프에서는 막대 간에 여백이 있어도 관계없지만, 히스토그램에서는 막대가 떨어져 있으면 그 사이 구간의 도수는 0임을 의미한다.

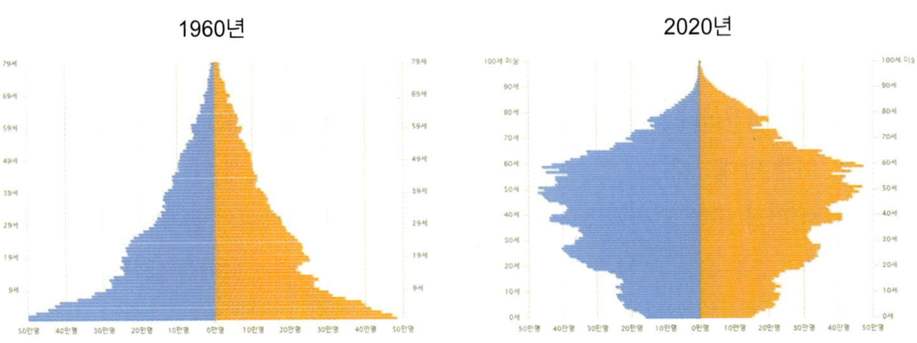

그림 3.12 연령별 인구에 대한 히스토그램

우리의 시각은 히스토그램에서도 막대그래프와 마찬가지로 기둥의 면적에 민감하게 반응한다. 따라서 기둥들의 폭을 가능한 한 일정하게 해 주는 것이 바람직하다. 히스토그램으로 인한 오류는 막대그래프와의 차이점을 유념해서 그리면 오류를 피할 수 있다. 한 가지 고려해야 할 점은 밑변의 폭, 즉 구간의 폭이다. 구간의 폭을 어느 정도로 정하느냐에 따라 기둥의 수와 그에 해당하는 도수가 달라진다. 따라서 전체의 분포를 효과적으로 보여 주기 위해서는 구간의 폭을 다양한 값으로 바꿔가며 그래프를 그려보고 가장 적절한 그래프를 선택하는 것이 좋다. 간격이 너무 넓으면 기둥의 수가 몇 개 되지 않아 뭉쳐 보이는 것이며, 간격을 너무 작게 잡으면 각기둥의 높이가 거의 동일할 수 있을 정도로 작아지므로 분포를 파악하기 어렵게 된다.

그림 3.12는 널리 알려진 연령별 인구분포에 대한 히스토그램(남자와 여자에 대한 히스토그램)을 좌우로 90도 회전시켜 붙여놓은 것이다. 그림 3.12를 보면 연령별 분포가 1960년에 비하여 2020년이 노년층이 커지고 유소년층이 급감함을 볼 수 있다. 또한 노년층에서 여자의 비율이 남자보다 큼을 알 수 있다.

줄기-잎 그림(stem-and-leaf display)

히스토그램와 비슷하게 분포를 나타내지만 측정값까지 표현될 수 있는 그래프로 줄기-잎 그림이 있다. 만약 자료가 두 자리 숫자인 경우 십의 자리를 줄기로 하고, 일의 자리를 잎으로 하여 그래프를 그린다. 다음과 같이 자료가 주어졌다고 하자.

자료
40, 83, 100, 90, 41, 31, 10, 52, 68, 62, 23, 20, 89
31, 54, 82, 99, 70, 72, 45, 77, 65, 51, 45, 32, 61
18, 98, 100, 17, 99, 72, 59, 30, 43, 72, 80, 91, 21

여기서 먼저 십의 자리를 줄기로 하여 10, 9, …, 1까지 나열하고 그 옆에 일의 자리의 숫자를 나열한 다음, 잎에 해당하는 일의 자리의 숫자를 크기순으로 정리하면 그림 3.13과 같이 된다.

줄기	잎
10	00
9	09891
8	3920
7	02722
6	8251
5	2419
4	01553
3	1120
2	301
1	087

줄기	잎
10	00
9	01899
8	0239
7	02227
6	1258
5	1249
4	01355
3	0112
2	013
1	078

그림 3.13 크기 순 나열 전과 크기 순 나열 후 최종 줄기-잎 그림

이 그림을 보면 값들의 분포뿐만 아니라 측정치 각각의 값들까지 알 수 있다. 그리고 히스토그램처럼 줄기의 간격을 어떻게 잡느냐에 따라 잎의 모양이 달라질 수 있다. 즉 너무 크게 잡으면 잎들이 몰려 있을 수 있으며, 너무 작게 잡으면 줄기가 크게 되어 잎이 듬성듬성 달림으로써 분포의 모양을 온전히 잡을 수가 없다. 참고로 줄기는 10의 간격으로도 가능하지만 5의 간격으로도 잡을 수 있다.

별그림(star plot)

별그림은 아주 흥미로운 그래프 가운데 하나로서 축을 정하기에 따라 이름도 다르게 부를 수 있으며, 그 용도 또한 달라진다. 만약 축을 시간으로 정하면 시간에 따른 특정값의 변화하는 모양을 볼 수 있다. 이런 별그림을 몇 그룹에 대해 그려보면 비교할 수 있다. 다음의 그림 3.14와 그림 3.15의 어떠한 값의 지역별 변화를 별그림을 통해

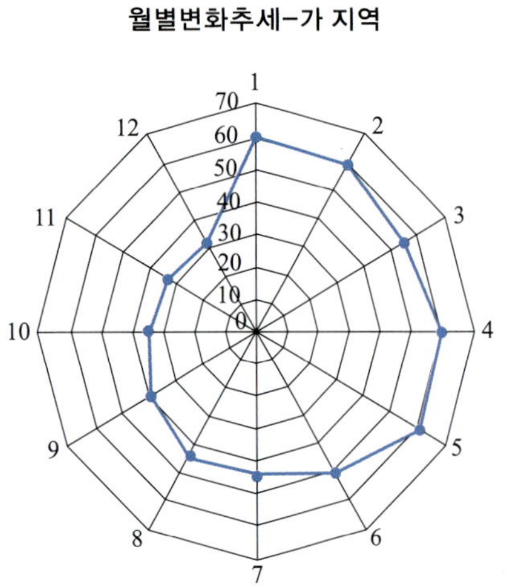

그림 3.14 지역 (가)의 월별변화추세

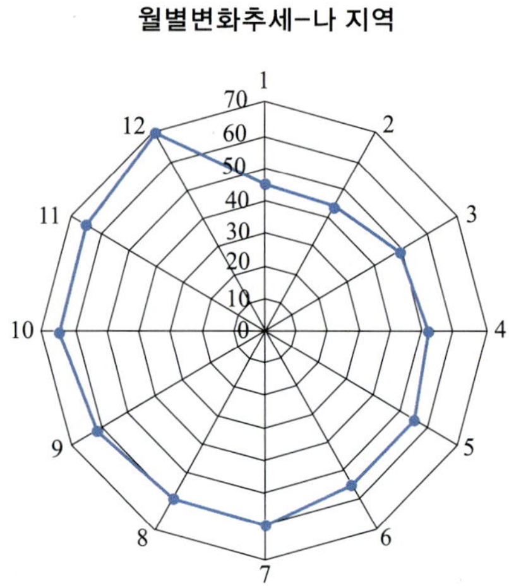

그림 3.15 지역 (나)의 월별변화추세

살펴본 것이다. 여기서 두 그림에서 축의 값은 동일해야만 한다. 값이 다르면 추세에 대한 비교가 곤란해진다.

앞의 예시를 통하여 지역 (가)는 점점 감소하는 값을 가지는 데 반하여 지역 (나)는 점점 상승하는 값을 가지는 것을 비교해 볼 수 있다.

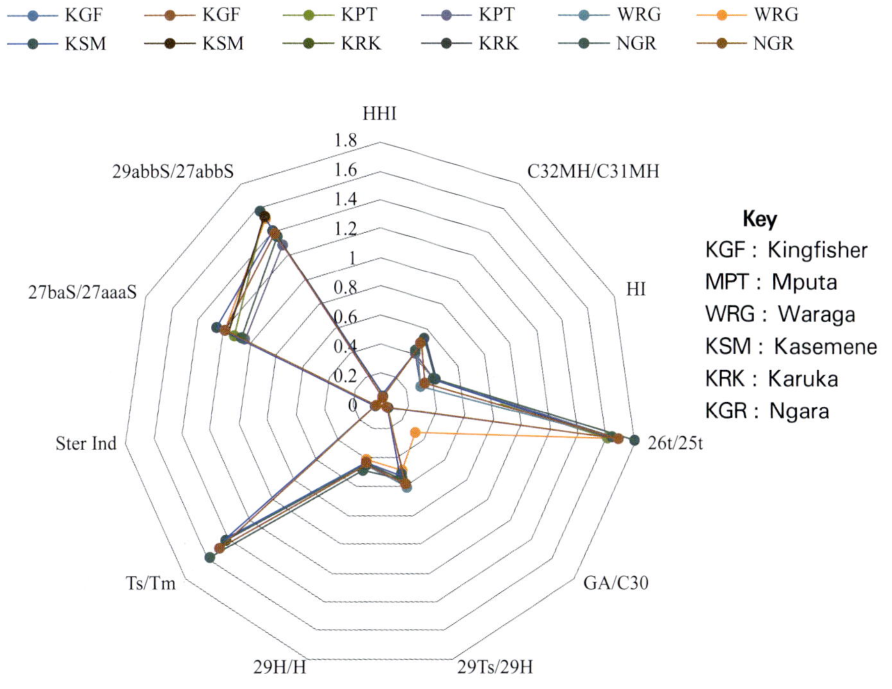

그림 3.16 일부 지화학적 데이터에 대한 알버틴 그라벤 원유와 다른 6개 지역의 원유를 비교한 별그림

그림 3.16은 알버틴 그라벤(Albertine Graben)에서 생산되는 원유의 지화학 성분과 다른 6개 지역에서 생산되는 원유의 지화학 성분을 비교한 별그림이다. 본 별그림을 통해 다른 6개 지역의 원유 성분과의 밀접한 관계를 확인할 수 있다.

국별 IMF체제 6개월간의 경제성과 평가

	거시경제	외환유동성	금융시장	구조조정	**종합판단**
한 국	2.30	**4.20**	2.35	1.75	**2.65**
멕 시 코	1.80	3.40	2.45	**4.00**	**2.91**
태 국	**2.70**	3.00	**2.75**	3.00	**2.86**
인도네시아	1.40	2.60	1.75	2.50	**2.06**

주: 1(크게 악화), 2(악화), 3(현상유지), 4(개선), 5(크게 개선)

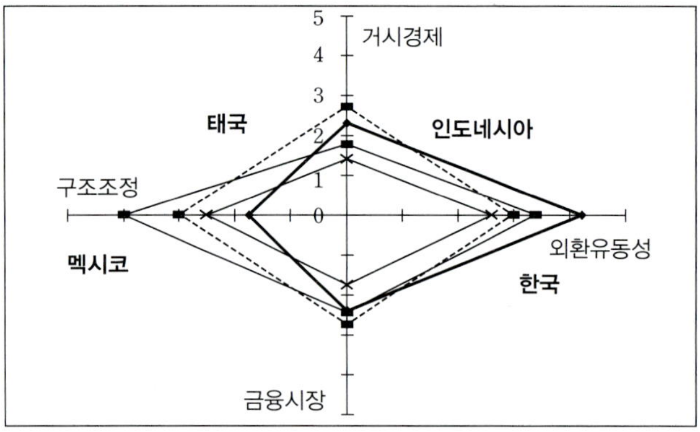

그림 3.17 한국, 멕시코, 태국, 인도네시아 4개국의 IMF체제 6개월간의 경제성과 평가

그림 3.17은 IMF를 겪은 한국, 태국, 인도네시아, 멕시코 4개국의 IMF체제 6개월간의 거시경제, 외환 유동성, 금융시장, 그리고 구조조정에 대한 별그림이다 (삼성경제연구소). 이를 통하여 4개국의 경제성과를 명확하게 비교하고 평가할 수 있음을 확인할 수 있다.

상자그림(box plot)

상자그림은 히스토그램와 마찬가지로 자료의 분포의 윤곽을 살펴볼 수 있다. 앞선 그림 3.1에서 상자그림은 해당 날짜의 종합주가지수의 분포를 보여 줌으로써 하루 중의 변화를 알 수 있게 해 준다.

다음의 그림 3.18은 미국의 뉴저지주의 복권(the New Jersey Pick–it Lottery)의 당첨번호에 대한 상자그림이다. 복권구매자들은 세 자릿수를 고르게 되고 당첨보상은 당첨자 수로 등분하여 배분된다. 이 상자그림은 구매자들이 고를 수 있는 세 자릿수(000~999)를 백의 자리(0~9)를 기준으로 그룹화하여 나타낸 그림이다.

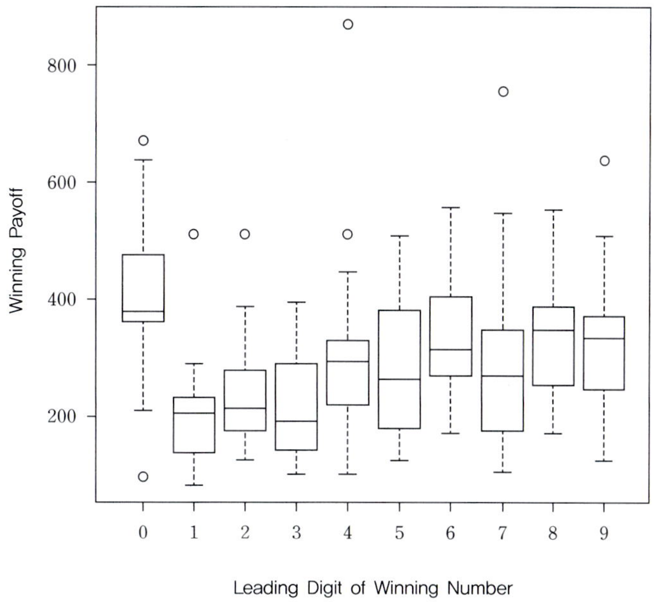

그림 3.18 미국 뉴저지주 복권의 숫자별 상금액에 대한 상자그림

이 그림에서 그룹 '0'이 다른 그룹들보다 더 많은 당첨금을 받는 경향을 보임을 확인할 수 있다. 이러한 경향은 복권구매자들이 100보다 작은 수를 선택하는 경우가 적어서 나타났다고 볼 수 있다. 세부적으로 상자그림을 그리는 방법과 해석은 4장에서 다룬다.

기타 그래프

그래프 종류는 앞서 소개된 것들 이외에 많이 있지만 여기서 다변량 자료(multivariate data)를 표현하는 데 사용되는 체르노프의 얼굴(Chernoff face) 그래프를 소개한다.

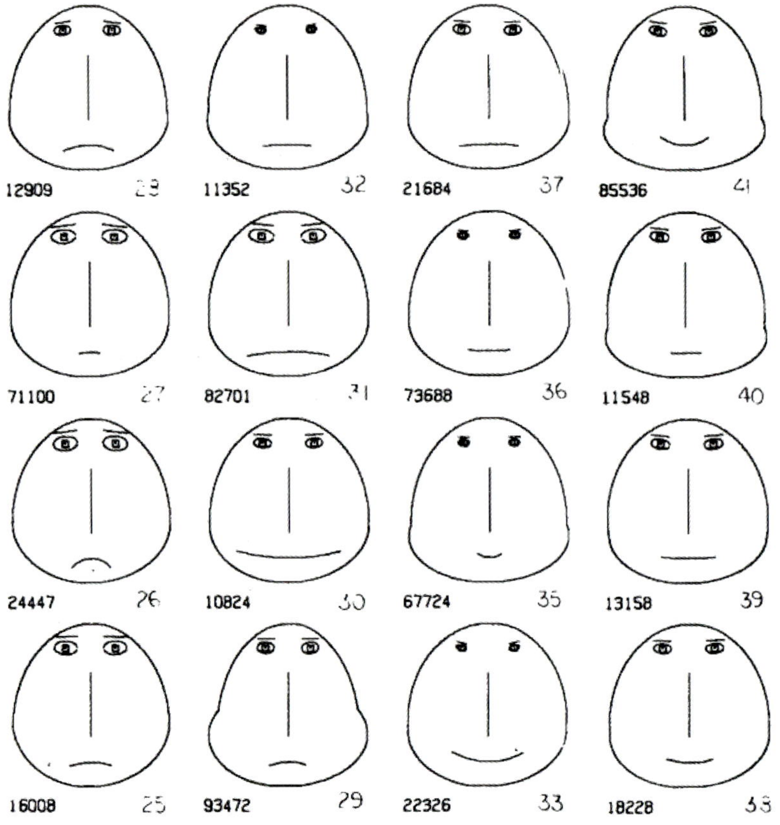

그림 3.19 1973년도에 체르노프가 제안한 다변량 자료를 위한 얼굴 그래프

체르노프의 얼굴 그래프는 눈썹의 길이나 각도, 얼굴모양, 표정, 코의 길이, 입술의 각도와 길이, 눈의 크기 등을 각각의 변수에 대응시켜 각 값의 차이가 얼굴 모양의 차이로 반영되도록 그린 것으로, 유명한 통계학자 체르노프(Chernoff, H.)가 제안하였다.

그림 3.20는 LA의 '경제적 부유함', '실업률', '도시 스트레스', '백인 비율'을 체르노프의 얼굴 그래프를 이용해 동시에 나타낸 예시이다. '경제적 부유함'은 얼굴 형태, '실업률'은 입꼬리, '도시 스트레스'는 눈과 눈썹 모양, '백인 비율'은 피부색으로 표현하였다. 체르노프의 얼굴 그래프를 이용함으로써 LA 거주자들의 사회정보를 보다 직관적이고 효율적으로 나타낼 수 있었던 사례이다.

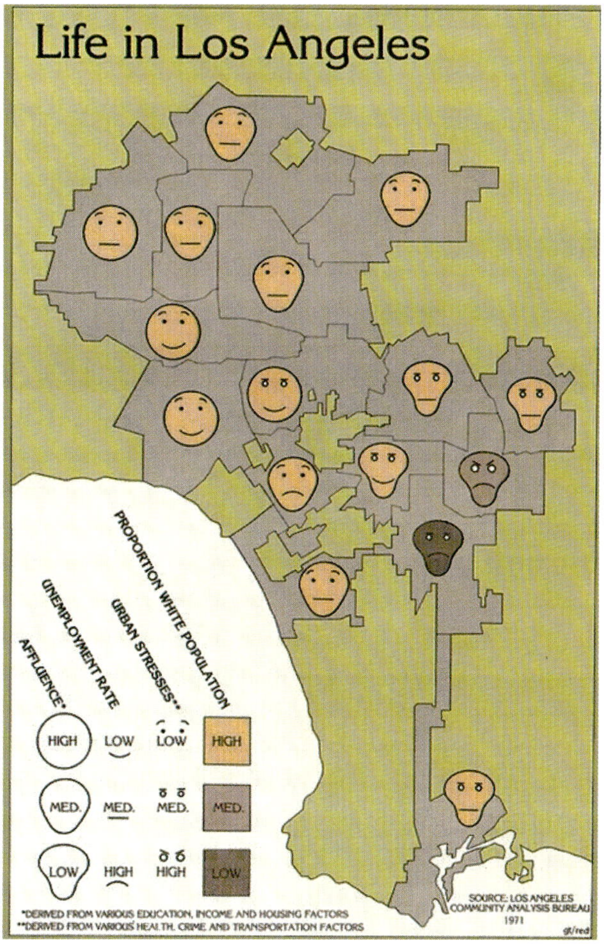

그림 3.20 체르노프의 얼굴 그래프를 통해 나타낸 LA의 사회정보

올바른 그래프

지금까지 각종 그래프의 종류를 여러 가지 예를 통하여 알아보았다. 적절한 그래프를 선택하여 정확히 그린다면 자료의 전체적인 윤곽이나 변화, 추세 등을 한눈에 잘 파악할 수 있다. 따라서 적절한 그래프를 그리기 위하여 고려되어야 할 사항을 살펴볼 필요가 있다.

1) 적절한 그래프를 선택해야 한다.

이미 보았듯이 꺾은선 그래프를 사용해야 하지만, 막대그래프를 사용함으로써 독자들이 시간의 흐름에 따른 변화를 읽기 힘들게 하거나 부정확한 이해를 수반할 수 있다.

2) 둘째, 관심을 끌어낼 그래프의 선택이 필요하다.

같은 종류의 자료를 그리더라도 흥미를 유발할 수 있는 그래프라면 독자들의 관심을 불러일으키고 기사의 전달을 매우 효율적으로 이뤄낼 수 있다. 현재 신문에는 거의 천편일률적인 꺾은선 그래프들뿐이지만 같은 꺾은선 그래프라도 아이디어를 추가하면 이목을 끄는 그래프를 만들 수 있을 것이다.

3) 그래프를 작성할 때 정보의 왜곡이 일어나지 않도록 주의한다.

그래프를 작성할 때는 축의 선택이나 간격 등을 잘 정하고, 아울러 그 자료의 의미를 정확히 표현할 수 있도록 그려야 한다. 원근법 적용 등은 오히려 정보를 왜곡할 수 있다.

4) 그래프의 목적은 자료를 분명하게 표현하는 데 있다.

따라서 하나의 그래프에 지나치게 여러 항목을 포함하지 않아야 한다. 만약 많은 종류의 자료를 한 그래프에 나타내면 그 복잡성 때문에 독자에게 전달하고자 하는 내용의 초점을 흐릴 수 있다. 따라서 무엇을 말하고자 하는지 이해하기 어렵게 만들 수 있다. 특히 서로 척도가 다르거나 다른 값을 갖는 자료들을 동시에 표현하거나, 축의 값을 적당히 조절하여 값의 변화에 상호 연관성이 있어 보이는 왜곡이 생기지 않게 유의해야 한다.

5) 독자층을 고려해야 한다.

관련 기사의 독자층을 고려해서 단순한 그래프가 좋지만, 경우에 따라서는 좀 더 많은 정보를 가진 그래프를 제공할 필요도 있다. 이렇게 그려진 그래프는 그 자료의 특성이 잘 나타나는지, 왜곡은 없는지를 잘 살펴보아야 하며, 그래프는 비록 주관적이긴 하지만 가능한 한 객관적인 견지에서 작성하도록 노력해야만 한다.

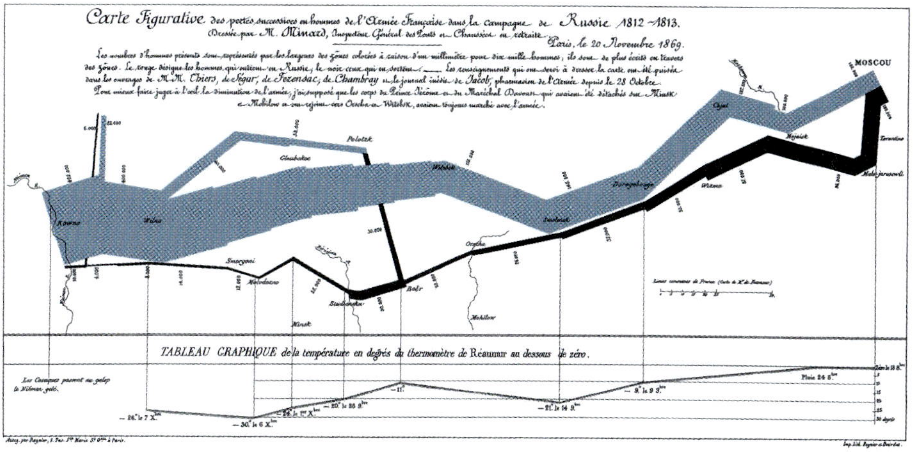

그림 3.21 미나르(1861)가 그린 나폴레옹과 그의 병사의 모스크바 침입과 퇴각에 대한 그래프

'백문불여일견(百聞不如一見)'이라는 말이 있듯이 잘 그려진 그래프가 독자들에게 주는 인상은 강렬하여 기사에 대한 호소력이 한층 더할 것이다. 마지막으로 소개하고 싶은 그래프인 그림 3.21은 역사적으로 가장 잘 그려진 그래프로 인정받는 것 중 하나로, 미나르(Minard, C.)가 나폴레옹의 모스크바 침공에 따른 병력의 숫자와 이동방향, 모스크바로부터 퇴각 시 시간별, 지점별 온도와 병력의 수, 이동방향 등을 그래프로 그린 것이다.

되돌아보기

이 장에서는 자료를 어떻게 표현하는가에 대해 알아보았다. 특히 자료를 직관적으로 잘 표현할 수 있는 방법인 그래프에 대해 그 종류와 예를 알아보았다. 그래프 종류로는 꺾은선 그래프, 원 그래프, 막대그래프, 히스토그램, 별 그림, 상자그래프 등이 있으며, 이들의 특징과 아울러 오용될 수 있는 가능성의 예도 같이 살펴보았다. 활용할 자료에 맞는 적절한 그래프를 통해 자료가 담고 있는 정보를 효과적으로 전달할 수 있다.

용어정리

- **꺾은선 그래프** 선을 이용하여 시간의 변화에 따른 흐름을 보여 주는 그래프
- **원그래프** 전체 비율을 나타내는 그래프
- **막대그래프** 도수를 막대의 높이로 표현하는 그래프
- **히스토그램** 구간 혹은 비율척도로 측정된 연속적인 값의 분포를 나타낸 그래프

- **줄기-잎 그림** 자료가 숫자인 경우 줄기와 잎을 이용하여 분포를 볼 수 있는 그림
- **상자그림** 사분위 값과 최댓값, 최솟값을 표현한 그래프
- **별그림** 시간의 흐름에 따른 변화나 혹은 여러 항목 별 값들에 대한 각 개체들을 비교할 때 사용하는 그래프

배운 것 익히기

1 그래프를 그리는 주된 목적을 설명하라.

2 신문이나 인터넷에서 각종 그래프를 찾아보고, 그래프의 특성과 잘못된 점이 있으면 지적하고 수정하라.

3 명목척도를 사용한 자료를 표현할 때 사용 가능한 그래프는 어떤 것이 있는지 대답하라.

4 순서척도를 사용한 자료를 표현할 때 사용 가능한 그래프는 어떤 것이 있는지 대답하라.

5 구간 혹은 비율척도를 사용한 자료를 표현할 때 사용 가능한 그래프는 어떤 것이 있는지 대답하라.

6 다음의 두 그래프에 대해 논하라.

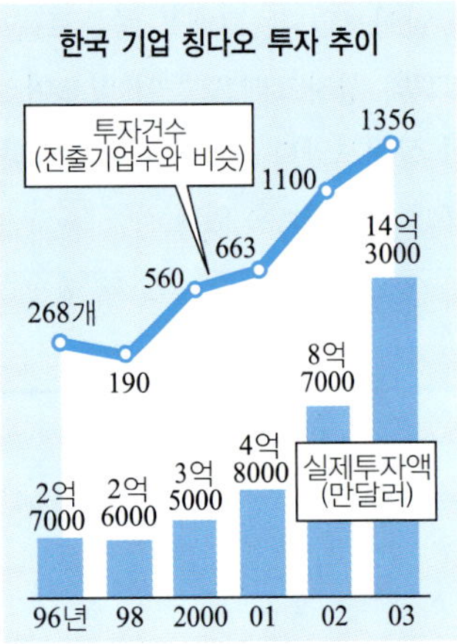

〈자료:칭다오시 공상국〉

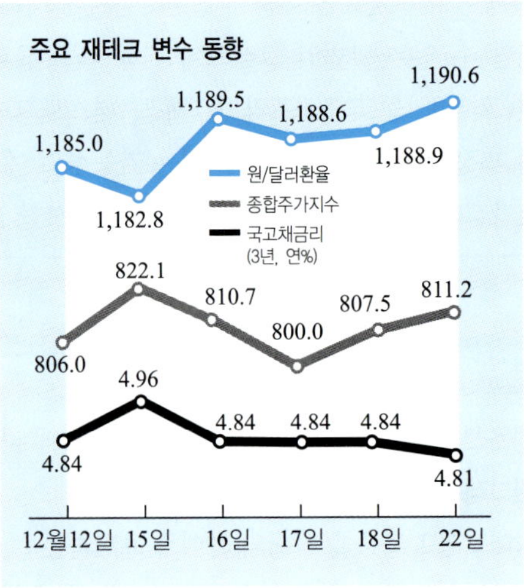

7 다음의 그래프를 보고 예측도구로써의 그래프에 대해 주의할 점에 대해 이야기하라.

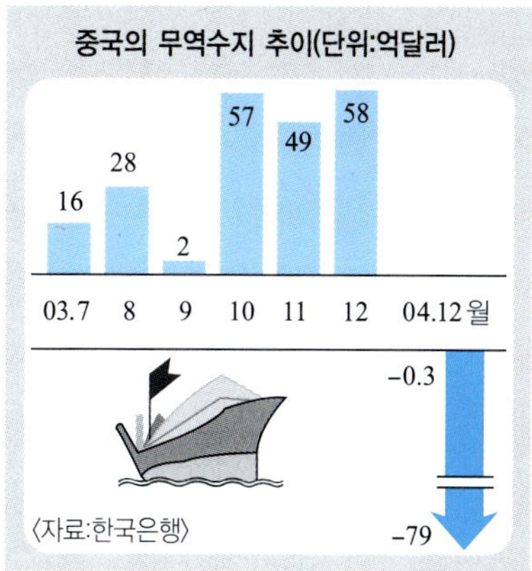

8 그림 3.13의 자료를 줄기를 5단위로 하여 줄기-잎 그림을 그리고 비교하라.

4

자료 요약하기

주어진 자료를 설명하고자 할 때 원자료를 그대로 나열하는 방법은, 특히 자료가 많을 경우에는 무의미하다. 따라서 지난 3장에서는 일목요연하게 자료를 파악하기 위해서 사용하는 표와 그래프를 알아보았다. 그러나 표와 그래프는 자료의 전체적인 현황을 한눈에 파악할 수는 있지만, 객관적인 판단을 하는 데는 어려움이 있다. 따라서 자료를 요약하여 객관적인 수치로 나타내기 위하여 본 장에서는 자료의 중심과 산포(퍼짐의 정도)를 살펴보고자 한다.

4.1 자료의 중심

자료로부터 우리는 중심(central tendency)과 산포(dispersion)를 구하여 요약함으로써 자료 전체의 객관적인 요약 정보를 파악할 수 있다. 먼저 자료가 어디를 중심으로 모여 있는지를 측정할 필요가 있으므로 중심위치의 측도의 종류와 장단점에 대하여 알아보자.

평균(mean)

먼저 자료의 중심 측도로 가장 흔히 사용되는 '평균'에 관하여 알아보자. 평균은 일상생활에서 흔히 사용되는 용어이다. 신문이나 TV를 통해 가구당 월평균소득, 평균수명, 평균주행거리, 평균생산량, 평균시간 등 평균이란 용어는 이미 우리의 생활 속에 깊이 들어와 있다.

보통 산술평균(arithmetic mean)을 평균(mean, average)이라 부르며, 자료를 모두 합하여 자료의 개수로 나누어 계산한다. 이를 식으로 나타내면 아래와 같다.

$$\text{평균} = \frac{(\text{자료의 합})}{(\text{자료의 개수})}$$

예를 들어, 자료가 아래와 같이 주어졌다면 다음과 같이 계산한다.

자료	평균
1, 3, 5	$\frac{1+3+5}{3}=3$

자료를 일반화하여 n개의 자료 $x_1, x_2, \cdots, x_n$에 대한 평균을 구해보면 다음과 같다.

자료	평균
$x_1, x_2, \cdots, x_n$	$\bar{x}=\frac{x_1+x_2+\cdots+x_n}{3}$ $=\frac{1}{n}\sum_{i=1}^{n}x_i$

평균은 자료의 관측값을 모두 사용하여 합을 구하기 때문에, 엄밀히 말하면 평균은 구간척도나 비율척도에서만 의미가 있다. 그러나 자료가 많을 경우 순서척도에 대해서도 평균을 사용하기도 한다.

평균을 물리적으로 해석하면 무게중심(center of gravity)이 된다. 즉 평균이란 균형점이다. 만약 자료가 1, 2, 2, 3이면 다음과 같은 히스토그램으로 표현되며, 이때 평균은 2이고 무게중심은 2에 있다.

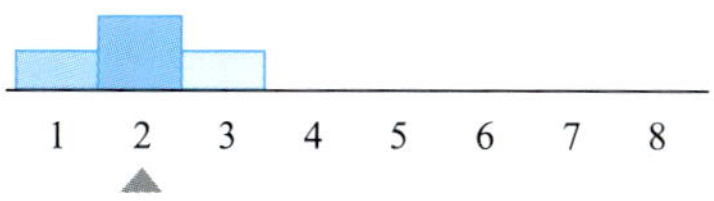

만약 자료가 1, 2, 2, 5이면 다음과 같은 히스토그램으로 표현되며, 이때 평균은 2.5이고, 무게중심은 2.5에 있다.

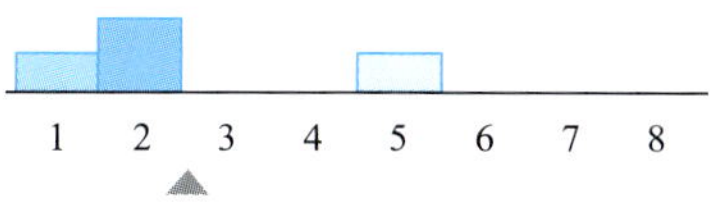

만약 자료가 1, 2, 2, 7이면 다음과 같은 히스토그램으로 표현되며, 이때 평균은 3으로 무게중심은 3에 있다.

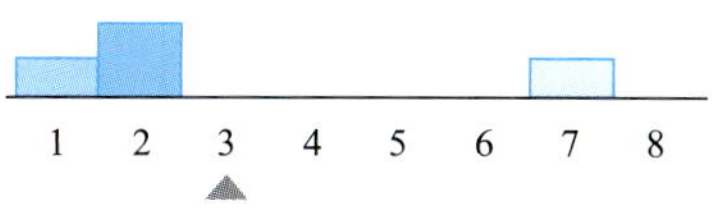

일상생활에서 흔히 쓰이는 만큼 평균이 유용하게 생각될 수 있으나 그렇다고 해서 만능은 아니다. 단적으로 위의 예에서 보면 평균은 이상값(outlier)에 아주 민감하다는 점을 알 수 있다. 다음의 자료를 살펴보자.

	자료	평균
1)	1, 3, 5	$\bar{x}_1 = 3$
2)	1, 3, 26	$\bar{x}_2 = 10$
3)	1, 3, 101	$\bar{x}_3 = 35$

자료에서 5 대신 26을 사용하면 평균은 10으로 바뀌고, 5 대신 101을 사용하면 평균은 35로 바뀐다. 자료 중에서 한 개의 큰 값에 따라 평균이 큰 차이를 보인다. 이와 같

이 이상값에 영향을 많이 받는 통계량을 이상값에 '민감(sensitive)하다' 혹은 '로버스트(robust)하지 못하다'고 한다. 민감한 통계량은 이상값이 존재하는 경우 자료의 특성을 제대로 반영하지 못할 수도 있다. 따라서 널리 쓰이는 통계량이라고 해서 평균이 늘 자료를 잘 대표하는 것은 아니다.

또한 평균은 모든 상황에 적용할 수 있는 것은 아니다. 예를 들어, 어떤 설문조사에서 좋아하는 음식에 순서를 고려하여 다음과 같이 물었다고 하자.

① 한식 ② 중국식 ③ 일식 ④ 양식

위 문항 결과에서 평균을 구해보니 2.31이 나왔다고 가정하자. 그럼 이 결과는 무엇을 좋아한다는 말인가? 각 항목을 수로 간주하여 평균을 계산할 수 있어도 이 평균에서 의미를 읽어내기는 어렵다. 이처럼 구간 혹은 비율척도가 아닌 자료에 대해서는 평균이 제대로 된 역할을 할 수 없다는 한계가 있다.

최빈값

자료에서 도수가 가장 많은 값을 최빈값(mode)이라 한다.

최빈값 = (자료에서 도수가 가장 많은 값)

예를 들어, 자료가 다음과 같이 주어졌다고 하면 최빈값은 3이 된다.

자료	최빈값
2, 2, 3, 3, 3, 1, 5	3

최빈값은 하나 이상 있을 수 있다. 예를 들어, 자료가 다음과 같이 주어졌다고 하자.

자료	최빈값
2, 2, 3, 3, 4, 4, 4, 3	3, 4

이때 최빈값은 3과 4이다. 어떤 값도 한 번 이상 나타나지 않으면 모든 값이 다 최빈값이라 할 수 있다. 그러나 이는 아무런 의미도 없으며, 차라리 최빈값이 없다고 하는 편이 낫다.

최빈값은 실제에 있어서 많이 사용되지 않는데, 그 이유는 가장 도수가 높은 값일지라도 자료의 중심과는 동떨어진 값일 수도 있기 때문이다. 예를 들어, 자료가 1, 2, 3, 4, 5, 5인 경우 최빈값 5를 자료의 중심이라고 말하기가 곤란하다. 그러나 명목척도로 측정된 변수에 대해서는 최빈값이 유용하게 사용된다. 예를 들어, 주한외교사절 중 최빈인종은 백인이다. 또 전 세계 사람 중에서 눈동자의 최빈색깔은 검은색이다.

중앙값

중앙값(median)은 자료를 크기순대로 나열했을 때 가운데 위치하는 값이다. 따라서 중앙값의 위치는 분포그래프를 생각하면 왼쪽 부분의 면적이 전체의 50% 되는 지점이 된다.

중앙값 = (자료를 크기 순으로 나열할 때 가운데 위치하는 값)

중앙값은 자료의 개수가 홀수인가 짝수인가에 따라서 구하는 방법이 다르다. 즉 홀수 개일 때는 가운데 위치하는 자료가 중앙값이며, 짝수 개일 때는 가운데 위치하는 두 자료의 평균으로 중앙값을 구한다. 예를 들어, 다음의 자료를 고려하자.

	자료	평균
1)	1, 2, 3, 4, 5	3
2)	1, 3, 3 10, 1000	3
3)	1, 2, 3, 4	$\frac{(2+3)}{2}=2.5$
4)	1, 2, 3, 1000000	$\frac{(2+3)}{2}=2.5$

이 자료에서 한 가지 더 알 수 있는 점은, 중앙값이 평균과는 달리 이상값에 로버스트하다는 것이다. 자료의 중심척도로 평균은 자료의 실제값을 모두 사용하지만, 중앙값은 아무리 많은 자료일지라도 한 개 아니면 두 개의 자료만 사용하기 때문에 많은 정보를 놓칠 수 있다. 그리고 중앙값은 자료의 순위에 관한 정보를 이용하기 때문에 구간척도, 비율척도뿐만 아니라 순서척도를 사용한 변수에 대해서도 의미가 있다.

이상과 같이 세 가지 중심척도를 설명하였다. 자료의 분포 모양에 따라 평균과 중앙값 그리고 최빈값 위치를 그림으로 나타내면 다음과 같이 표현할 수 있다.

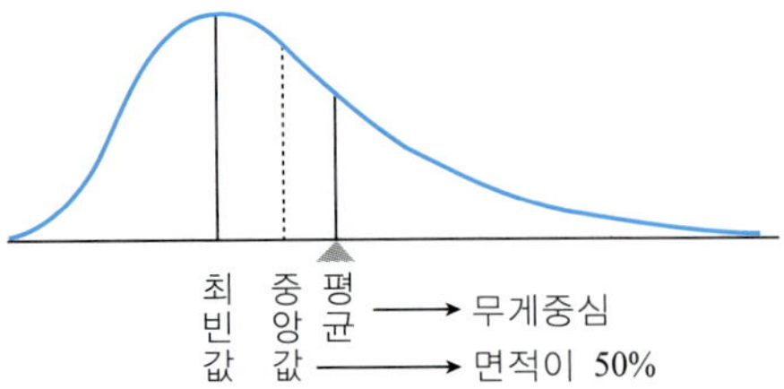

그림 4.1 오른쪽 꼬리가 긴 분포일 때 중심척도들의 위치

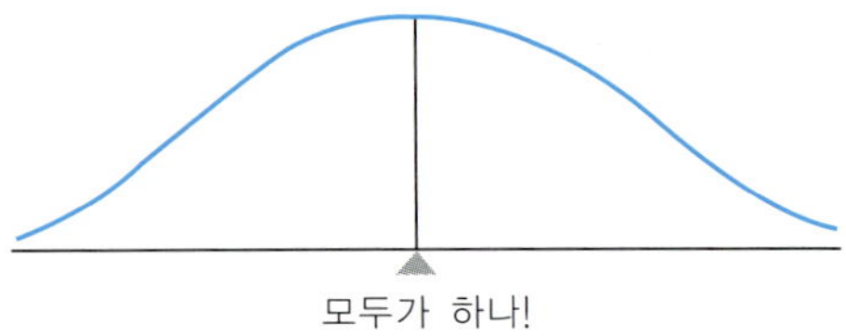

그림 4.2 대칭인 분포일 때 중심척도들의 위치

그림 4.1과 4.2는 히스토그램을 부드럽게 그린 그림으로 이해하면 되는데, 그림 4.1에서와 같이 분포곡선의 꼬리가 오른쪽으로 길게 뻗어 있는 경우는 대체로 '최빈값<중앙값<평균'이 되며, 분포곡선의 꼬리가 왼쪽으로 길게 뻗어 있는 경우에는 대체로 '평균<중앙값<최빈값'이 된다. 그리고 그림 4.2와 같이 분포곡선이 대칭이면 '최빈값=중앙값=평균'이 된다.

가중평균

평균 혹은 산술평균은 모든 자료를 동등하게 간주하여 자료의 중심위치를 파악하지만, 각 자료 값이 다른 가중치를 가진다면 어떻게 할 것인가를 생각해 보자.

가중평균(weighted mean)은 자료마다 다른 가중치를 주어 합한 것이다. 여기서 가중치는 각 값에 대한 상대적 비중, 혹은 중요도로 각 자료에 대응되는 양의 실수이다. 가중평균은 아래 식으로 나타난다.

$$\text{가중평균} = \frac{(\text{자료의 합})\times(\text{자료의 합})\text{의 총합}}{(\text{가중치의 합})}$$

예를 들어, 다음과 같이 자료가 주어졌다고 가정하자.

가중치	$\frac{1}{5}$	$\frac{1}{5}$	$\frac{1}{5}$	$\frac{1}{5}$	$\frac{1}{5}$
자료	3	1	5	6	3

이 경우 가중평균은 다음과 같이 계산한다.

$$\text{가중평균} = \frac{3\cdot\frac{1}{5}+1\cdot\frac{1}{5}+5\cdot\frac{1}{5}+6\cdot\frac{1}{5}+3\cdot\frac{1}{5}}{\frac{1}{5}+\frac{1}{5}+\frac{1}{5}+\frac{1}{5}+\frac{1}{5}} = 3.6$$

즉 가중치가 모두 같은 경우에는 산술평균이 됨을 확인할 수 있다. 또 다른 예를 보면,

가중치	$\frac{1}{2}$	0	0	0	$\frac{1}{2}$	0
자료	3	8	2	10	5	2

이 경우 가중평균$=3\cdot\frac{1}{2}+5\cdot\frac{1}{2}=4.0$이 중앙값이 된다. 가중치를 바꾸어 부여하면 다음과 같다.

가중치	1	4	2	2	5	6	5
자료	3	8	2	1	0	5	2

$$\text{가중평균} = \frac{3\cdot1+8\cdot4+2\cdot2+1\cdot2+0\cdot5+5\cdot6+2\cdot5}{1+4+2+2+5+6+5} = 3.24$$

가중치가 활용되는 예시로 통계청의 소비자물가조사에서 공개한 2020년 8월 소비자물가동향 보고서를 들 수 있다. 총 품목 수는 상품품목 308개, 서비스 품목 152개로 460개 품목이고, 각 품목당 가중치가 기준년도의 소비지출액의 비중이 된다.

표 4.1 2019년 기준 가중치와 2020년 8월 물가지수 (2015 = 100, %, %p)

	품목수	가중치	지수	등락률		기여도	
				전월비	전년동월비	전월비	전년동월비
〈총지수〉	460	1000.0	105.50	0.6	0.7	0.61	0.66
상품	308	448.5	102.83	1.0	1.2	0.44	0.51
• 농축산물	73	77.1	121.20	5.6	10.6	0.45	0.81
(농산물)1)	53	40.9	123.60	10.7	12.1	0.44	0.49
(채소류)	27	15.8	145.61	25.4	28.5	0.39	0.43
(축산물)	6	24.5	118.42	0.7	10.2	0.02	0.24
(수산물)	14	11.7	118.54	−1.1	6.4	−0.01	0.07
• 공업제품1)	231	333.1	101.76	0.0	−0.4	−0.02	−0.14
(가공식품)	70	71.9	106.16	0.0	1.4	0.00	0.10
(석유류)	6	43.0	90.51	0.1	−10.0	0.00	−0.43
• 전기 · 수도 · 가스	4	38.3	79.83	0.3	−4.4	0.01	−0.16
서비스	152	551.5	107.67	0.3	0.3	0.17	0.14
• 집세	2	93.7	104.30	0.1	0.3	0.01	0.03
• 공공서비스	32	142.5	100.75	0.2	−1.8	0.03	−0.25
• 개인서비스	118	315.3	111.91	0.4	1.1	0.14	0.37
(외식)	39	126.6	111.07	0.0	0.5	0.00	0.07
(외식외)	79	188.7	112.46	0.7	1.5	0.13	0.29

주1) 농산물은 하위 4개 분류 중 채소류만 수록하였고, 공업제품은 하위 8개 분류 중 가공식품, 석유류만 수록

위의 표를 보면, 소비자물가지수를 계산하는데 총 가중치 1,000 중에서 460개의 상품 품목에 대한 가중치가 448.5이고 나머지 152개의 서비스 품목의 가중치가 551.5임을 알 수 있다. 2020년 8월 상품 품목에 대한 소비자물가지수는 아래와 같이 계산될 수 있다.

$$\text{상품품목에 대한 지수} = \frac{77.1 \cdot 121.20 + 333.1 \cdot 101.76 + 38.3 \cdot 79.83}{77.1 + 333.1 + 38.3}$$
$$\simeq 103.2$$

이를 통하여 기준 연도 2019년에 비해 상품품목 물가는 평균적으로 3.2% 상승하였다고 말할 수 있다. 따라서 소비자물가지수는 소비지출의 비중이 큰 항목의 소비자 물가 변화에 영향을 많이 받고, 비중이 작은 항목의 물가의 변화에는 적게 영향을 받는다.

절사평균(trimmed mean)

피겨 스케이팅, 체조, 수영 등의 스포츠 경기나 예능 실기평가에서는 어떤 평균을 사용할까? 예를 들어, 다이빙경기에서 12명의 심판이 매긴 점수 중 가장 높은 점수와 가장 낮은 점수를 제외한 나머지 10개의 점수를 사용하여 평균을 계산한다. 즉 자료의 큰 값 1/12 = 8.3%와 작은 값 8.3%를 버리고 자료의 10/12 = 83.3%만을 사용하여 평균을 계산하며, 이를 8.3% 절사평균(trimmed mean)이라 한다.

$$\text{절사평균} = (\text{자료의 양 극단을 잘라 낸 후 나머지들의 평균})$$

절사평균도 가중평균의 일종이며 50% 절사평균은 중앙값에 해당된다.

그러면 왜 절사평균을 사용할까? 산술평균의 최대 약점이 이상값에 민감하다는 것이므로, 이를 보완하여 이상값에 로버스트하면서 되도록 많은 자료를 사용한 중심측도를 사용하기 위해서이다. 특별히 스포츠나 음악실기 등에서 절사평균을 많이 사용하는 이유는 심사위원들이 특정한 선수에 대한 편향된 점수를 줄 수 있으며, 이런 왜곡된 점수를 제외한 순수한 실기의 평균 점수를 알기 원하기 때문이다.

4.2 자료의 산포

두 집단의 자료를 비교할 때 평균만을 사용하여 비교하는 것은 한계가 있다. 예를 들어, 다음과 같은 두 개의 자료를 고려하자.

	자료	평균
1)	20, 20, 40, 40	$\bar{x}_1 = 30$
2)	30, 30, 30, 30	$\bar{x}_2 = 30$

두 자료의 평균은 동일하지만 두 집단의 자료는 다르며, 산포에는 분명히 차이가 있다. 이와 같이 평균은 자료들의 중심위치가 어디인지에 대한 정보만을 제공하기 때문에, 평균이 같음에도 불구하고 두 자료의 산포가 많이 다름을 알 수 있다.

가계지출에서 교육비가 차지하는 비율이 평균 30%라고 했을 때 주의해야 할 점은 평균에서는 가난한 가정과 부유한 가정을 동일하게 취급하고 있다는 사실이다. 또한 가계소득의 중앙값이 500만 원이라는 말에는 모든 가정의 6%는 소득이 100만 원 이하이고, 2,000만 원 이상의 가계소득을 갖는 가정은 전체의 11%라는 사실을 포함하고 있지 않다. 가계소득 자료는 오른쪽 꼬리가 긴 분포 모양을 이루고 있으며 굉장히 넓게 퍼져있다. 따라서 중앙값만으로 가계소득의 분포를 충분히 표현할 수 없다.

이제 자료의 흩어진 정도인 산포 척도의 종류와 의미에 대하여 알아보자.

분산과 표준편차

평균을 중심위치의 척도로 사용했을 때 자료가 중심위치로부터 흩어진 정도를 숫자로 요약하고자 한다. 이를 위해 각 관측값과 평균과의 편차(deviation)를 고려하자. 즉 관측값이 $x_1, x_2, \cdots, x_n$이고, 평균이 $\bar{x}$일 때 각 관측값에 대한 편차는

$$\text{편차} = (\text{관측값} - \text{평균}) = x_i - \bar{x}$$

로 주어진다. 예를 들어, 자료가 아래와 같이 주어졌다고 하자.

관측값	평균	편차
1	3	−2
3	3	0
5	3	2

여기서 편차의 합은 항상 0이다. 따라서 편차의 평균도 항상 0이므로 편차의 평균은 자료의 흩어진 정도의 척도로 적합하지 않다. 여기서 편차의 합은 0이 됨을 수리적으로

어렵지 않게 보일 수 있다.

$$\begin{aligned}\text{편차의 합} &= \sum_{i=1}^{n}(x_i - \bar{x}) \\ &= \sum_{i=1}^{n} x_i - n\bar{x} \\ &= 0\end{aligned}$$

산포의 척도로 편차의 제곱의 합을 사용하여 분산(variance)을 다음과 같이 정의하자.

$$\text{분산} = \frac{\text{편차 제곱의 합}}{\text{자료의 수} - 1}$$

분산의 정의에서, 자료 개수에서 1을 뺀 값으로 나누는 이유는 편차제곱의 합을 구할 때 편차의 합이 0이라는 제약조건이 하나 있기 때문인데, 자료의 개수 n에서 제약조건의 개수 1을 뺀 $n-1$을 편차제곱합의 자유도(degrees of freedom)라고 한다. 위의 자료를 사용하여 분산을 구하면 다음과 같다.

$$\frac{(1-3)^2 + (3-3)^2 + (5-3)^2}{3-1} = 4$$

관측값이 넓게 퍼져있으면 편차들의 값이 크게 되어 분산이 커지게 된다. 따라서 분산의 값이 클수록 자료가 평균으로부터 많이 퍼져있음을 알 수 있다. 분산의 단위는 자료가 가지는 단위의 제곱이므로 자료의 단위와 일치하지 않는다. 따라서 산포의 척도 단위를 자료의 단위와 일치시키기 위하여 분산의 제곱근을 고려하고, 이를 표준편차(standard deviation)라고 한다.

$$\text{표준편차} = \sqrt{\text{분산}}$$

표준편차에 관한 몇 가지 성질을 살펴보자.

1) 표준편차는 흩어짐의 정도를 나타낸다. 이를 시각적으로 표현하면 아래와 같다.

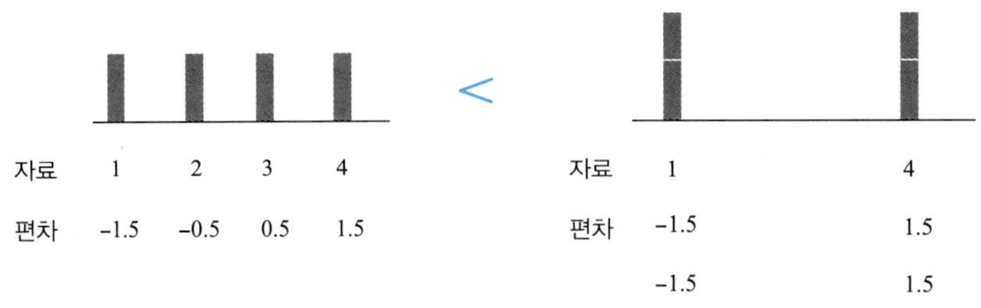

그림 4.3 흩어진 정도에 따른 표준편차 차이

2) 분산과 표준편차는 항상 0 또는 0보다 큰 수이다. 분산과 표준편차가 0인 경우는 모든 관측값이 평균과 같은 값을 가질 때 발생한다. 따라서 이는 모든 자료가 같은 값을 가짐을 의미한다.
3) 표준편차의 단위는 측정값의 단위와 같다.
4) 평균과 같이 분산과 표준편차도 이상값에 민감하다.

범위(range)

퍼진 정도를 나타내는 또 다른 측도로 범위를 들 수 있다. 범위(range)는 자료의 가장 큰 값과 가장 작은 값의 차이이다.

$$\text{범위}(R) = \text{최댓값} - \text{최솟값}$$

범위는 구하기가 매우 간단하고 해석이 용이하다. 그러나 범위는 양 끝점에 의해서만 결정되기 때문에 중간에 위치한 값들이 어떻게 퍼져있는가를 전혀 고려하지 않는다는 단점이 있으며, 극단적인 이상점에 매우 민감할 수밖에 없다.

변동계수(CV)

단위가 다르거나 중심위치가 서로 다른 두 개 이상의 분포를 비교할 때 상대적인 흩어짐 정도를 나타내는 척도로 변동계수(CV; coefficient of variation)가 사용된다. s를 표준편차라 하면, 변동계수 CV는 다음과 같이 정의된다.

$$\text{CV} = \frac{s}{\bar{x}} \times 100(\%)$$

즉 변동계수는 표준편차를 평균에 대한 백분율로 나타낸 것이다. 흔히 평균과 변동계수를 함께 살펴본 후, 변동계수가 10% 미만이면 평균이 매우 안정적이고, 10~30%이면 대체로 안정적이지만, 30%가 넘으면 불안정적인 것으로 해석한다.

예를 들어, 어느 회사에서 사원들의 연봉은 평균이 50,000천 원, 표준편차가 4,000천 원이라 하자. 또한 사원들의 학력기간의 평균은 15년, 표준편차는 2년이다. 그러면 연봉의 CV $= \frac{4000}{50000} = 8\%$이고, 학력기간의 CV $= \frac{2}{15} \times 13.3\%$이다. 따라서 사원들의 학력기간의 변동은 연봉의 변동보다 상대적으로 큼을 알 수 있다.

다섯 숫자 요약(five-number summary)

일상생활 속에서 흔히 듣는 말 중 "당신의 IQ는 상위 10%이다" 혹은 "학생의 수능성적은 상위 20%이다"라는 말의 의미는 무엇일까? 자료를 크기 순서대로 나열하였을 때 중앙값은 전체를 반으로 나누는 경계값이다. 이를 확장하여 전체 자료를 백등분하여 생각해 보자. 제100 p백분위수 (100p−th percentile)란 자료를 크기순으로 나열하였을 때 전체를 (100 × p)%와 100 × (1 − p)%로 나눌 수 있는 값을 말한다. 이를 그림으로 표현하면 그림 4.4와 같다.

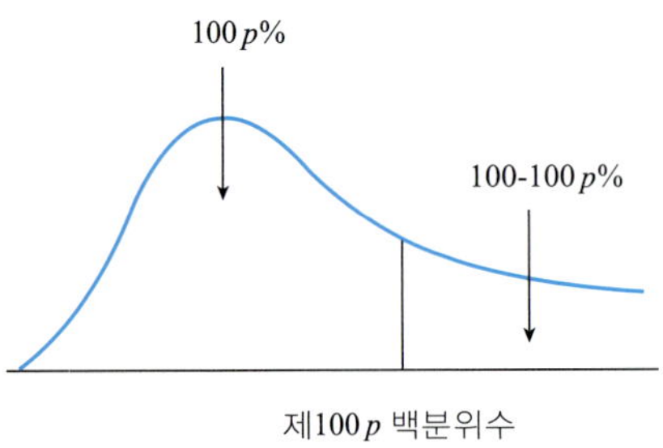

그림 4.4 백분위수 위치

실제 자료에서 제100 p백분위수를 구체적으로 구하는 방법은 다음과 같다.

1. n개의 자료를 작은 수부터 크기 순서대로 배열한다.
2. m을 $n \times p$보다 같거나 큰 정수 중 가장 작은 정수라 하자.
   (i) 만약 $n \times p$가 정수이면 m번째와 $m+1$번째 자료의 평균을 제100 p백분위수로 한다.
   (ii) 만약 $n \times p$가 정수가 아니면 m번째 자료를 제100 p백분위수로 한다.

예를 들어, $n=150$인 경우 제95백분위수를 구하고자 할 때 $150 \times 0.95 = 142.5$이므로 $m=143$이다. 따라서 제95백분위수는 크기순으로 나열했을 때 143번째 자료이다. 만약 제90백분위수를 구하고자 한다면 $150 \times 0.9 = 135$이므로 135번째와 136번째 자료의 평균이 제90백분위수이다.

백분위수는 분포의 모양에 대한 이해 등 여러 가지에 이용되지만, 여기서는 퍼진 정도를 측정하기 위하여 백분위수의 일종인 사분위수를 살펴보자. 사분위수(quartile)는 전체 자료를 크기 순서대로 배열했을 때 전체를 4등분하는 값을 말한다. 전체의 사분의 1, 사분의 2, 사분의 3은 각각 전체의 25%, 50%, 75%이므로 제1사분위수, 제2사분위수,

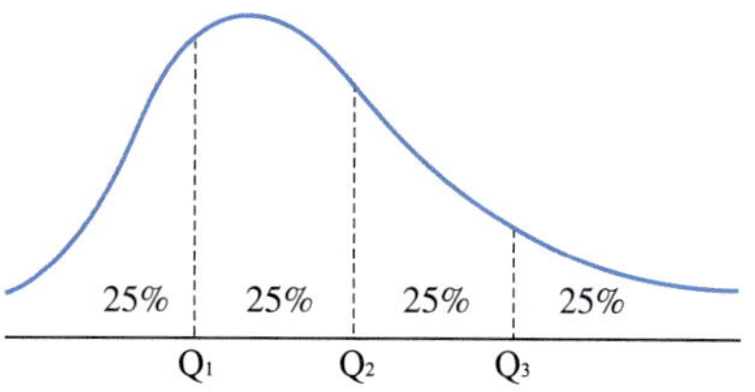

그림 4.5 사분위수의 위치

제3사분위수는 각각 제25백분위수, 제50백분위수, 제75백분위수에 해당한다. 제1사분위수, 제2사분위수, 제3사분위수를 각각 Q_1, Q_2, Q_3로 표시한다. 이를 그림으로 표현하면 그림 4.5와 같다. 중앙값은 전체를 이등분하는 값이므로 제2사분위수이고 제50백분위수가 된다.

자료의 퍼짐을 나타내는 척도로서 사분위수범위(IQR; inter-quarteil range)를 사용할 수 있다. 즉 $\text{IQR} = Q_3 - Q_1$으로 정의되는데 자료의 중간에 있는 50%의 범위를 나타내며, 양쪽 끝에 있는 50%의 자료를 사용하지 않으므로 이상값에 대하여 로버스트하다.

자료를 요약할 때 다섯 숫자인 중앙값 (Q_2), 사분위수 (Q_1, Q_3), 최솟값과 최댓값을 사용하면 자료의 전체 윤곽을 합리적으로 파악할 수 있다. 이 다섯 숫자를 다섯숫자요약(five-number summary)이라고 한다.

Q_1과 Q_3가 중앙값으로부터 떨어져 있는 거리에서 자료분포의 대칭성(symmetry) 혹은 비대칭성(asymmetry)에 대한 정보를 얻을 수 있다. 일반적으로 대칭성은 왜도(skewness)로 측정된다. 대칭분포의 경우 제1사분위수와 제3사분위수가 중앙값으로부터 같은 거리에 있다. 그러나 소득분포와 같이 오른쪽 꼬리가 긴 분포에서는 제3사분위수가 제1사분위수보다 중앙값에서 더 멀리 떨어져 있다.

다섯숫자요약을 한눈에 볼 수 있게 시각적으로 표현한 것이 상자그림(box plot)이다. 상자의 양 끝은 두 사분위수를 나타내고 상자 가운데 있는 직선은 중앙값을 나타낸

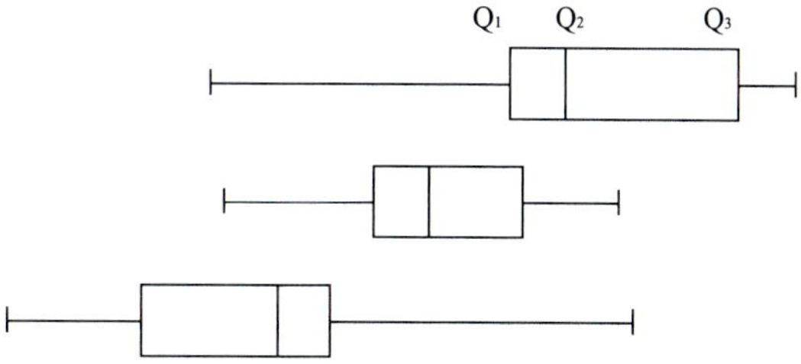

그림 4.6 상자그림 예시

다. 그리고 상자의 하한값(Q_1)에서 $1.5 \cdot IQR$보다 더 작은 값과 상자의 상한값(Q_3)에서 $1.5 \cdot IQR$보다 큰 값을 이상값으로 간주하여 개별적으로 나열하며, 그 이외의 자료 중에서 가장 작은 값과 Q_1을, 가장 큰 값과 Q_3를 연결한 선을 수염(whisker)이라고 한다. 상자그림의 예는 아래와 같으며, 여러 개의 상자그림을 평행되게 나란히 표현하면 두 개 이상의 분포를 대비시켜 비교하는 데 효과적이다.

4.3 경험법칙

자료의 중심위치와 산포를 동시에 고려하였을 때 그 분포가 종모양의 형태를 나타내면 다음과 같은 경험법칙(empirical rule)이 근사적으로 성립한다.

1) 관측값의 68%가 평균으로부터 1 표준편차 범위 내에 들어간다.
2) 관측값의 95%가 평균으로부터 2 표준편차 범위 내에 들어간다.
3) 거의 모든 관측값이 평균으로부터 3 표준편차 범위 내에 들어간다.

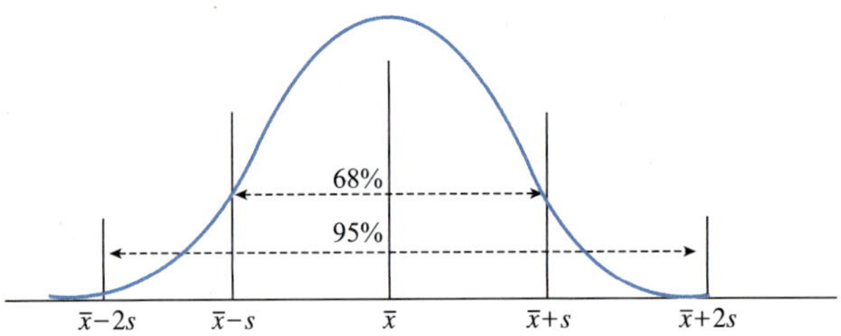

그림 4.7 경험법칙

일반적으로 자료의 분포는 종모양의 형태를 나타내는 경우가 많다. 특히 생물학적 모집단에서 측정으로 얻어지는 대부분의 자료, 측정오차, 수능과 같은 문항이 많은 시험에서의 총점수 등은 종모양의 형태를 가진다. 예를 들어, 어느 회사에서 1,000명의 일용직 종업원의 시간당 평균 임금이 6,250원이고, 표준편차가 600원이라고 한다. 경험법칙에 의하여 이 회사 일용직 종업원의 시간당 임금을 다음과 같은 구간으로 표현할 수 있다.

$$6{,}250 \pm 600 \times 1\text{원} = (5{,}650,\ 6{,}850)\text{원}$$
$$6{,}250 \pm 600 \times 2\text{원} = (5{,}050,\ 7{,}450)\text{원}$$
$$6{,}250 \pm 600 \times 3\text{원} = (4{,}450,\ 8{,}050)\text{원}$$

대략 680명의 종업원이 시간당 5,650원부터 6,850원을 받고 있고, 950명은 5,050원부터 7,450원을 받고 있으며, 대부분의 일용직 종업원은 4,450원부터 8,050원을 받고 있다고 할 수 있다.

4.4 $\overline{X}-R$ 관리도($\overline{X}-R$ control chart)

중심위치와 산포를 동시에 응용한 예로서 제조업의 공정현장에서 많이 사용하는 $\overline{X}-R$ 관리도를 살펴보고자 한다. 관리도의 아이디어는 제품이 생산되는 공정라인에서 일정 시간 간격으로 추출된 표본을 추출하여 그 제품의 품질특성을 측정한 후, 이를 도표상에 점으로 계속 표시해 나가면서 동시에 이를 미리 정해진 관리한계선과 비교하여 공정의 이상유무를 판단해 가는 절차이다.

제품을 생산하는 공정에서의 관심사는 제품의 품질특성을 항상 일정하게 유지하면서 반복해서 제품을 생산하는 것이다. 일반적으로 일정한 조건으로 제품을 생산하더라도 얻어지는 품질특성 값은 어떤 값을 중심으로 산포를 이루고 있다. 이러한 품질의 변동원인으로 우연원인(chance cause)과 이상원인(assignable cause)을 생각할 수 있다.

우연원인이란 생산조건이 엄격하게 관리된 상태 하에서도 발생하는 어느 정도의 불가피한 변동을 주는 원인으로, 작업자의 숙련정도의 차이, 작업환경의 차이, 식별되지 않을 정도의 원자재 및 생산설비 등의 제반 특성의 차이 등으로 인한 변동이다. 한편, 이상원인은 작업자의 부주의, 불량자재의 사용, 생산 설비상의 이상 등을 말하며, 이 원인들은 품질변동을 일으켜 불량제품을 만들어 내므로 그 원인을 규명하여 해소함으로써 공정이 정상적으로 되도록 하여야 한다.

이와 같은 품질의 변동원인으로 실제 공정에서는 균일한 품질특성을 가진 제품을 항상 생산할 수는 없다. 따라서 요구되는 품질 특성을 만족하지 못하는 제품이 발생하게 되고 이 경우 그 원인을 조사하여 수정하는 작업을 필요로 하게 된다. 때로는 생산공정에서 규격에 미달된 재품이 계속 생산된다고 판단되면 신속히 공정을 중지시켜서 불량품 생산에 따른 손실을 방지해야 한다. 이와 같이 생산공정에서 정상상태와 이상상태의 판단은 통계적 기법에 근거한다.

품질특성값이 어떤 값을 중심으로 어느 선까지 달라지는 것은 우연원인에 의한 변동으로 간주하여 용납할 수 있다고 생각하고, 그 선 이상을 벗어나면 이상원인에 의한 변동으로 간주하여, 그 원인을 찾고 조치를 취하는 것이 바람직한 어떤 합리적인 선이 있다면 매우 유익할 것이다. 관리도란 품질의 산포를 관리하기 위하여 합리적으로 정한 선인 관리한계선이 있는 그래프를 말한다.

관리도는 1924년 미국의 벨 연구소에 근무하던 슈하트(Shewhart, W.)에 의하여 처음으로 소개되었고, 현재까지 여러 종류의 관리도가 개발되어 생산공정의 현장에 널리 쓰이고 있다. 우리나라에서 관리도가 쓰이기 시작한 시기는 1963년에 한국공업규격으로 KSA3201(관리도법)이 제정되어, KS표시 허가공장을 중심으로 일반 생산공장에 파급되면서부터라고 말할 수 있다. KSA3201은 슈하트의 관리도법을 그대로 채택하고 있다.

관리도는 생산공정으로부터 일정시간 간격으로 표본을 추출하여 품질특성을 조사한 후 이를 도표상에 점으로 표시함으로써 미리 정해진 관리한계선과 비교하여 공정의 이상유무를 판단해 가는 절차이다. 생산공정에 관리도를 사용함으로써 얻을 수 있는 주요 장점들은 다음과 같다.

1) 품질유지에 도움을 준다.

관리도를 해석하고, 원인분석을 해나가면 품질유지에 상당히 기여할 수 있다.

2) 품질의 변동을 감소시킨다.

품질 변동의 원인이 되는 공정의 이상상태는 대부분 제거될 수 있으므로 균일한 제품을 생산할 수 있다.

3) 품질변동의 양을 예측할 수 있다.

통계적 관리하에서는 품질의 정밀도에 대한 예측이 가능하다. 예를 들면, 생산된 제품의 몇 퍼센트가 일정량의 변동을 가지고 있고 몇 퍼센트가 어떤 한계 내에 있을 것인가를 예측할 수 있다.

4) 공정의 이상유무에 관한 신뢰성 있는 근거를 부여한다.

표본으로부터 얻은 점이 관리한계선을 초과하면 품질에 이상이 있는 것으로 판단하고, 관리한계선 내에 유지되면 정상상태에 있는 것으로 판단한다. 이와 같은 공정의 이상유무에 관한 판단은 막연한 추측이 아닌 확률에 근거한 통계적 추론에 근거한다. 점들의 추세에 대한 연구를 통해 앞으로 발생할 문제점의 통계적 예측도 가능하다.

5) 비용을 절감할 수 있다.

관리도의 사용으로 공정에서 불필요한 조사를 줄일 수 있기 때문에 공정검사에 따른 비용을 절감할 수 있다.

6) 문제점 분석에 도움을 준다.

적절한 표본의 그룹화된 자료의 출처 확인에 의해 품질변동의 원인 분석을 빠르고 정확하게 할 수 있다.

7) 품질의 변화를 그림으로 보관할 수 있다.

관리도의 단순한 기록 유지만으로도 현장실무자로부터 최고 책임자에게까지 과거와 현재뿐만 아니라 미래의 품질변동에 대한 인식에 시각적 도움을 줄 수 있다.

8) 생산기계의 능력측정에 도움을 준다.

제품을 생산하는 기계를 도입할 때 생산제품의 품질에 대한 일정수준의 변동한도를 보증하게 되는데, 관리도를 사용하여 과연 기계가 품질 보증 한도를 만족하는지 확인할 수 있다. 관리한계선이 품질보증 한도 내에 있다면 그 기계는 보증된 수준을 만족하게 되고, 그렇지 않으면 보증된 수준을 만족하지 않는 것으로 판단할 수 있다.

$\overline{X}-R$ 관리도는 제품의 품질특성에 대한 평균과 분산을 동시에 관리하고자 하는데 사용되는 대표적인 관리도이다. 적절하게 추출된 표본의 그룹화 된 자료로부터 관리한계선을 구하여 $\overline{X}$ 관리도와 R 관리도를 각각 만든 후, 이를 합쳐서 만든 관리도가 $\overline{X}-R$ 관리도이다.

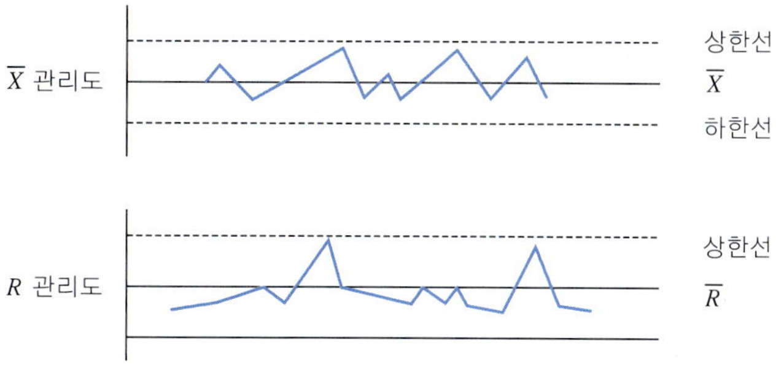

그림 4.8 관리도

만약 관리도에서 품질특성을 나타내는 점이 관리한계선 안쪽에 있고, 점의 움직임에 어떤 패턴이 없다면 공정은 관리상태 하에 있다고 말하며, 이 경우 공정이 정상상태에 있다고 볼 수 있다. 반대로 점이 관리한계선을 벗어나거나 어떤 패턴이 발견되면 공정에 이상이 있다고 볼 수 있으며, 이때 공정은 관리이탈 하에 있다고 말한다. 이와 같은 경우에는 이상을 주는 원인을 발견하여 제거시킴으로써 그와 같은 이상상태가 다시 일어나지 않도록 조치를 취하는 것이 바람직하다.

되돌아보기

이 장에서는 자료의 수치적 요약으로 자료의 중심재기와 산포를 살펴보았다. 자료의 중심측도로 평균, 최빈값, 중앙값, 가중평균, 절사평균 등과 평균에 속지 않기를 살펴보았다. 자료의 산포에 대한 측도로 다섯숫자요약, 분산과 표준편차, 범위 등을 살펴보고, 경험법칙을 이해하였다. 자료의 중심과 산포를 현실문제에 응용한 것으로 관리도가 있다.

용어정리

- **평균** (자료 값의 총합)/(자료 개수)
- **최빈값** 자료에서 도수가 가장 많은 값
- **중앙값** 자료를 크기순대로 나열했을 때 가운데 위치하는 값
- **가중평균 총합** (각 자료 값×가중치)/(가중치의 합)
- **절사평균** 자료의 양 극단을 잘라낸 후 나머지들의 평균
- **백분위수** 자료를 크기순으로 나열하여 퍼센트로 나눈 값
- **사분위수** 자료를 크기순으로 나열하여 4등분한 값
- **다섯숫자요약** 중앙값, 제1사분위수, 제3사분위수, 최솟값, 최댓값
- **분산** (편차제곱의 합)/(자료의 수+1)
- **표준편차** 분산의 양의 제곱근
- **변동계수** (표준편차/평균)×100 (%)
- **범위** 최댓값−최솟값

배운 것 익히기

1 다음은 어떤 자동차 회사에서 하루에 조립된 차 중에서 불량으로 판정된 차의 수를 조사하여 정리한 자료이다.

29	58	80	35	30	88	49	35	97	23
12	73	54	91	45	28	61	61	45	81

83	23	71	63	47	87	36	88	94	26
95	63	86	42	22	44	88	27	20	33
28	91	87	15	67	10	45	67	26	19

1) 평균, 최빈값, 중앙값, 10% 절사평균을 구하라.

2) 분산과 표준편차, 변동계수, 범위를 구하라.

3) 다섯숫자요약을 구한 후 상자그림을 그려라.

4) 자료를 구간으로 표현하여 경험법칙과 비교하라.

2 4.1절에서 8.3% 절사평균은 가중평균의 일종이다. 이때의 가중치는 무엇인가?

3 다음 세 자료는 모두 평균이 50이다. 어느 자료가 표준편차가 가장 큰지를 말하라.

A : 47, 49, 50, 51, 53

B : 46, 48, 50, 52, 54

C : 46, 49, 50, 51, 54

4 다음 자료들의 평균과 표준편차를 각각 구하라.

(1) 1, 3, 4, 5, 7

(2) 3, 9, 12, 15, 21

(3) −5, 4, −3, 1, −7

5 '통계로 세상보기'를 수강하는 학생 97명의 평균 신장은 167.5 cm이고 표준편차는 4.5 cm이다. 만일 길이의 단위를 인치로 바꾼다면 평균과 표준편차는 각각 얼마인가? (1인치 = 2.54 cm)

6 지난 30년 동안 대구의 3월 초순 최고온도의 평균은 18.5°C이며, 표준편차는 2.8°C이다. 만일 화씨온도로 환산하면 평균온도와 표준편차는 얼마인가? ($F = 32 + 18°C$)

5

확률이야기 - 개념과 모의실험

인간의 두뇌는 확률문제를 푸는데 별로 적합하지 않다 – Persi Diaconis (1989)

로또가 시작되면서 1등 당첨금이 수백억 원에 이르자 전 국민이 로또 열풍 속에 빠졌다. 결국 정부는 당첨금이 지나치게 많지 않도록 조치를 함으로써, 지금은 대부분의 경우 1등 상금액이 수십억원으로 줄어들었지만 여전히 매주 판매량은 엄청난 금액이다. 이렇게 소위 로또 열풍이 불면서 당첨 확률에 대한 국민적 관심사가 커졌고, 특히 1등 당첨 확률에 대해 관심이 많은 만큼 확률에 대한 이야기들이 많이 소개되었다. 하지만 아직 확률은 여전히 어려운 것으로 이해되어 이 장에서는 보다 쉽게 그 개념을 설명하고자 한다.

5.1 우연 속의 질서

우연은 어디서부터 우연이며 필연은 무엇일까? 멘델의 "유전의 법칙"은 황색 콩 대 녹색 콩의 수가 6,022 대 2,001이라는 수량적 자료를 조사 관찰하거나 실험 결과에서 출발하였다는 것은 유명한 사실이다. 주사위를 던지거나 윷을 던질 때 나오는 결과는 우연히 결정될까? 우연이란 무엇일까? 흔히 "확률적으로"라는 말을 쓰는데 이 말과 우연은 어떻게 다를까? 이런 질문들을 한 번 생각해 보자.

우연이란 말을 통계적인 용어로 바꾸어 본다면 '랜덤'(random) 혹은 '임의'라는 용어가 될 것이다. '랜덤'은 통계학에서 가장 많이 쓰이는 용어인데, 의미는 미리 그 결과를 알 수 없는 현상을 의미한다. 아울러 사건 하나하나에 대해서는 미리 아는 것은 불가능하더라도 평균적으로 예측할 수 있으며, 이는 시행을 많이 하여 사건이 일어난 상대도수를 해석함으로써 가능하다. 카드게임에서 나올 카드의 종류나 숫자는 사전에 모르니 랜덤이라고 말할 수 있다. 복권의 상금액도 랜덤 현상이며, 야구선수가 타석에 들어섰을 때 안타가 될지 삼진아웃이 될지도 랜덤한 것이다. 물론 평균적으로는 남자나 여자의 성비는 예측할 수 있으며, 카드게임이나 복권의 상금 액수 등에 대해 예측 가능하다고 할 수 있다. 우리는 이렇게 많은 결과를 관찰하면서 이러한 결과들이 과연 우연히 얻어졌는지 아니면 필연적으로 얻어졌는지 궁금할 때가 많다. 그러다 보니 지난 세월 많은 사람이 동전을 던져 나오는 결과가 우연이 아니라 어떤 법칙이 있음을 증명하려고 했다. 그 결과 동전을 적게는 3,000번에서 많게는 24,000번까지 던진 사람들이 있었으며, 또한 남아 출산 비율을 알기 위해 19세기 프랑스의 수학자이며 천문학자인 라플라스(Laplace, P.)는 유럽의 6대 도시 남아 출생비율을 조사하여 그 비율이 23/45 정도가 됨을 보이기도 하였다.

이처럼 얼핏 보기에는 예측 불가능한, 즉 랜덤한 자연현상을 많은 사람이 과학적으로 해석하려고 노력하였다. 이미 알려진 바와 같이 기원전 2,000년경까지 오늘날의 주사위 대신 동물의 뼈를 굴려 일종의 도박 혹은 점성술을 했다는 기록이 있다. 19세기 독일의 수학자이자 물리학자인 가우스(Gauss, C. F.) 등에 의하여 다시 랜덤한 현상에 대한 연구가 시작되었으며, 라플라스 등과 사귀면서 도박에 있어서 특정한 전략에 대한 승리할 확률을 묻고 이에 대해 수학자들은 열심히 이길 확률을 계산해 주기도 하였다. 이러한 확률은 20세기 소련의 수학자인 콜모고로프(Kolmogorov, A.)에 의하여 체계화되었으며, 그 이후 많은 통계학자에 의하여 오늘날까지 발전해 오고 있다.

도박의 예

- 16세기 이탈리아 도박사인 카르다노(Cardano, G.)는 3개의 주사위 던지기에서 합이 9에 거는 것이 10에 거는 것보다 불리함을 경험적으로 증명하였다.
- 17세기 프랑스 도박사인 드 메레(de Méré, C.)는 2개의 주사위를 24회 던져서 주사위의 눈이 한 번이라도 둘 다 6이 나오면 승리하는 게임에서 게임을 하는 사람이 불리함을 알았으며, 여기서 파스칼(Pascal, B.)은 승률이 1/2 이상 되려면 적어도 25회 이상 던져야 한다는 것을 계산하였다.

오늘날 확률은 자료의 수집이나 표현과 관계없이 매우 중요하다. 유전학이나 물리학 등 많은 자연과학이나 공학 등에서 확률을 근거로 조사 대상에 가장 근접한 일종의 모형을 만들고, 이를 이용하여 많은 연구결과를 얻고 있기 때문이다.

그럼 확률을 어떻게 정의하는지 알아보자. 라플라스가 정의했던 확률은 상대도수 개념이었다. 즉 1,000번의 동전 던지기에서 512번 앞면이 나오면 앞면 나올 확률은 512/1000 = 0.512였다. 콜모고로프는 확률을 보다 수학적으로 정의하였다. 즉 사건(event)은 랜덤한 현상에서 모든 관측 가능한 결과들의 모임의 부분집합이며, 어떤 사건이 일어날 확률은 그 사건이 일어난 비율로서 상대도수를 말한다. 따라서 확률은 0과 1 사이의 값을 갖는다. 만약 확률이 1이라면 사건이 반드시 일어난다(sure event)를 뜻하며, 0이라면 사건이 절대 일어나지 않는다(impossible event)를 뜻한다. 또한 확률이 1에 가까울수록 발생할 가능성이 높다는 것을 의미한다.

그러면 콜모고로프가 정의한 수리적 확률과 라플라스의 경험적 확률 사이에는 어떤 관계가 있는가? 수리적 확률은 시행 횟수를 무한대로 늘려나갈 때 경험적 확률의 값이 수렴하는 값이 된다. "뷔퐁의 바늘 문제(Buffon's needle problem)"는 18세기 프랑스 과학자 뷔퐁이 경험적 확률로서 원주율 p를 추정하는 것을 일컫는데, 일정한 간격의 평행선 위에 간격과 같은 길이의 바늘을 떨어뜨렸을 때 바늘이 선을 만나는 확률을 이론적으로 구하면 $2/\pi$가 되며, 따라서 만약 n번 시행해서 r번을 바늘이 선과 만났다면 π의 추정치는 $2n/r$이 된다. 즉

$$\text{원주율 } \pi \simeq \frac{2(\text{시행 횟수})}{(\text{바늘과 평행선이 마주친 횟수})}$$

로 추정될 수 있다. 다음의 그림 5.1을 보자.

그림 5.1 뷔퐁의 바늘 문제 모의실험 결과

위 그림 5.1에서 바늘은 1,000번 시행 중 선과 636회 닿았으며, 따라서 원주율 $\pi =$ 3.1447로 추정될 수 있다.[1)]

보험은 장시간에 걸쳐 사건이 일어날 상대도수를 확률로써 활용하고 있는 분야이다. 기대여명(life expectency)은 특정 연령까지 생존한 사람이 앞으로 더 생존할 것으로 예상되는 평균 기간을 말한다. 표 5.1을 참고하면 2018년 및 2009년 대비, 2019년 연령별 기대여명이 모든 연령층에서 증가한 것을 확인할 수 있다. 예를 들어, 2019년 25세 남성은 앞으로 55.8년, 25세 여성은 61.8년 더 살 것으로 추정되며, 이는 2009년에 비해 3.4년, 2.8년, 2018년에 비해 0.5년, 0.6년 증가한 것이다. 이를 근거로 생명보험의 보험요율를 설정할 수 있으며, 이와 유사하게 자동차 보험료 또한 성별에 따른 연령대별 사고건수를 기초 통계로 활용하여 결정한다. 참고로 미국에서는 작은 사고라도 자주 내는 운전자를 큰 사고를 내는 것보다 더 위험하게 간주하는데, 이는 큰 사고를 낼 확률이 작은 사고라도 자주 내는 운전자가 더 높다는 통계자료에 근거한 것이다. 도로교통공단에서 제공하는 통계에 의하면 2019년 한 해 동안 총 229,600건의 교통사고가 접수되었으며, 이 가운데 가해자의 성비는 남성이 174,095건, 여성은 51,430건이었다.[2)] 또한 가해운전자의 면허취득경과년수 별 교통사고 건수에서 남성은 1년 미만 4,561건, 4년 미만 3,904건, 3년 미만 3,733건, 2년 미만 3,584건의 순서이며, 여자의 경우 4년

1) 이 모의실험은 http://www.mste.uiuc.edu/reese/buffon/buffon.html에서 실행할 수 있다.

2) 4,075건은 기타불명으로 집계됨.

미만 1,170건, 3년 미만 1,082건, 1년 미만 1,003건, 2년 미만이 889건의 순서로 교통사고 건수가 많았다. 이렇게 보면 사고를 일으킬 확률은 면허 취득 후 1년 미만일 때 높고 점차 낮아졌다가 다시 높아지는 것으로 예상할 수 있다. 한편 교통사고전력에 따라 보험요율이 다르겠으나 교통보험요율의 기본을 정할 때는 이런 통계를 근거로 얻어진 사고 확률이 근거가 될 수 있을 것이다.

이제 확률과 비슷한 개념으로 보이는 승산(odds)에 대하여 알아보자. 미식축구에서

표 5.1 연령별 기대여명의 비교 (단위: 년)

	남자					여자				
	2009	2018	2019	'19–'09	'19–'18	2009	2018	2019	'19–'09	'19–'18
0	76.7	79.7	80.3	3.6	0.6	83.4	85.7	86.3	2.9	0.6
1	75.9	79.0	79.5	3.6	0.5	82.6	84.9	85.5	2.9	0.6
5	72.0	75.0	75.6	3.6	0.6	78.7	81.0	81.6	2.9	0.6
10	67.1	70.1	70.6	3.5	0.5	73.8	76.0	76.6	2.8	0.6
15	62.1	65.1	65.6	3.5	0.5	68.8	71.1	71.6	2.8	0.5
20	57.2	60.2	60.7	3.5	0.5	63.9	66.1	66.7	2.8	0.6
25	52.4	55.3	55.8	3.4	0.5	59.0	61.2	61.8	2.8	0.6
30	47.6	50.4	51.0	3.4	0.6	54.1	56.3	56.9	2.8	0.6
35	42.8	45.6	46.1	3.3	0.5	49.3	51.4	52.0	2.7	0.6
40	38.1	40.8	41.3	3.2	0.5	44.5	46.5	47.1	2.6	0.6
45	33.5	36.1	36.6	3.1	0.5	39.7	41.7	42.3	2.6	0.6
50	29.0	31.5	32.0	3	0.5	34.9	36.9	37.5	2.6	0.6
55	24.8	27.1	27.6	2.8	0.5	30.2	32.2	32.8	2.6	0.6
60	20.7	22.8	23.3	2.6	0.5	25.6	27.5	28.1	2.5	0.6
65	16.7	18.7	19.1	2.4	0.4	21.1	22.8	23.4	2.3	0.6
70	13.1	14.8	15.2	2.1	0.4	16.8	18.3	18.9	2.1	0.6
75	10.0	11.1	11.5	1.5	0.4	12.9	14.1	14.6	1.7	0.5
80	7.4	8.1	8.4	1	0.3	9.4	10.3	10.7	1.3	0.4
85	5.4	5.7	6.0	0.6	0.3	6.7	7.1	7.5	0.8	0.4
90	3.9	4.0	4.2	0.3	0.2	4.7	4.8	5.1	0.4	0.3
95	2.8	2.8	2.9	0.1	0.1	3.3	3.2	3.4	0.1	0.2
100+	2.0	2.0	2.1	0.1	0.1	2.3	2.2	2.4	0.1	0.2

최고 팀을 가려내는 슈퍼볼 경기를 예로 들면 A팀과 B팀 중 11대 7로 A팀이 유리하다고 하자. 이때 11대 7의 의미가 무엇인지 생각해 볼 수 있다. 이는 11+7, 즉 18회 시합을 한다면 그 가운데 11회는 A팀이, 7회는 B팀이 이길 정도로 A팀이 이길 가능성이 크다는 뜻이다. 이를 확률로 변환하면

$$\frac{11}{11+17}=\frac{11}{18}$$

이다. 승산은 확률의 상대도수 방식 표현으로 장기간에 걸쳐 수렴하는 값이 아니라, 매우 짧은 기간에 해당할 수 있어 우승팀에 거는 도박에 많이 활용된다. 미식축구뿐만 아니라 프로농구(NBA)나 프로야구(MLB)에서 마지막 챔피언 시리즈에 가면 이런 내용의 기사를 흔히 볼 수 있는데, 그 배경에는 미국의 도박도시 라스베이거스의 도박사들이 승산을 나름대로 계산해서 발표하기 때문이다.

유방암 치료약 「타목시펜」 예방에도 효과
– '조선일보'– 1998.04.07

여성들의 유방암 치료약으로 쓰이는 「타목시펜 (tamoxifen)」이 유방암 예방에도 탁월한 효능을 가진 것으로 밝혀졌다고 CNN 방송이 6일 보도했다. 미국 국립 암 연구소의 6년에 걸친 연구결과 타목시펜은 암 발병률을 거의 절반으로 줄이는 것으로 나타났다. 이 약품은 기존의 130명 가운데 한 명 꼴인 발병비율을 2백 36명 중 한 명 꼴로 감소시켰다고 CNN은 전했다. CNN은 필라델피아 인콰이어러지(紙)를 인용, "이는 알약이 유방암을 감소시킬 수 있다는 최초의 연구사례"라고 밝혔다. 이는 지금까지 나온 것 중 가장 광범위한 사례조사를 거친 연구 중 하나라고 연구소 측은 말했다.

이 기사에서 보는 바와 같이 발병 가능성을 확률로 표현하기보다는 130명 가운데 한 명, 236명 가운데 한 명이라는 방식으로 표현하였다. 이 또한 일종의 승산 개념으로 볼 수 있으며, 이러한 표현이 0.00769나 0.0044로 표현하는 방식보다 읽는 사람의 이해를 더 확실히 도울 수 있는 방식인 것이다.

고전 속의 확률 이야기

옛날 옛적 한 마을에 가난한 소금장수와 딸이 살았는데, 그 딸은 일기를 알아맞히는데

신통방통한 재주를 지녔었다. 멀쩡한 날 비 온다고 하면 곧이어 비가 오는 등 그야말로 제갈공명 이상으로 비 오는 것을 잘 알아맞히기 때문에, 마을 사람들은 무엇을 하든 반드시 그 딸에게 비가 올 것인가를 물어본 뒤 장사에 나서든 곡식을 추수하든 하였다. 이를 잘 알게 된 수전노가 이 딸을 집안의 며느리로 맞아들여 돈을 벌 궁리를 하였다. 즉 일기를 알려 주는 대가로 돈을 받아 돈벌이에 이 딸을 쓸 요량이었다. 그런데 시집오는 날부터 이 며느리는 도무지 날씨를 알아맞히지를 못하는 것이었다. 그러니 수전노 집안에서 밥만 축내는 며느리를 그냥 둘리가 만무하였다. 이 처녀는 소박을 맞아 친정으로 쫓겨 가게 되었는데, 모든 옷을 다 빼앗겨 집으로 가서는 처녀 때 입은 옷을 다시 입어야만 했었다. 그런데 그때부터 또다시 이 딸의 일기예보에 대한 초능력이 발휘되기 시작했다. 그 이유를 알아보니 하도 가난하여 그 딸이 입은 속곳은 다름 아닌 소금자루였기 때문에 비가 오려고 하면 이 고쟁이가 눅눅해지기 때문이었다. 이 딸은 이후 천기를 맞추는 대가로 돈을 받아 재산도 모으고, 새어머니도 얻어 행복하게 잘 살았다고 한다.

비 올 확률은 40%

확률 가운데서 개인적인 의견이 반영된 개인적 확률(personal probability) 또는 주관적 확률(subjective probability)을 생각하여 볼 수 있다. 가령 공정한 주사위 던지기에서 1이 나올 확률은 1/6로서 이는 객관적이라고 할 수 있다. 하지만 일기에 따라 신경통 혹은 관절염으로 고생하는 할아버지나 할머니가 몸에 느껴지는 통증의 정도로 비가 오는 것을 짐작하는 것은 나름대로 확률을 가지고 있는데, 이것이 바로 주관적 확률이다. 이런 주관적 확률의 계산이 뛰어난 사람은 그 분야에서 경험이 많거나 노하우를 가지고 있는 사람들이다. 주관적 확률은 상대도수의 수렴 값을 확률로 하는 것보다 반복이 불가능한 상황이나 현상에 대해서 사용가능하다. 인터넷이나 방송 매체 등에서 일기예보를 할 때 비 올 확률이 몇 %인가를 알려주고 있다. 만약 비 올 확률이 40% 일 때 우산을 들고 외출할 것인지 결정한다고 생각해 보자. 분명 비 올 확률 40%라는 것은 통계적으로 계산되어 얻어진 객관적인 확률이지만 이것을 활용하는 정도는 개인에 따라 달라지는 주관적 확률로 바뀌게 된다.

몬티 홀 문제(monty Hall Problem)

〈Let's make a deal〉이라는 미국의 TV 오락 프로그램이 있다. 이 게임에서는 출연자가 3개의 숫자가 적힌 문이 있는데, 그중 한 개의 문 뒤에는 상품이 놓여있다. 먼저 출연

그림 5.2 몬티홀 문제

자가 한 숫자를 고르면 사회자는 나머지 두 숫자 중에서 상품이 없는 숫자를 보여 주고 난 뒤, 출연자에게 처음 선택한 숫자를 유지할는지 아니면 바꿀 것인지를 묻는다. 이 게임에서 만약 출연자가 무조건 선택을 바꾸는 정책을 사용한다면 승리할 확률이 얼마인가? 처음 선택한 숫자를 유지하는 정책을 사용한다면 승리할 확률은 얼마인가?

5.2 평균율법칙

어떤 사건에 대한 확률이란 그 사건이 얼마나 자주 일어날 것인가에 대한 하나의 척도이며, 만약 랜덤한 현상의 무한한 독립적 반복 시행이 가능하지 않다면 확률을 생각할 수 없다. 동전을 던져서 앞면이 나올 확률이 1/2이라는 것은 동전을 무수히 많이 던져본 결과, 앞면이 나타나는 횟수를 측정하였을 때 얻어진 결과이다.

앞 · 뒷면이 나올 확률이 같은 동전을 던지는 실험에서 앞면이 계속 100번 연속으로 나왔다고 하자. 다음 시행에서 뒷면이 나올 가능성이 앞면이 나올 가능성보다 더 큰지 궁금할 수 있다. 만약 이 동전이 공정한 동전이라는 사실을 모른다면 100번이나 앞면이 나왔으므로 다음에도 앞면이 나올 확률이 뒷면보다는 높을 것이라 할 수 있다. 하지만 만약 동전이 공정하다면 다음 시행에도 뒷면이 나올 가능성은 동일하다. 동전을 던지는 실험은 과거의 시행 결과에 영향을 받지 않는다[3]. 따라서 앞면이 100번 나온 것과는 무관하게 앞으로도 계속 앞면이 100회 더 나타날 수도 있다. 다시 말해, 다음 시행에도 역시 뒷면이 나올 확률은 여전히 1/2인 것이다.

동전던지기에 대해 정말 확률이 1/2인지 상대도수로 판단하기 위하여 많은 사람이 동

3) 이를 독립시행이라고 한다.

전던지기를 시도하였다. 뷔퐁은 4,040번 던져 앞면이 2,048회 나왔으며, 칼 피어슨은 12,000번 던져 6,019번, 또 24,000번 던져 12,012번 앞면을 얻었다. 여기서 동전을 많이 던질수록 앞면이 나타나는 횟수는 1/2에 가까워짐을 알 수 있다. 즉 어떤 사건을 오랫동안 시행할 때 그 사건이 일어나는 평균비율이 그 사건이 일어나는 확률에 진다는 것이다. 이것을 우리는 평균율법칙(law of average)이라고 한다. 하지만 평균율법칙에 대하여 오해를 할 수 있다. 예를 들어, 도박을 할 때 밤새 내내 잃었기 때문에 평균적으로 생각하면 서로 따고 잃기가 반반이니, 지속적으로 하면 이제는 딸 가능성이 높다고 계속하다가 낭패를 당할 수 있다. 또 예전에는 아들 선호사상이 지금보다 훨씬 강하였으므로 종종 딸을 일곱 혹은 여덟을 둔 가정을 볼 수 있었다. 이제까지 딸이니까 평균율에 의하면 하나쯤은 아들을 얻을 수 있으리라는 믿음으로 다시 또 아이를 갖고 해서, 어느덧 딸이 일곱 혹은 여덟 가진 가정이 되는 것이다. "평균율로 본다면 이번에 딸을 낳을 가능성은 1/2보다는 훨씬 낮아질 것이며, 상대적으로 아들을 얻을 확률이 매우 커질 것이다"라는 믿음이 보통의 사람들에게 생기게 마련이다. 몇 년 전 어느 신문의 칼럼에는 딸 여덟을 둔 어머니의 편지가 게재되었다. 그녀와 남편은 네 명의 자녀를 두기로 계획하였으나, 넷 모두가 딸이었으므로 그들은 다시 자녀를 가지기로 하였다. 결국 이런 식으로 하다 보니 딸을 일곱 명이나 낳게 되었다. 이에 대해 의사는 '평균율로 본다면 이번에 딸을 낳을 가능성은 1/100입니다'라고 그 어머니에게 말하였다고 한다. 아이를 갖는 것이 동전을 던지는 것과 같다는 사실을 이 부부뿐 아니라 의사도 몰랐던 것이다.

평균율의 법칙을 올바로 이해하기 위해 다음의 두 문장을 보자.

1) 공정한 동전을 많이 던질 때 앞면이 나타나는 비율은 1/2에 가까워진다.
2) 공정한 동전을 많이 던질 때 앞면이 나타나는 횟수는 동전을 던진 횟수의 1/2에 가까워진다.

문장 1)은 참이며 앞면이 나타날 확률이 1/2임을 뜻한다. 그러나 문장 2)는 거짓이다. 그 이유는 공정한 동전을 많이 던질 때 앞면이 나타나는 횟수는 절반에서 크게 벗어날 수 있기 때문이다. 이것이 사실인지를 알아보기 위해 다음의 예를 보자. 20세기 영국의 수학자인 케리치(Kerrich, J.)는 동전을 던진 결과 다음을 얻었다.

표 5.2 동전던지기의 예(Kerrich, J.)

동전을 던진 횟수	앞면이 나타난 횟수	앞면이 나타난 비율	앞면이 나타난 횟수와 던진 횟수의 절반과의 차
10	4	0.4000	−1
100	44	0.4400	−6
200	98	0.4900	−2
300	146	0.4866	−4
500	255	0.5100	5
1,000	502	0.5020	2
2,000	1,013	0.5065	13
3,000	1,510	0.5033	10
5,000	2,533	0.5066	33
7,000	3,516	0.5023	16
10,000	5,067	0.5067	67

앞면이 나온 확률은 1/2에 가까워지기는 하지만 앞면이 나타난 횟수와 동전을 던진 횟수의 절반과는 상당한 차이가 있다.

5.3 완치율 90%와 10%

우리는 흔히 신문에서 특정한 병에 대한 새로운 약이 완치율 90%라는 기사를 볼 수 있다. 혹은 암의 종류나 진행 정도가 몇 기냐에 따라 완치율이 90%에서 10%라는 이야기를 듣기도 한다. 그러면 여기서 한 환자가 완치율 90%라는 의사의 견해를 들었으며, 또 다른 환자는 완치율 10%라고 들었다고 하자. 90%와 10%의 의미는 무엇일까? 우선 완치율 90%라는 것은 우리 몸의 90%만 완치된다는 뜻이 아니란 것은 누구나 다 알고 있다. 여기서 90%란 뜻은 같은 조건의 환자들 100명 가운데서 90명 정도가 완치되었다는 과거의 경험적인 결과를 이야기하는 것이다. 즉 10명 가운데 9명이 나았다는 것이다. 그러면 이 환자는 어떻게 될까? 여전히 완치되거나 되지 않거나 둘 중의 하나일 것이다. 따라서 90% 완치율 환자나 10% 완치율 환자는 여전히 살거나 죽거나 할 것이다. 비유를 든다면 경쟁률이 10대 1이나 2대 1이나 지원자는 여전히 합격이 되거나 안 되거나 2가지 중 하나일 뿐이다. 따라서 90%인 경우라도 방심한다면 여전히 완치가 안 될 것이며 10%라도 노력에 따라서는 충분히 나을 것이다.

美 앞지른 대장암 완치율… 말기 환자도 30% 생존율
– '헬스조선'– 2020.04.27

대장암은 이제 '정복할 수 있는 암'이 됐다. 국내 대장암 생존율은 꾸준히 증가하고 있으며, 최근에는 말기라 가망이 없다고 생각됐던 4기 환자 생존율도 부쩍 늘었다. 일산차병원 강중구 원장(전 국민건강보험 일산병원 원장)이 대장암 환자 1126명을 대상으로 연구한 뒤 최근 내놓은 결론이다. 이 연구는 한동안 발표되지 않았던 국내 대장암 생존율에 대한 최신 분석이라는 데 의의가 있다.

〈중략〉

5년 전체 생존율은 79.5%, 해당 기간 동안의 무병(無病) 생존율은 69.9% 였다. 대장암은 크게 결장암, 직장암으로 나뉘는데, 결장암 76.9%, 직장암 84.2%로 결장암의 예후가 조금 더 나빴다. 또한 여성이(84.7%) 남성(76.4%)보다 예후가 좋았다. 전이는 전체 환자 19.2%에서만 발견됐다.

병기에 따른 생존율 결과는 1기 94.7%, 2기 88.4%, 3기 74.3%, 4기 31.5%였다. AJCC(미국암연합위원회)가 발표한 대장암 병기에 따른 생존율이 1기 90% 이상, 2기 70~85%, 3기 25~80%, 4기 10%미만임을 감안하면 매우 고무적인 결과다. 강중구 원장은 "치료법이 발전하면서 대장암 수술 성적이 향상됐다"라며 "앞으로도 관련 연구나 치료법 발전이 더 많아지면서 수술 성적은 이보다 더 좋아질 것으로 예상한다"라고 말했다.

원격전이가 있는 대장암은 5년 생존율이 10%대로 확연히 떨어지나, 해당 연구에서는 원격전이가 있어도 31.5%에 달했다. 무병 생존율로 따지면 18.9%였다. 일산차병원 강중구 원장은 "최근에는 전이성 진행암이라도 과거와 달리 적극적으로 수술하고, 보조적 항암요법을 실시한 게 원인일 것"이라고 말했다. 한편, 연구에서는 수술 전후 대장내시경 검사를 하는 게 대장암 재발을 막는 등 예후에 도움이 되는 방법 중 하나라고 설명했다. 수술 전 후 검사를 통해 대장암과 함께 발생한 암 전구병변인 용종을 제거해야 한다는 의도다.

위의 기사에서 보면 5년 생존율을 말하는데, 이는 의학적으로 5년 이내 재발하지 않으면 완치로 간주하기 때문이다. 5년 생존율은 환자들 가운데서 수술이나 투약 후 5년 동안 살아 있는 환자의 비율을 근거로 추론하여 얻은 결과이다. 따라서 70%라 함은 그만큼 생존할 가능성이 크다고 할 수 있으나 개인으로 보면 여전히 죽기 아니면 살기이며, 생존율이 0%가 아닌 한 누구든 살 가능성이 있으므로 실망할 필요는 없다. 단지 가능성이 그만큼 크거나 작을 뿐인 것이다.

5.4 확률실행

본격적으로 확률에 대하여 다루기 전에 사용하는 용어를 살펴보기로 한다. 실험(experiments)은 특정 조건에서 무언가를 실제로 해보는 것으로 실험을 통해 결과(outcomes)를 얻는다. 이러한 결과를 모은 것이 사건(events)이며, 확률(probability)은 어떤 사건이 일어나는 정도를 0과 1 사이의 값으로 표현한 값이다. 즉 사건을 A라고 하면 사건 A의 확률 $P(A)$는

$$P(A) = \frac{\text{사건 } A\text{가 일어나는 경우의 수}}{\text{일어날 수 있는 모든 결과의 수}}$$

로 정의된다.

주사위를 던지는 실험

주사위를 던지는 것은 어떤 결과가 나올지 예측할 수는 있으나 알 수 없는 확률적 현상을 포함하고 있어 실험이라고 할 수 있다. 이 실험의 결과는 주사위를 던지면 얻어지는 값으로 1부터 6까지 있을 수 있다. 사건은 각각의 하나의 값일 수도 있고, 만약 짝수로 정의된다면 사건은 결과인 2, 4, 6이 포함된 것이 된다. 즉 짝수의 사건을 A로 표시한다면 2 또는 4 또는 6이 나오면 사건 A가 일어난 것으로 볼 수 있다. 사건 A가 일어날 확률은 1/2이라 할 수 있다. 물론 여기서 우리는 2, 4, 6이 동시에 일어날 수 없으므로 각각의 결과에 대한 확률 1/6을 더한 값임을 눈치챌 수 있다. 아울러 여기서 1부터 6까지 각각의 확률이 1/6이라는 것은 각 확률이 같음(equally likely)을 가정하고 있다. 즉 주사위는 '공정한 주사위(fair die)이다' 라는 것을 가정하는 것이다.

유리병에서 구슬을 꺼내는 실험

유리병에 6개의 붉은 구슬, 7개의 녹색 구슬, 8개의 푸른 구슬, 4개의 노란 구슬이 있다고 하자. 이 병으로부터 임의로 구슬 하나를 뽑았을 때 각각의 확률은 다음과 같다.

$$P(\text{붉은 구슬}) = \frac{\text{붉은 구슬의 수}}{\text{총 구슬의 수}} = \frac{6}{25}$$

$$P(\text{녹색 구슬}) = \frac{\text{녹색 구슬의 수}}{\text{총 구슬의 수}} = \frac{7}{25}$$

$$P(\text{푸른 구슬}) = \frac{\text{푸른 구슬의 수}}{\text{총 구슬의 수}} = \frac{8}{25}$$

$$P(\text{노란 구슬}) = \frac{\text{노란 구슬의 수}}{\text{총 구슬의 수}} = \frac{4}{25}$$

우리는 여기서 한 가지 사실을 간과하고 있는 것이 있다. 즉 구슬은 크기나 감촉 등 눈으로 보기 전에는 모든 조건이 동일하다는 것이다. 만약 붉은 구슬이 더 크거나 혹은 몇 개의 구슬이 다른 구슬과 다르다면 위의 확률은 분명히 달라진다. 로또의 예를 들면 공정성을 위해 당첨번호를 추첨할 때 4개의 볼 세트에서 사용할 세트를 먼저 정한 다음 정한 세트로 로또 당첨 번호를 추첨한다. 물론 4개의 세트에 속한 180개 모든 볼의 색깔 이외에 나머지 조건인 크기나 무게 등 모두 동일한 조건으로 제조되었다는 전제 조건이 있다.

동전 던지기 경우

흔히 동전 던지기에서 앞면과 뒷면이 나올 확률이 동일한 경우 공정한 동전(fair coin)이라고 하는데, 엄밀히 말하면 실제로 우리가 사용하는 동전은 양각된 무늬의 무게가 달라서 어느 정도 던져보면 앞면이 나올 확률을 추정할 수 있다.

동전을 던지는 실험은 시행 간에 서로 영향을 주지 않는다. 또 앞면과 뒷면은 동시에 나올 수 없다. 독립사건(independent event)은 시행 간에 서로 영향을 주지 않는 사건을 말하며, 배반사건(mutually exclusive event)은 동시에 일어날 수 없는 사건들을 말한다. 따라서 동전을 던지는 실험은 독립사건이고, 이때 동전의 앞면과 뒷면이 나오는 것은 배반사건임을 알 수 있다.

5.5 모의실험

모의실험은 실제로 어떤 현상이 일어나는 것과 같은 확률구조를 갖는 모형을 컴퓨터로 실험하는 것을 말한다. 가령 주사위 던지기의 경우 1에서 6까지 나오는 확률이 각각 1/6이라면, 컴퓨터 프로그램을 통해 1에서 6까지 나올 가능성을 각각 1/6씩 나오도록 만들고, 컴퓨터 프로그램을 매우 많이 실행하면 1에서 6까지 나오는 상대도수가 1/6에 근접하게 되는 모습을 볼 수 있다. 이런 프로그램을 실행하면 실제 주사위를 던지지 않고서도 실제 결과에 근접한 결과를 얻을 수가 있는 것이다.

아래의 사진은 경주 안압지에서 출토된 14면체 주사위로 각 면마다 일종의 벌칙과 같은 것이 적혀 있어, 당시 신라인들이 음주와 함께 게임을 즐겼음을 알게 해 주는 주사위이다. 사진에 보면 자창자음(自唱自飮)이 보이는데, 이는 스스로 노래를 부른 후 한 잔 마시는 벌칙을 말한다. 이런 14면체 주사위는 세계적으로 희귀한 것으로 알려져 있다. 이 주사위는 삼각형과 사각형으로 이루어져 있으며, 주사위를 굴릴 때와 던질 때 삼각형일 확률은 각각 다르며, 실험 결과에 의하면 1,000회 던졌을 때 삼각면이 343회 출현하여 경험적 확률이 0.343이며, 2,000회 굴렸을 경우 삼각면이 481회 나와서 그 경험적 확률이 0.2405이다(허명회, 1994). 이 주사위를 던졌을 때의 논리적 확률은 0.3510으로 경험적 확률과 거의 일치하며, 굴렸을 때의 논리적 확률 역시 0.2376으로 경험적 확률과 거의 일치한다(채경철, 이충석, 1996). 던지는 경우와 굴리는 경우 물리학적 역학이 다르므로 그 확률이 다르게 얻어지는 것은 매우 흥미로운 사실이다. 실제로 14면 주사위를 사용해서 삼각형의 확률을 구하는 것은 어려우므로 컴퓨터 프로그램을 작성하여 모의실험을 해 볼 수 있을 것이다.

그림 5.3 경주 안압지에서 출토된 목제주령구

되돌아보기

우리는 우리가 속한 세계의 불확실성에 대한 탐구를 끊임없이 해 오고 있다. 확률은 불확실성을 0과 1 사이의 실수로 표현한 것으로, 우리의 생활 곳곳에서 많이 사용되고 있다. 따라서 확률을 적절히 활용하면 다양한 상황에 도움을 얻을 수 있다.

용어정리

- **실험**(experiment) 특정 조건에서 무언가를 실제로 해보는 것
- **결과**(outcome) 실험을 통하여 측정하거나 얻은 것
- **사건**(event) 실험에서 확률을 계산하려고 하는 하나 이상의 결과를 모은 것
- **확률**(probability) 어떤 사건이 일어나는 정도를 0과 1 사이의 값으로 표현한 값

배운 것 익히기

1 확률적 현상의 예를 들고, 그것이 왜 확률적 현상인지 설명하라.

2 독립시행인 것과 독립이 아닌 시행의 예를 들고 이유를 설명하라.

3 남자 혹은 여자아이가 태어나는 현상은 배반사건인지 설명하라.

4 평균율의 법칙이 적용되는 예를 들어보라.

5 기상예보에서 "비 올 확률이 60%"라는 것은 무엇을 의미하는지 설명하라.

6 로또에서 1등, 2등, 3등, 4등, 5등이 될 확률을 각각 구하고, 생활에서 이와 비슷한 예시를 들어보라.

7 몬티홀 문제에서 처음 선택한 숫자를 그대로 유지하는 정책을 사용할 때 승리할 확률은 얼마인지 설명하라.

6

확률이야기 - 기댓값

이 장에서는 앞서 5장에서 배운 확률의 기본 지식을 근거로 확률이 어떻게 실생활에 적용되는가를 알아보고, 또 기댓값에 대해 알아보고자 한다.

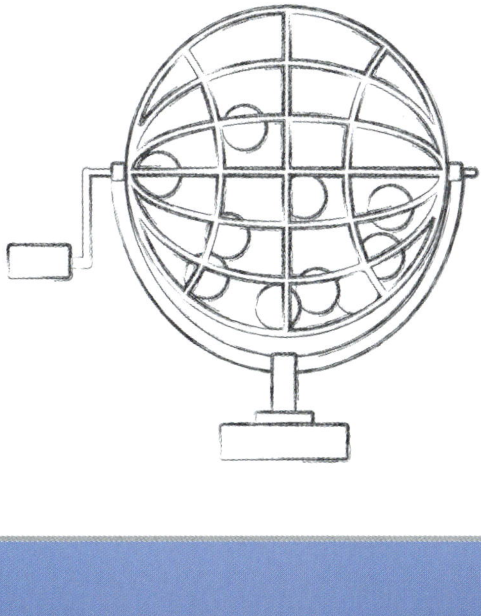

6.1 도박과 확률 사이

그림 6.1 전통 윷놀이

가령 윷놀이를 한다고 하자. 보통의 윷은 각진 면이 둥근 면보다 약간 좁아 각진 면이 더 잘 나오게 함으로써 모가 자주 나오는 것을 방지한다. 그렇다면 윷 한 가닥의 각진 면이 나올 확률은 둥근면이 더 높으므로 그 확률은 3/5이라고 하자. 만약 더 정확히 알려면 가지고 있는 윷을 1,000번 혹은 그 이상 던져 봄으로써 '도', '개', '걸', '윷', '모'가 나온 상대도수를 이용하여 각각이 일어날 확률의 근삿값을 얻을 수 있다.

'도'가 얻어질 확률은 다음과 같이 구해진다. 즉 각각의 윷가락과 각진 면 혹은 둥근 면이 나올지는 서로 독립이며 '도'가 나오기 위해서는 4개의 윷가락 가운데 하나만 각진 면이 나오고, 나머지 3개는 둥근 면이 나와야 한다. 따라서 '도'가 얻어지는 경우의 수는 4개 가운데 1 하나를 뽑는 경우와 같으므로 4가지 경우가 있다. 따라서 그 확률은

$$4(\text{경우의 수})\times(\text{하나의 각진 면})\times(3\text{개의 둥근 면})$$
$$=4\times\frac{3}{5}\times\frac{2}{5}\times\frac{2}{5}\times\frac{2}{5}=\frac{96}{625}$$

이다.

같은 방법으로 나머지 경우를 구하면 '개'는 216/625, '걸'은 216/625, '윷'은 81/625, '모'는 16/625이 되는 것을 알 수 있다. 각각의 확률분포를 표로 작성하여 보면,

표 6.1 각진 면의 확률이 3/5일 때 윷놀이의 확률

	도	개	걸	윷	모
확률	96/625	216/625	216/625	81/625	16/625

따라서 이와 같은 확률을 알고 윷놀이를 한다면 막연히 감(感)에 의존하는 것보다는 이길 가능성을 높일 수 있을 것이다. 물론 경우에 따라 다양한 전략을 사용해야 할 것은 말할 나위가 없다.

도박에서 전략은 매우 중요하다. 그 전략은 철두철미하게 확률에 근거를 두어야 객관

그림 6.2 카드게임의 하나인 포커게임

성을 유지할 수 있으며, 특히 어떤 경우라도 평상심을 잃지 말고 확률을 철저히 따져가며 해야 할 것이다. 하지만 여러분이 도박장을 들어서는 순간 이미 여러분의 돈은 도박장(하우스)의 것임을 반드시 명심해야 한다. 이유는 고객이 이길 확률이 0.5보다 작게 설계되어 있으므로 종국에는 고객이 돈을 다 잃을 수 밖에 없다. 이를 "도박에서 파산 문제"라 부른다. 또한 만약 도박의 도시 '라스베이거스'에 가서 딜러를 상대로 동일한 전략을 구사한다면 돈을 잃을 가능성이 높다.

앞서 5장에서 언급했던 것처럼 주사위 2개를 24회 던져 (6,6)이 적어도 한 번 이상 나오면 이기는 게임을 하였던 드 메레의 경우를 살펴보자. 우선 한 번 던져 (6,6)이 나오지 않을 확률은 1에서 (6,6) 이 나올 확률을 빼면 된다. 2개의 주사위는 각각 독립이므로 (6,6)이 나올 확률은

$$\frac{1}{6}\times\frac{1}{6}$$

이며 따라서 (6,6)이 나오지 않을 확률은 35/36이다. 이를 24번 계속한다면 각각의 시행은 서로 독립이므로, 따라서 24회 시행에서 (6,6)이 한 번도 나오지 않을 확률은

$$\left(\frac{35}{36}\right)^{24}\simeq 0.509$$

이 된다. 따라서 이 게임에서 이길 확률은 $1-0.509=0.491$로 0.5를 넘지 못함을 알 수 있다. 드 메레는 매 게임 꾸준히 기록함으로써 오랜 세월 동안 관찰하여, 그 결과 경험적으로 이 게임에서 이길 확률이 0.5보다 낮음을 알게 되었다. 그러나 만약 25번으로 한 번 더 늘인다면 어떻게 될 것인가? 이 경우 게임을 이길 확률은 앞과 같이 계산하면 0.505로 0.5를 넘을 수 있게 되는 것이다. 드 메레가 도박을 할 당시 이런 계산은 불가능하였으나 아무튼 하우스가 이기게끔 게임이 정해진 것을 보면 신기하기 그지없다.

이와 같이 확률에 관한 이론은 도박과 관련지어 많은 발전을 가져오게 되었다. 하지만 오늘날 확률은 도박뿐만 아니라 많은 분야에서 활용하고 있는데, 그 가운데 한 가지 예로써 우주선이 우주에서 항해할 동안 일정 크기 이상의 운석과 부딪힐 확률을 계산하는 것이 있다. 이는 우주선의 항로 선택은 물론 우주선의 안전도 문제와 제작 경비 등에 직접적인 관련이 있는 것이다.

6.2 복권과 기댓값

세금을 올리지 않고도 세입을 늘리기 위한 방편으로 복권을 발행하는 나라가 많다. 우리나라도 현재 다양한 복권을 발행하고 있는데, 우선 복권에 대한 역사 등 전반적인 것을 알아보고 복권에 대한 기댓값 등을 계산하여 보자.

'추첨 따위를 통하여 일치하는 표에 대해서 상금이나 상품을 준다'라는 사전적 의미를 갖는 복권(lotto)은 '행운'이라는 뜻의 이탈리아어에서 유래되었다. 물론 역사적으로 보면 기원전 100년경 이미 중국의 진나라 때 케노(KENO)라는 복권게임이 국가에 의하여 시작되었으며, 모금된 기금은 만리장성의 건립 등 국방비로 쓰였다.

또 로마의 초대황제 아우구스투스시대부터 연회에서 황제가 그의 손님들에게 추첨을 통하여 다양한 상품을 나누어 주는 것이 일반화되어 있었다. 그리고 로마의 5대 황제 네로는 로마 제국의 영속성을 기념하기 위해 대중적인 추첨 행사를 벌여 매일 땅, 노예 또는 선박 등을 나누어 주었다는 기록이 있다. 1530년 이탈리아의 플로렌스에서 처음으로 당첨금을 현금으로 지급하는 번호추첨식 복권이 시작되었으며, "lotto"라는 단어가 복권의 일반적인 고유명사로 사용되기 시작하였다.

1755년 사이에 식민지 미국의 여러 지방 도시들은 교회, 학교, 교도소, 도로, 항구, 다리 등을 건설하기 위해 반쯤 민영화된 복권을 발행하였는데, 이 기금은 대학을 설립하는 데도 사용되어 콜롬비아, 뉴저지, 예일, 하버드, 프린스턴, 플리머스 등 오늘날까지 잘 알려진 명문대학을 탄생시킨 밑거름이 되었으며, 50개의 대학, 300개의 학교와 200개의 교회가 복권의 수입으로 유지되었다. 1826년 미국의 제퍼슨 대통령은 복권을 "높은 당첨금의 기대를 주면서도 큰 피해 없이 자발적으로 복권 구입가격을 지불하는 희망세"라고 정의하였다.

일본에서는 2차 세계대전 후의 전후복구기금조성 및 패전을 극복하기 위하여 고유형식의 복권이 도입되었다. 1985년 법개정을 통하여 복권을 통한 수익금은 일본 내무성에의해 승인된 지자체 프로젝트에만 사용되고 있으며, 그 기금이 1995년에만 약 3천 3백억 엔(약 4조 7천억 원)에 달한다고 보고되었다. 최근 일본에서는 4~5개 지방에서 "Numbers Game"이라는 온라인복권을 시작하였다.

1994년 영국에서는 지방자치단체의 사업실행기금을 모집하기 위하여 온라인복권을 도입하였으며, 현재 약 20,000여 개의 지자체 프로젝트에 40억 파운드(약 7조 원)의 자금이 복권의 수익금으로 지원되었다. 1999년에는 전 세계에서 연간 약 70조 원의 복권 시장이 형성되었으며, 미국에는 37주에서 공식적으로 복권이 합법화되었고, 캐나다에서는 모든 주에서 복권이 합법화되어 있으며, 세계적으로 100여 개의 복권회사에서 복권을 운영 중이다. 멕시코, 프랑스, 일본은 국가가 직접 복권을 운영하고 있다. 또한 세계복권협회(The International Association of State Lotteries)에는 63개국이 참여하고 있다.

복권의 종류는 여럿 있는데, 우선 가장 오랜 역사를 가진 전통적인 형태로서 추첨식 복권이 있다. 번호가 적힌 복권을 판매하여 추첨한 후 동일한 번호에 당첨된 사람에게 해당 상금을 지급하는 복권으로, 1400년대 네덜란드에서 발행한 것이 그 기원으로 알려져 있다. 우리나라의 경우 주택복권이나 올림픽복권 등이 이에 해당한다.

또한 세계적으로 가장 인기가 있는 복권인 로또(lotto)는 구매자가 여러 개의 번호 중에서 자신이 선호하는 몇 개의 번호를 골라 선택한 후 복권 판매 기간이 끝난 뒤, 번호 추첨을 통해 선택한 번호가 맞으면 당첨금을 지급 받는 형태로 1530년 이탈이아의 제노아에서 시작되었다. 우리나라에서는 로또라는 이름으로 판매되며, 미국이나 호주에서는 파워 볼 등의 이름으로 판매되고 있다.

또한 구매 즉시 당첨 여부를 알 수 있는 즉석식 복권은 우리나라에서도 이미 1990년부터 발행되어 인기를 끌고 있는데, 미리 다양한 당첨금액이나 상품 등이 기재된 종이 위에 어떻게 하더라도 그 내용을 미리 볼 수 없도록 덧칠을 한 뒤, 구매자가 구매한 뒤 덧칠한 부분을 긁어내는 방식이다. 긁어내기식(Scratch-off) 즉석복권은 1974년 미국에서 시작되었다.

우리나라에서 복권의 기원은 조선 후기 계(契; mutual loan club)의 형태에서 찾을 수 있다. 산통계라 하는 전통적인 복권이 있었는데, 산통계는 통 혹은 상자 속에 각 계원의 이름을 기입한 알(구슬 모양)을 투입한 후 그 통을 돌려서 나오는 알에 의하여 당첨을 결정하는 것이었으며, 작백계(作百契)는 일정 번호를 붙인 표를 100명 단위, 1,000명 단위, 1만 명 단위로 판 후 추첨을 하여 총매출의 80%를 복채금(상금)으로 돌려주는 것이었다. 근대적 의미의 복권은 일제 강점기에 발행된 몇 가지가 있었다. 1945년 7월 일본의 통치권이 미치는 전 지역에서 태평양전쟁의 군수산업을 위한 자금조달을 목적으로 승찰(勝札)이라는 이름으로, 총 발행액 2억 원(1등 10만 원)으로 하여 한 장에 10원짜리 복권을 발매하였다.

그러나 근대 복권의 발행이 보다 활발하였던 시기는 해방 이후로, 제16회 런던올림픽의 참가 경비를 마련하기 위하여, 1947년 12월 대한올림픽위원회(KOC)가 올림픽 후원권(1백 원짜리 140만 장)을 발행한 것이 공식 복권의 효시라 할 수 있다. 그 후 1949년 재해대책자금 조성을 위한 후생복표가 3회에 걸쳐 발행되었으며, 애국복권과 특수 목적으로 발행되었던 산업박람회복권, 무역박람회복권 등이 있었고, 1969년 9월 한국주택은행이 주택복권을 발행하면서 본격적으로 시작하게 된다. 1990년 9월부터는 대전국제

무역박람회가 박람회의 기금 조성을 목적으로 엑스포 복권을 발행하였고, 체육진흥기금 조성을 목적으로 하는 체육복권 그리고 기술, 복지, 각 지방자치단체나 각급 단체들의 관광복권이 잇달아 나오면서부터 즉석식 복권의 발행과 함께 복권 시장은 경쟁적으로 활성화되었다.

복권제도는 복권을 구입한 사람들 중에서 당첨자를 랜덤하게 선발하여 상금을 나누어 주는 제도이다. 현재 발행되고 있는 인쇄식 복권의 종류로는, 연금복권 720+, 스피또2000, 스피또1000, 스피또500 등이 있다. 그렇다면 복권의 가격을 어떻게 산정하며, 또 복권을 사서 돌려받으리라고 기대되는 금액은 얼마이며, 도박은 복권과 어떻게 다른가? 당첨될 확률을 아는 것만으로는 충분치 않다. 왜냐하면 적은 상금을 다수에게 분배할 수 있고, 많은 상금을 소수에게 지급할 수도 있기 때문이다. 따라서 당첨될 확률과 복권의 기댓값(expected value)을 계산할 필요가 있다.

그림 6.3 올림픽복권

우리나라에서 발매한 올림픽복권을 예로 삼아 알아보자.

올림픽복권의 기댓값

올림픽복권은 100,000번부터 699,000번까지 60만 매를 1개 조로하고, 1조부터 5조까지 총 300만 매를 발행하였다. 복권과 해당 복권 수는 다음과 같다.

상금의 총액은 750,000천 원이며, 복권은 모두 3백만 장이므로 복권 1장당 평균 복금은

$$\frac{750,000}{3,000} = 250(\text{원})$$

이다. 이것을 다시 쓴다면 (단위 : 천원) 다음과 같다. 즉

$$\frac{100000 \times 1 + 1000 \times 4 + 1000 \times 9 + 10000 \times 3 + 1000 \times 10 + 3 \times 9000 + 1 \times 120000 + 0.5 \times 900000}{3,000} = 250$$

이것이 올림픽복권 한 장의 기댓값, 즉 올림픽복권 한 장의 평균 가치이다. 복권이 500원에 판매되었으므로 복권 판매대금의 50%를 복금으로 지불하였던 것이다. 라스베이거

표 6.2 복권 등수별 당첨금액

등위	복금(단위: 천원)	매수	복금총액(=복금×매수)(단위: 천원)
1등	100,000	1	100,000
행운상	1,000	4	4,000
다행상	1,000	9	9,000
2등	10,000	3	30,000
3등	1,000	10	10,000
4등	3	9,000	27,000
5등	1	120,000	120,000
6등	0.5	900,000	450,000
합계			750,000

스의 도박장에서는 게임에 따라서 판돈의 90% 전후를 지불한다. 올림픽복권은 이에 비하면 상금이 매우 작은 편이다. 직업적인 도박사들은 불리한 상황에서 돈을 잃는 것을 싫어하므로 복권을 기피한다. 그 외의 사람들은 복권에 상당한 흥미를 가지고 있는데, 조사에 의하면 성인의 80%가 복권을 사 본 경험이 있다고 한다. 어째서 이와 같이 승산이 없는데도 복권의 인기가 높을까? 우선 승산이 얼마나 작은지를 잘 모르기 때문이라 할 수 있다. 그리고 기술적인 광고 때문이기도 하다. 비록 큰 상금을 받을 가능성이 작더라도 가능성이 있다는 것이 주된 요인이다. 즉 사람들은 자신이 부자가 될 수 있다는 즐거운 상상의 대가로 1주일에 500원을 지불하는 것이 결코 비싸다고 생각지 않는다. 그리고 500원의 투자로 복권을 구입하여 1억 원의 복금을 탈 가능성이 다른 사업으로 1억 원을 벌 가능성보다 크기 때문이다.

여기서 다음과 같이 위의 방법과 다른 방법으로 올림픽복권의 기댓값을 계산할 수도 있다. 올림픽복권을 한 장 구입할 때 복금을 얼마나 받게 될 것인가 하는 것은 랜덤한 현상이다. 랜덤하게 당첨자를 추첨하기 때문에 1억 원에 당첨될 기회는 3,000,000매 중에 1매이며, 따라서 1억 원에 당첨될 확률은 1/3,000,000이 되며, 1천만 원에 당첨될 기회는 3,000,000매 중 3매이며, 그 확률은 3/3,000,000이 된다, 따라서 복권 한 장의 당첨금에 대한 확률모형은 다음과 같다.

표 6.3 **당첨금 확률모형**

복금(단위: 천원)	확률
100,000	1/3,000,000
1,000	3/3,000,000
1,000	23/3,000,000
3	9,000/3,000,000
1	120,000/3,000,000
0.5	900,000/3,000,000

여기서 복권의 기댓값은 위의 식을 다시 쓴다면 각 상금에 그 확률을 곱하여 더한 식으로 표현될 수 있다. 즉

$$100{,}000\times\frac{1}{3{,}000{,}000}+10{,}000\times\frac{3}{3{,}000{,}000}+1{,}000\times\frac{23}{3{,}000{,}000}+3\times\frac{9{,}000}{3{,}000{,}000}+1\times\frac{120{,}000}{3{,}000{,}000}+0.5\times\frac{900{,}000}{3{,}000{,}000}=250$$

여기서 우리는 다음과 같이 기댓값을 정의할 수 있다.

기댓값

어떤 통계적 실험에서 일어날 결과의 값이 x_1, x_2, ⋯, x_k이고 각각의 결과가 일어날 확률이 P_1, ⋯, P_k라 하면, 기댓값은 다음과 같이 주어진다.

$$\text{기댓값}=x_1P_1+x_2P_2+\cdots x_kP_k=\sum_{i=1}^{k}x_iP_i$$

기댓값을 계산하는 방식에서 보면 기댓값은 나타날 수 있는 결과의 평균이며, 높은 확률을 갖는 결과치가 큰 비중을 차지하게 된다. 기댓값은 또한 다음과 같은 사실에 근거하여 평균값이라 할 수 있다. 즉 실험이 독립적으로 여러 번 반복될 때 결과값의 평균값은 기댓값이 된다. 통계학자들은 이러한 사실들을 '대수의 법칙(law of largenumbers)'이라 부른다. 이러한 법칙 때문에 도박장을 운영하는 사람들의 입장에서는 결코 도박이 아닌 것이다. 많은 고객들이 받는 상금액의 평균값은 기댓값에 매우 가깝게 된다. 따라서 장기적으로 얼마를 벌 수 있는지를 미리 알 수 있다. 대수의 법칙은 확률의 정의와 밀접한 관련이 있다. 많은 독립 시행에서 나타날 수 있는 결과의 상대도수는 그 결과가 나타날 확률에 매우 근접한 값이 되며, 이 상대도수를 이용하여 얻어진

결과값의 평균은 기댓값에 가깝게 되는 것이다. 이런 관점에서 기댓값은 "결과값의 평균값"을 의미하기 때문에 폭넓게 사용되고 있다.

확률과 마찬가지로 기댓값과 대수의 법칙에 대해 탐구하는 것도 가치 있는 일이다. 여기서 대수(large number)란 얼마나 큰 수를 말하는가? 대수의 법칙이란 많은 시행을 하여 얻은 평균값은 기댓값에 근접하게 됨을 뜻하는 것이지, 얼마나 많은 시행을 거쳐야 이와 같은 성질을 얻게 되느냐 하는 문제를 얘기하는 것은 아니다. 그 문제는 랜덤한 현상 그 자체에 달려 있기 때문이다. 극단적으로 변화무쌍한 결과를 갖는 도박에서 결과값의 평균이 기댓값에 근접한다는 사실을 확인하기엔 많은 시행이 필요하다.

도박을 하는 이유는 그 결과가 예측할 수 없다는 사실에 있고, 도박업은 결과가 예측불허가 아니라는 사실에 바탕을 두고 있다. 도박을 운영하는 사람은 대수의 법칙에 의존할 수 있을 만큼 많은 시행을 하는 셈이며, 도박을 하는 사람은 그렇지 못하다는 사실이 중요하다.

6.3 로또의 기댓값

그림 6.4 나눔 로또

한때 전 국민을 들뜨게 한 '로또 6/45'에 대하여 알아보자. 로또는 1부터 45까지의 숫자 가운데서 서로 다른 6개의 숫자를 고르게 한 다음 매주 토요일 밤 당첨 번호를 뽑아 1등부터 5등까지 정하는 복권의 일종이다. 로또는 판매액의 50%를 상금으로 지급한다는 것은 다른 복권과 같지만, 상금액이 판매액에 따라 달라진다는 것과 동일한 번호를 뽑은 사람이 많으면 모두 다 같은 등수가 된다는 점에서는 다르다. 그러면 조금 더 자세히 알아보도록 하자.

표 6.4 당첨금 구조 및 등위결정 방법

등위	등위	당첨 확률	당첨 확률
1등	6개 번호 일치	1/8,145,060	총 당첨금 중 5등 금액을 제외한 후 60%
2등	5개 번호와 보너스 번호 일치	1/1,357,510	총 당첨금 중 5등 금액을 제외한 후 60%
3등	5개 번호 일치	1/35,724	총 당첨금 중 5등 금액을 제외한 후 60%
4등	4개 번호 일치	1/733	총 당첨금 중 5등 금액을 제외한 후 60%
5등	3개 번호 일치	1/45	10,000원

① 총 당첨금은 판매금액의 50% 이내로 한다.

② 1,2,3,4등의 당첨금은 정해져 있지 않고 해당 회차의 총 판매액에 의해 결정되며, 등위별 해당금액을 당첨자수로 균일하게 나누어 지급한다.

③ 1등 당첨자가 없는 경우에는 해당 1등 당첨금은 이월되어 다음 회차 1등 상금에 합산되고, 2~4등 당첨자가 없는 경우에는 직상 위 당첨금에 포함되어 지급한다.

④ 1등 당첨금의 연속 이월은 2회로 제한되며, 연속 이월 3회째에도 1등 당첨자가 없을 경우 당첨금은 직하위 당첨금에 포함하여 지급한다. 다만, 이월횟수는 정부정책에 의거 변경 될 수 있다.

⑤ 5등 당첨자가 과다하게 발생하여 당첨금이 부족할 경우 별도로 정한 지급율에 의거 지급한다.

45개 가운데 6개의 숫자를 뽑아 모두 같으면 1등이 된다. 즉 45개 가운데서 6개를 고르는 경우와 같아 그 확률은 1/8,145,060이 된다. 2등은 5개의 숫자가 일치하고 나머지는 보너스 번호와 일치하는 경우로 확률은 1/1,357,510이 되며, 3등은 5개의 숫자가 일치하는 경우로 1/35,724이며, 4등은 4개의 숫자가 일치하는 경우로 1/733이며 5등은 3개의 숫자가 일치하는 경우이며 1/45이 된다.

이 확률들에 대하여 생각해 보면 일반적으로 벼락 맞을 확률이 1/500,000이니까 1등에 당첨될 확률이 얼마나 낮은가를 알 수 있다. 5등의 경우 확률이 1/45이라는 것은 평균율의 법칙을 적용하더라도 한 주에 적어도 45장의 복권을 사야 한 장 당첨되는 것으로 45장을 구매하는 경우 총 비용은 4만 5천원이 된다. 앞에서 설명한 주택복권의 경우 한 장당 가격이 500원이며 6등에 당첨될 확률이 3/10이기 때문에, 10장 구매하면 3장은 6등에 당첨되어 총 구매액 5,000원에 비해 상금액 1,500원은 비율로 본다면 로또가 낫다고 할 수 있다. 이는 만약 4만 5천 원만큼 주택복권을 산다면 평균적으로 13,500원을 상금으로 받을 수 있기 때문이다. 하지만 1등이 되는 경우 상금액으로만 본다면 주택복권은 1억 원에 확률이 1/3,000,000인데 비하여, 로또는 확률이 약 800만분의 1로 주택복권의 1/2이 채 안 되는 매우 낮은 확률이지만, 상금액은 평균 30~40억 원으로 1억 원에 비하여 엄청나게 크기 때문에 많은 국민이 열광하는 이유가 여기에 있다고 할 수 있다.

인터넷에 가면 로또에 관련된 많은 사이트가 개설되어 있고 또 나름대로의 분석이 되어 있지만, 분명한 것은 로또와 같은 복권은 확률적 측면에서는 게임 참여자에게는 유리한 편이 아니다. 로또에 관련된 몇 가지 흥미로운 사실을 보면 우선 10회 차의 경우 약 1억 3천만 장 이상이 팔렸는데, 이때 1등의 상금이 800억 원 이상이었다. 추첨 결과 13명의 1등이 나와 상금액이 64억여 원이었으나, 실제로 1등 상금액이 제일 큰 경우는 19회차로 그 상금액이 무려 407억 원이었다.

그렇다면 이렇게 국민의 관심이 지대한 로또가 과연 공정한가를 한 번 살펴보자. 다음의 그림은 2020년 11월 28일까지 각 숫자들이 뽑혀진 도수를 나타내고 있다.

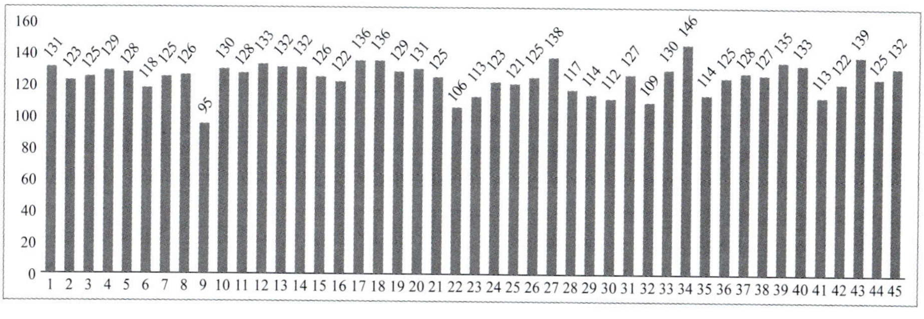

그림 6.5 로또 1–939회 번호별 누적 추출 횟수

앞서 배운 그래프 읽기에서 배운 것을 토대로 이 그래프를 본다면 매번 회자되는 어느 번호가 특별히 더 많이 나온다는 결론을 얻기가 쉽지 않다. 그 이유는 무엇보다 번호 추첨의 과정에 있다고 할 수 있지만 우선 그래프로 보자. 그래프로는 40이 가장 많이 나왔고 45가 가장 적게 나왔지만, 아직 이 차이가 의미가 있기에는 시행횟수가 충분하지 않다는 것을 염두에 두어야 할 것이다. 이것을 흔히 통계적 유의성(statistical significance)이라고 하는데, 보다 정확한 결과를 얻기 위해서는 좀 더 많은 시행이 있어야 한다.

6.4 기타 도박들

복권 이외에 기타 도박으로는 카지노게임이 있다. 그 종류로는 가장 많은 사람이 즐기는 것이 바카라라는 게임과 다이사이라는 게임이 있으며, 그 외 룰렛, 빅 휠, 블랙 잭, 슬럿 머신, 크랩스, 케노, 훌라 등이 있다. 또 포커게임은 비교적 다양한 연령층에서 즐기는 게임이기도 하다. 물론 우리나라의 많은 국민이 애용하는 고스톱도 있으며 섰다 등 화투를 이용한 다양한 게임들이 있다. 한때 점당 얼마가 되어야 도박인가 하는 문제가 법정으로까지 비화되어 당시 점당 300원 미만이면 오락으로 인정된다고 하였는데, 아무튼 화투로도 이른바 판돈이 수억대가 걸려 있으니 어떤 방법이든 도박은 가능하다고 말할 수 있겠다.

그림 6.6 스포츠 토토

경마의 경우 한국마사회의 수입이 4조 원이 넘는다고 하니 가히 도박의 규모를 짐작할만하다. 특히 경마나 경륜 또는 경정의 경우 모두 말이나 자전거 혹은 모터보트를 이용하지만, 기수들이나 선수들이 운전하기 때문에 승부에 대한 조작시비가 끊이지 않고 있다. 어쨌든 이들 게임의 경우 환급율 자체로는 복권보다는 높지만, 베팅 금액이 지나치게 클 수가 있어 파탄을 불러올 수 있으므로 조심해야 한다.

그림 6.7 마작

이 외 스포츠 토토[1] 같이 운동경기의 결과를 맞히는 데 따라서 상금을 지급하는 게임도 있어서 어떤 면에서는 운동경기에 대한 관전도 즐기면서 과학적인 분석을 통해 나름대로 오락으로서의 도박도 즐길 수 있기도 하다. 스포츠 토토의 경우 프로농구나 프로야구 그리고 프로축구에 대해 시행하고 있는데, 운동 경기는 통계를 가장 잘 활용할 수 있는 분야이며 특히 "야구는 통계다"라는 말까지 있다. 이는 이미 미국의 프로야구에서 많은 예시를 찾아볼 수 있으며, 감독 가운데서도 선수들의 자료통계에 의존하는 감독들이 많이 있다. 또한 축구의 경우 차범근 감독이나 월드컵 4강의 신화를 만든 히딩크 감독의 경우도 철저히 통계에 의존하였다.

1) 스포츠 토토 https://www.sportstoto.co.kr/

중국인들이 즐기는 마작이라는 도박이 있다. 마작은 그 중독성이 심각하여 심지어 아내까지 걸고라도 마작을 한다는 말이 있을 정도이다. 하지만 일반적으로는 단순 오락으로도 많은 중국인은 카드 게임이나 마작을 즐기는 편이다.

[사회, 기획/연재] 2001.06.20. (수) 15:28
주노종 〈국민체육진흥공단 체육과학연구원 박사〉

럭비즈니스(사행산업)는 세계적으로 다양한 종류가 시행되고 있으며, 앞으로도 많은 분야가 개발되고 시행될 것으로 예상된다. 현재 대표적인 사행산업은 복권(lottery), 경마, 경륜, 카지노, 마작, 모터사이클 레이스, 경정, 자동차 경주, 투견(鬪犬), 투우(鬪牛), 경견(競犬) 등을 들 수 있다. 용어는 서구에서는 럭비즈니스(luckbusiness) 또는 갬블링 산업(gambling industry) 등으로, 일본에서는 공영경기로 불리고 있다.

우리나라에서는 대표적인 사행산업으로서, 경마사업과 카지노, 경륜사업 등이 있으며 내년에는 경정사업과 체육복표 등도 시행될 예정이다. 사행사업은 생산행위와 소비행위에서의 위험부담선호 측면이 강한 산업부문으로서, 투기성산업으로 분류될 수도 있다. 특히 국내에서 사행산업에 대한 소비와 투자행위에 투기측면이 부각돼 "사회 악(vice of society)"으로 각인돼 왔다. 하지만 사행산업은 그"소비행위"에 따른 부담을 타인에게 전가시키지 않는다는 점에서 분배상에 왜곡이 발생하지 않는 산업이다. 또 일정한 금액을 베팅한 사람들이 나눠 갖는 "총량 분배식 게임(totalizator game)"의 일종으로 제3자에게는 소비에 따른 해악을 미치지 않는다는 긍정적인 측면을 가지고 있다.

하지만 이렇듯 나눠 먹기식 게임이라는 점은 현재 우리나라 사행사업에서는 문제점으로 작용한다. 처음부터 한정된 환급금을 가지고 여러 명이 소비하는데서 오는 경쟁이 외국보다 크게 작용한다. 경제 규모에 비해 낮은 환급률도 경쟁을 격화시키는 구조적인 문제가 된다. 따라서 소비자들은 오기나 배짱, 일시적인 승부욕 등에서 오는 투기적 베팅이 아닌, 철저히 자기예산 몫에 대한 확률적 계산하에서 베팅하는 문화가 정착된다면 사회적 · 개인적 문제점은 상당부분 줄어들 것이다.

일본에서도 최초의 사행사업 시행 단계에서는 투기성 등 많은 문제점이 있었으나, 시행주체와 이용주체, 정부 등 이해관계자들이 합심하고 노력한 결과 공영경기로서 자리를 확고히 잡았고, 건전 레포츠로 국민적인 영역을 차지했다. 여기서 발생한 각종 기금이 관련 산업의 발전에 지대한 공헌을 했던 것도 사실이다.

앞으로 우리나라도 소득 1만 달러, 고령화시대로 진입하고 주 5일 근무제가 정착된다면 레포츠 수요는 폭발적으로 증대될 것으로 보인다. 이에 따라 앞으로 사행산업을 건전한 소비재로 정착하고, 가족, 친지와 직장동료들과 어울릴 수 있는 관람 스포츠로서 인식시켜야 한다.

시행단체에서도 참여 스포츠로 발전시키기 위해 부대시설과 편의시설을 보완하고, 그 조성기금은 관련 산업의 발전에 충당해 경제적 시너지 효과를 극대화시켜야 할 것이다. 또 적절한 마케팅 전략을 통해 수익사업 이미지보다는 공익사업 이미지를 높이고, 공영적 레포츠사업 운영시스템의 경영전략과 영업 전략을 재수립하는 작업도 필요하다.

그림 6.8 마작을 즐기는 중국인

이상 많은 종류의 도박에 대해 간단히 알아보았다. 정선 카지노의 경우 도박으로 인한 폐인들이 많이 있으며, 제주는 경마장이 개설된 뒤 많은 가정이 경제적으로 파산하였다는 이야기가 떠도는 것을 보면 도박의 폐해를 새삼 되돌아보게 된다. 이러한 폐해에 대하여 다음의 기사를 읽어보고 복권 등에 대한 이른바 '럭비지니스(Luck Business)'라 일컫는 확률적 게임에 임하는 자세를 한 번 생각해 보아야 할 것이다.

마지막으로 로또에 대해서 마치 최적의 전략이 존재하는 것처럼 '누구라도 오랫동안 로또 당첨 숫자들의 움직임을 분석 · 연구하면 당첨 숫자들에 특정 패턴이 있다는 것을 알 수 있다' 혹은 '통계적 치우침'에 따라 숫자들을 선택할 때 유리하게 사용될 수 있다"고 주장하는 사람들이나 책들이 많이 소개되고 있다. 심지어는 점까지 보면서 로또를 하는 사람들까지 있는데, 분명한 것은 번호 추첨 과정이 공정하게 최적의 전략은 없으며, 잠시 어떤 이상한 현상들이 보이지만 이 또한 랜덤한 현상의 하나일 뿐이다. 만약 한다면 복권뿐만 아니라 카지노나 경마 혹은 경정 등 어떤 종류의 도박도 즐거움이나 오락의 하나 정도로 가볍게 하는 것이 현명하다고 하겠다. 참고로 '다음 카페'에서 로또 사이트를 운영하던 한 운영자는 3년에 걸친 운영 결과 최적의 전략은 존재하지 않으며, 단지 랜덤한 현상일 뿐이라는 말을 새겨봐야 할 것이다.

되돌아보기

이 장에서는 확률현상 중에서 가장 관심이 많은 복권과 도박 그리고 기댓값에 대해서 알아보았다. 도박이 갖는 매력은 바로 불확실성과 아울러 기대감이라 할 수 있다. 특히 복권의 경우 한 장당 구매가격에 비하여 1등에 대한 상금이 가히 엄청나므로 수많은 사람이 복권을 구매하고 있다.

하지만 구매자 대부분의 마음속에는 반드시 당첨되겠다는 마음보다 그냥 즐기는 부분이 많이 있다고들 한다. 하지만 실제 당첨이 될 가능성은 거의 없음을 알고 있지만, 행여 벼락 맞을 가능성보다 낮음에도 한 번 되기만 한다면 이라는 심리가 숨어 있어 확률적 이성이 제대로 작용하지 않음을 보여주고 있다.

카지노의 환급율, 즉 상금의 기댓값이 총액대비 90%가 넘지만, 회전이 워낙 빨라 종국에는 돈을 잃게 된다는 것을 뻔히 알면서도 수많은 사람이 가산을 탕진하곤 한다. 카지노에서의 도박은 결코 이길 수 없는 게임이며, 패가망신은 도박을 단순히 오락으로만 즐기지 못하는 어리석음의 결과라 하겠다.

복권은 환급율이 50% 밖에 되지 않으나 기간이 한 주일이기 때문에 카지노만큼 많은 돈을 잃는 경우는 거의 없지만, 로또 초기에는 수백 혹은 수천만 원을 잃은 사람들이 속출하기도 했다. 따라서 일상생활에서의 확률적 현상을 온전히 이해하고 이에 대하여 보다 현명한 판단을 할 필요가 있다.

용어정리

- **기댓값**

$$기댓값 = x_1P_1 + x_2P_2 + \cdots x_kP_k = \sum_{i=1}^{k} x_iP_i$$

- **대수의 법칙** 표본평균은 표본의 수가 커질 때 그것의 기댓값으로 가까워진다는 법칙이다.

배운 것 익히기

1 각진 면이 나올 확률이 일 때 도, 개, 걸, 윷, 모가 일어날 확률을 각각 계산하라.

2 카드놀이에서 블랙잭의 경우 방법과 확률을 구하라.

3 마작이나 포커게임에 대해서는 확률을 많이 구하였지만, 아직 고스톱에 대해서는 확률을 구한 것이 없다. 가장 기본적인 규칙에서 각각의 확률을 구하라.

4 로또의 번호 추첨 과정을 보고 공정성에 대해 논하라.

5 로또에 참가하는 사람을 크게 3가지 유형으로 나누면 용지에 나타나는 도형을 중심으로 도전하는 사람, 과거 나타난 숫자를 열심히 분석하여 도전하는 사람, 그리고 죽어도 어떤 숫자 조합만을 고집하는 사람이 있다. 이 세 유형의 사람들이 1등에서 5등까지 당첨될 확률을 비교하고 근거를 들어라.

6 월드컵복권이 다음과 같다. 1장당 기댓값은 얼마인가? 총 발행매수는 10,000장이다. 이 복권이 1장당 가격이 얼마면 사볼 만한 것인가? 이유는?

등수	매수	상금액
1	1	10,000,000원
2	5	1,000,000원
3	50	100,000원
4	100	1,000원
5	1,000	500원

7

통계로 추측하기

우리는 관심의 대상인 모집단에서 표본을 추출하여 모수에 대한 정보를 얻을 수 있다. 따라서 본 장에서는 표본에서 나온 통계를 이용하여 모수를 추측하고자 한다. 추측을 통계적 추론이라 하는데, 이는 추정과 가설검정으로 나눈다. 추정은 표본을 기초로 모수값을 추측하는 과정이고, 가설검정은 표본을 기초로 모수에 대한 주장(혹은 가설)이 타당한지를 검정하는 것이다.

7.1 정규곡선과 오차이야기

1720년에 프랑스의 수학자 드모아브르(de Moivre, A.)는 우연성에 대하여 연구하다가 정규곡선을 발견하였다. 그 이후 1870년경에 벨기에의 수학자 퀴틀릿(Quetelet, A.)은 정규곡선을 이상적인 자료의 분포로 생각하게 되었다. 정규곡선의 수학식은 복잡하지만, 그 모양은 그림 7.1에서와 같이 간단한 종모양(bell-shaped)이다.

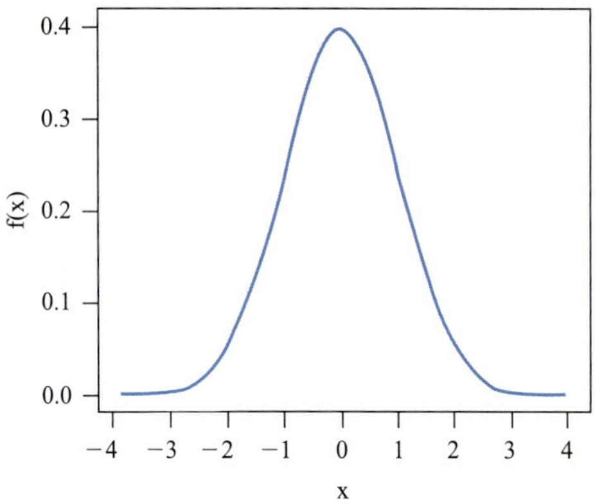

그림 7.1 정규곡선의 모양

정규곡선의 성질은 중심을 기준으로 좌우 대칭이며 곡선 아래 면적은 1이다. 따라서 중심을 기준으로 좌우 면적이 각각 1/2이 된다. 중심이 0이고 분산이 1인 정규분포를 표준정규분포라고 하는데, 표준정규분포의 곡선에서 특정값까지의 면적[1)]을 표준정규분포표로 만들어 사용하고 있으며, z_α는 정규곡선의 오른쪽 꼬리부분의 면적이 α가 되는 점을 나타낸다. 흔히 사용되는 z_α값으로는 $z_{0.025} = 1.96$과 $z_{0.05} = 1.645$이다.

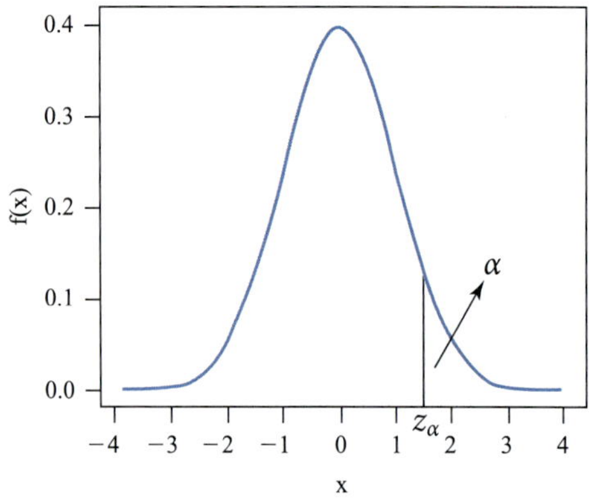

그림 7.2 정규곡선에서의 z_α

1) 혹은 누적확률.

실제로 자료들을 표준화하여 히스토그램을 그리면 아래의 정규곡선과 비슷하게 되는 경우가 많다. 자료를 표준화(standardization)한 단위를 표준단위(standard unit)라 한다. 따라서 평균이 $\bar{x}$이고, 표준편차가 σ인 자료에서 x의 표준단위는 $(x-\bar{x})/\sigma$로 주어진다. 그러면 표준화된 자료는 항상 평균이 0, 표준편차가 1을 갖게 된다. 예를 들어, 어느 년도에 입학한 4,806명 학생의 수능 총점 평균과 표준편차를 계산하여 각각 317.4점, 25.90점을 얻었다고 했을 때 아래의 질문에 생각해볼 수 있다.

(1) 가장 높은 점수를 얻은 학생의 수능총점이 376.5점이였다면 이 점수의 표준단위는 얼마인가?

$$\frac{376.5-317.4}{25.9} \simeq 2.28$$

(2) 어느 학과의 커트라인이 305.1점이였다면 이 점수는 표준단위로 얼마인가?

$$\frac{305.1-317.4}{25.9} \simeq -0.47$$

(3) 표준단위가 2.0 이상인 학생에게 장학금을 수여한다면 장학금을 받을 최저점수는 얼마인가?

$$\frac{x-317.4}{25.9} \geq 2.0 \Rightarrow x = 317.4 + 2.0 \times 25.9 \geq 369.2$$

(4) 수능점수를 평균이 50점, 표준편차가 10점으로 표준화한다면 333점의 표준점수는 얼마인가?

$$10 \times \frac{333-317.4}{25.9} + 50 \simeq 56.02$$

수능점수의 히스토그램을 그리고 평균이 317.4점, 표준편차가 25.9점인 정규곡선을 그리면 그림 7.3과 같다. 그림 7.3에서 수능총점의 분포는 정규곡선과 비슷하나 평균 주변에 많이 몰려 있고, 왼쪽으로 꼬리가 긴 모양인 것을 알 수 있다.

이제 오차이야기로 넘어가자. 주변에서 길이나 무게 같은 것을 여러 번 측정할 때 같은 값이 나와야 하지만, 실제로는 측정하는 사람이나 기구에 따라 매번 다르게 측정된다. 이는 우연히 일어난 오차에 기인한 것으로 16세기 덴마크의 천문학자 브라헤(Brache, T.)가 처음 연구하였다. 예를 들면, 돼지는 무게로 판매가격이 정해지는데 매번 측정할 때마다 다르게 나온다. 이는 측정오차(measurement error) 때문이며, 이를 고려하여 무게를 여러 번 측정하여 그의 평균을 실제 무게로 사용할 수 있다.

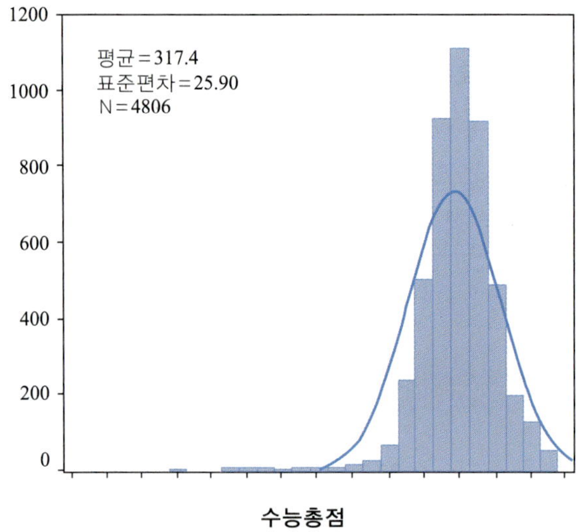

그림 7.3 수능 총점의 히스토그램과 정규곡선

T를 참값이라 하고, n번 관찰한다고 하자. 그리고 X_i와 $e_i(i=1, 2, \cdots, n)$를 각각 i번째 관찰값과 측정오차라 하면,

$$X_i = T + e_i,\ i=1,\ 2,\ \cdots,\ n$$

가 된다. 여기서 오차 e_i는 참값 T를 중심으로 측정할 때마다 우연히 일어나는 값이다. 따라서 오차의 평균 $\bar{e}$를 0이라 가정하여도 무방하다. 만약 참값 대신 관찰값의 평균을 사용한다면 위의 식에서

$$\bar{X} = T + \bar{e}$$

가 된다. 여기서 오차의 평균 $\bar{e}$는 0이므로 여러 번 관찰하여 평균값 $\bar{x}$를 사용하면 관찰 시 일어나는 측정오차를 제거하고 참값을 구할 수 있다.

여기서 우연히 일어나는 오차는 어디에서 오는 것이며, 얼마나 큰 값을 가지고, 위의 예시처럼 평균을 사용하면 항상 측정오차가 제거되는가? 첫 번째 질문의 측정오차는 우연히 일어나기 때문에 흔히 우연오차(chance error)라 한다. 이제 두 번째 질문의 답에 대해 조금 더 알아보기로 하자.

측정오차

가게에서 무게를 측정하기 위한 저울은 주기적으로 구(시)청에서 점검하여 조정된다. 또한 이것은 우리나라의 표준무게에 의해 점검되어 조정되며, 국제적으로는 1875년에 협정된 미터법(the Treaty of the meter)에 의하여 1 kg의 무게는 표준조건에서 'The

Kilogram'의 무게로 정의된다. 미국의 표준국(NIST; National Institute of Standards and Technology)에서는 1940년경 10그램의 무게로 'NB−10'을 소유하여 매주 1번씩 무게를 측정하고 있다. 다음의 표 7−1은 1962~1963년 동안 Almer와 Jones가 표준국에서 측정한 100번의 'NB−10'의 무게이다. 이것은 항상 같은 조건[2]에서 측정되었다. 예를 들어, 첫 번째 값은 409 μg인데, 이는 측정값이 9.999591 g이란 의미로 오차가 −0.000409 g = −409 μg이다. 100번 측정된 자료를 보면 가장 작은 값은 94번째 측정된 자료로 375 mg이며, 가장 큰 값은 86번째 측정값인 437 μg이다. 표를 보면 측정값 대부분이 400 μg 주위에 몰려 있음을 알 수 있다. 참고로 1 μg은 큰 먼지 한 알갱이의 무게이며, 400 μg은 소금 1~2톨의 무게이므로 매우 정확하게 측정되었음을 알 수 있다. 그러나 100번이나 정확하게 측정하려고 노력했지만, 'NB−10'의 정확한 무게는 알 수 없으며 대체적으로 10 g보다 400 μg 정도 작게 측정되었다($\bar{x} = 405\ \mu$g).

그러면 측정할 때 우연히 일어나는 오차는 얼마나 큰 값을 가질까? 이 질문에 대한 답은 반복 측정하여 얻은 자료의 표준편차를 구하면 된다. 위의 표에서 표준편차는 6.38 μg이며, 위의 식으로부터 반복된 측정값 X_1, X_2, ⋯, X_{100}의 표준편차는 참값이 고정된 상수이므로, 측정오차 e_1, e_2, ⋯, e_{100}의 표준편차와 동일하다는 사실을 알 수 있다. 따

표 7.1 NB−10의 100번 측정 (10 g보다 가벼운 양으로 단위는 10^{-6} g이다)

횟수	결과	횟수	결과	횟수	결과	횟수	결과	횟수	결과	횟수	결과	횟수	결과
1	409	2	400	3	406	4	399	5	402	6	406	7	401
8	403	9	401	10	403	11	398	12	403	13	407	14	402
15	401	16	399	17	400	18	401	19	405	20	402	21	408
22	399	23	399	24	402	25	399	26	397	27	407	28	401
29	399	30	401	31	403	32	400	33	410	34	401	35	407
36	423	37	406	38	406	39	402	40	405	41	405	42	409
43	399	44	402	45	407	46	406	47	413	48	409	49	404
50	402	51	404	52	406	53	407	54	405	55	411	56	410
57	410	58	410	59	401	60	402	61	404	62	405	63	392
64	407	65	406	66	404	67	403	68	408	69	404	70	407
71	412	72	406	73	409	74	400	75	408	76	404	77	401
78	404	79	408	80	406	81	408	82	406	83	401	84	412
85	393	86	437	87	418	88	404	89	404	90	401	91	401
92	407	93	412	94	375	95	409	96	406	97	398	98	406
99	403	100	404										

2) 방, 장치, 기압, 온도 등

라서 'NB−10'의 측정값은 측정오차가 대략 6 μg 전후인 것을 알 수 있다. 측정오차가 2 혹은 3 혹은 10 μg인 경우는 일어날 수 있지만 50 μg 혹은 100 μg 정도의 오차는 아주 드물게 일어날 것이라는 사실을 알 수 있다.

첫 번째 측정값은 409 μg으로 4 μg 정도의 측정오차가 일어났으며, 두 번째 측정값은 400 μg으로 −5 μg 정도의 측정오차가 있다. 측정오차들을 보면 측정오차의 크기가 대략 6 정도가 된다는 것을 알 수 있다. 물론 여기서 주의해야 할 점은 참값은 10 g이지만 우리는 정확한 참값을 알지 못하며, 오직 100번 측정한 결과로부터 참값이 9.999595 g 정도이고 이때 일어나는 측정오차의 크기는 대략 6 정도라고 추측할 수 있다는 것이다.

이상값

위의 'NB−10'을 100번 측정한 무게 자료는 얼마나 정규곡선에 잘 들어맞을까? 사실 위의 그림 7.4를 보면 그다지 잘 맞지 않음을 알 수 있다. 36번째 측정값은 평균으로부터 표준편차의 3배 이상 떨어져 있으며(표준단위를 계산하면 4.37) 86번째, 94번째 측정값은 각각 표준단위가 7.64, −6.85로 표준편차의 5배 이상 떨어져 있다. 이와 같이 매우 극단적인 측정값을 이상값(outlier)이라 한다. 왜냐하면 정규곡선에서 표준단위가 −3 이하 혹은 +3 이상 될 가능성은 매우 낮기 때문이다. 위의 결과에서는 이 세 측정값이 표준편차를 크게 하는 데 영향을 많이 주었다. 따라서 평균에서 편차가 1 표준편차 안에 있는 측정값은 86% 정도 되어 경험법칙의 68%보다 꽤 크게 나타났다.

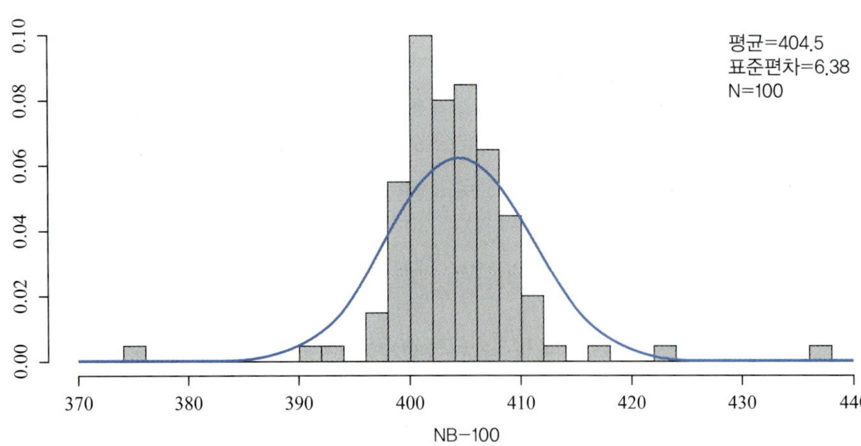

그림 7.4 NB−100을 100번 측정한 히스토그램

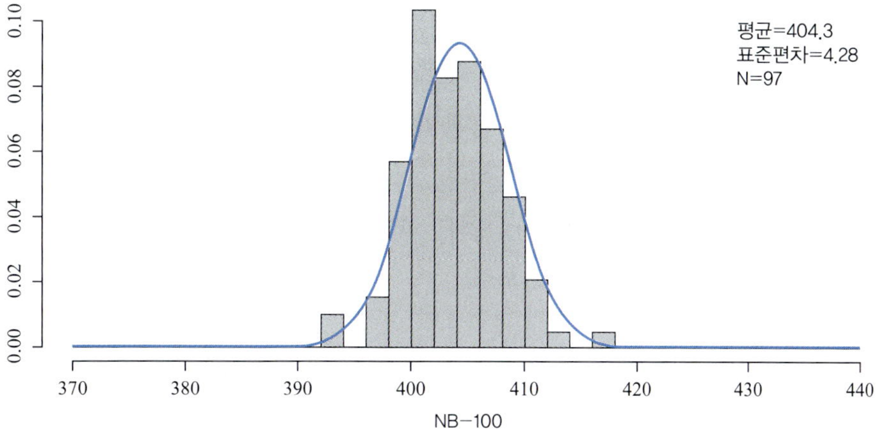

그림 7.5 NB−100을 97번 측정한 히스토그램

만일 세 측정값을 제거하고 97개의 자료를 가지고 히스토그램을 그려보면 그림 7.5와 같으며, 정규곡선에 어느 정도 맞는 것으로 보인다. 아래 그림 7.5에서 97개 자료의 평균은 404 μg이고 표준편차는 4 μg으로, 평균은 큰 변화가 없는 데 반하여 표준편차는 30% 정도 작아졌다. 또한 이상값을 제외한 97개의 자료는 정규곡선에 잘 적합된 것으로 보인다. 따라서 우리는 자료를 분석할 때 자료가 정규곡선에 잘 맞지 않을 수 있다는 사실을 고려하여 분석을 해야 하며, 이상값이 있는 경우에는 제거해도 무방한지 아니면 특별히 돌출된 값으로 사용해야 할지를 판단해야 한다.

2011년 국제도량형총회가 질량의 기본 단위인 '킬로그램(kg)'의 정의를 바꾸기로 하였다. 그동안에는 백금 90%와 이리듐 10%를 섞어 만든 지름과 높이가 각각 39 mm의 원기둥(원기;原器)의 질량을 1 kg으로 정의하였다. 그러나 이 원기가 오랜 세월이 흐르면서 마모되어 변경하게 되었다. 새 정의는 2018년 26회 국제도량형총회의 결정을 거쳐 2019년부터 자연법칙으로부터 도출되는 불변의 상수인 플랑크 상수를 기반으로 kg 정의를 새롭게 채택하였다.

이제 세 번째 질문에 대하여 생각해 보자. 사실 위의 10 g의 무게를 측정하는 예를보면 100번 측정값의 평균이 참값과 다름을 알 수 있다. 따라서 이 경우는 평균을 사용하더라도 측정오차가 제거되지 않는다.

편의

체계적(systematic)으로 일어나는 오차를 편의(bias)라 하며, 편의가 있는 경우 측정값은 다음 식으로 표현된다.

$$X_i = T + bias + e_i,\ i = 1,\ 2,\ \cdots,\ n.$$

위의 예에서 측정값의 평균이 405 μg이므로 편의가 −405 μg이라 가정한다면, 우리는 참값의 추정값으로 '측정값의 평균−편의'를 택할 수 있다. 반복 측정함으로써 측정오차를 제거하고 참값을 추정할 수 있는 것이다. 그러면 실제 문제에 있어서 편의를 어떻게 구하는가 하는 문제를 생각해야 한다. 편의는 대부분 표본정보로 추측하거나 과거의 경험으로부터 알게 된다. 아래 예제를 보자.

표 7.2 예제: 학생 9명의 통계학성적

학생	학과	성적
1	A	80
2	A	70
3	A	75
4	B	95
5	B	74
6	B	83
7	C	77
8	C	85
9	C	81
평균		80

학생 9명의 학과와 통계학 과목 성적이 다음과 같다고 하자. 위의 자료로부터 통계학의 평균 성적은 80점으로 9명 학생의 통계학 실력은 80점 정도인 것을 알 수 있다. 그러나 개인별 성적은 80점 전후로, 예를 들어 3번째 학생인 경우, 측정오차가 −5가 되고 9번째 학생의 경우 측정오차가 +1이 된다. 뒤에 측정오차를 편의와 순수 측정오차로 분리할 수 있음을 알 수 있다. 세부적으로, A, B, C 학과별로 평균을 구하면 각각 75점, 84점, 81점이 된다. 즉 A학과 학생들의 점수는 평균적으로 전체보다 5점 낮고, B학과의 학생들은 전체보다 4점 높으며, C학과의 학생들은 평균적으로 1점 높다는 것을 알 수 있다. 다시 말하면, 어떤 학생이 B학과 혹은 C학과가 아니라 A학과이기 때문에 전체보다 −5점 차이가 나는데, 이것을 전체에 대한 A학과의 편의라고 한다. 따라서 편의를 고려하여 순수 측정오차를 계산하여 보면 표 7.3과 같다.

표 7.3 예제: 학생 9명의 통계학 성적의 오차

학생	학과	성적	측정오차	편의	측정오차(순수)
1	A	80	0	−5	5
2	A	70	−10	−5	−5
3	A	75	−5	−5	0
4	B	95	15	4	11
5	B	74	−6	4	−10
6	B	83	3	4	−1
7	C	77	−3	1	−4
8	C	85	5	1	4
9	C	81	1	1	0
평균		80			0
표준편차		7.33	7.33		6.16

앞의 표에서 세 번째 열의 측정오차는 편의를 고려하지 않은 측정오차 모형을 나타내고, 측정오차(순수)는 편의를 고려한 측정오차 모형를 나타낸다. 편의를 고려한 모형을 보면, 측정오차의 표준편차가 줄어드는 것을 알 수 있다. 그러므로 여러 번 측정하여 평균값을 사용한다고 측정오차를 제거할 수 있는 것은 아니다. 왜냐하면, 편의가 있는 경우 측정값의 평균은 '참값 + 편의'가 되기 때문이다. 이 경우 과거 경험으로부터 A학과 학생들이 전체학생에 비하여 평균적으로 5점 정도 뒤지며, B학과는 4점 정도 앞서고, C학과는 1점 정도 앞서는 것을 안다면 이를 편의로 생각한 측정오차 모형(M2)을 고려하면 측정오차를 줄일 수 있다.

7.2 통계적 추정

모집단을 이해하기 위해서는 먼저 모집단의 중요한 특성인 중심위치와 퍼짐의 정도를 파악해야 한다. 이때 흔히 모집단의 중심위치는 모집단 평균으로 나타내고, 모집단 퍼짐의 정도는 모집단 표준편차 σ 혹은 모집단 분산 σ^2으로 나타낸다. 한편, 특정 후보의 지지율이나 제품의 불량률 등이 주요 관심사일 때는 이를 모집단 비율 p로 나타낸다. 이들 모평균(population mean) μ, 모분산(population variance) σ^2, 모표준편차(population standard deviation) σ, 모비율 (population proportion) p는 흔히 사용되는 모집단의 특성을 나타내는 모수(parameter)이다. 모집단의 특성값인 모수는 그 값을 모르기 때문에 우리는 모집단에서 표본을 추출하고, 이를 이용하여 모수를 추측하고자 한다. 이렇게 표본으로부터 모집단에 관한 정보를 유추해가는 일련의 과정을 통계적 추론이라 한다. 통계적 추론은 모수에 대한 추정과 이에 대한 가설검정으로 나누어 생각할 수 있다.

평균과 표준편차의 추정

모평균이 μ이고, 모표준편차가 σ인 모집단에서 랜덤하게 n개의 표본을 추출하여 얻은 자료를 x_1, x_2, $\cdots$, x_n이라 하자. 이를 사용하여 표본평균(sample mean), 표본분산(sample variance), 표본표준편차(sample standard deviation)는 각각 다음과 같이 정의된다.

$$\text{표본평균: } \bar{x} = \frac{x_1 + x_2 + \cdots + x_n}{n}$$

$$\text{표본분산: } s^2 = \frac{\sum_{i=1}^{n}(x_i - \bar{x})^2}{n-1} = \frac{\sum_{i=1}^{n}x_i^2 - n(\bar{x})^2}{n-1}$$

$$\text{표본표준편차: } s = \sqrt{s} = \sqrt{\frac{\sum_{i=1}^{n}(x_i - \bar{x})^2}{n-1}}$$

$\bar{x}$와 σ^2, σ 등은 표본의 특성을 나타내는 값으로서 표본이 주어지면 숫자로 계산될 수 있다. 이를 통계량(statistic)이라 한다. 다시 말하면, 모수는 고정된 값인 반면 통계량은 표본이 주어지면 값으로 계산되는 값이다. 그러므로 표본추출에서 표본이 달라지면 통계량은 다른 값을 갖게 된다. 즉 통계량은 표본에 의존하는 값이므로 분포를 가진다.

통계량들 가운데 특히 모수를 추정하는데 사용하는 통계량을 추정량(estimator)이라 하고, 추정량에 자료를 대입하여 얻은 값을 추정값(estimate)이라 한다. 예를 들면, 모평균 μ의 추정량은 표본평균 $\bar{x}$이고, 모표준편차 σ의 추정량은 표본표준편차 s이다. 임의로 뽑은 학생 5명의 '생활속의 통계' 중간시험 성적이 다음과 같다.

83, 66, 92, 86, 73

이들의 표본평균과 표본표준편차를 구해 보자. 표본평균은

$$\bar{x} = \frac{83 + 66 + 92 + 86 + 73}{5} = 80.0$$

이고, 표본표준편차는

$$\sum_{i=1}^{5}(x_i - \bar{x})^2 = (83-80)^{2+}(66-80)^{2+}(92-80)^{2+}(86-80)^{2+}(73-80)^2 = 434$$

혹은

$$\sum_{i=1}^{5} x_i^2 = 32434 \text{에서} \sum_{i=1}^{5} (x_i - \bar{x})^2 = \sum_{i=1}^{5} x_i^2 + 5(\bar{x})^2 = 434$$

이므로

$$s = \sqrt{\frac{434}{4}} = 10.4$$

이다. 따라서 5개의 표본으로부터 모평균과 모표준편차를 추정하면 추정값이 각각 80과 10.4가 된다.

모비율의 p 추정

어느 후보의 지지율을 조사하기 위하여 유권자들 가운데 N명을 랜덤으로 뽑아 조사한 결과, n명이 이 후보를 지지하는 것으로 나타났다면, 이 후보의 지지율은

$$\hat{p} = \frac{n}{N}$$

로 추정된다. 이때 $\hat{p}$를 표본비율(sample proportion)이라 한다. 표 7.4 예제는 현 정부에 대한 지지율을 조사하기 위해 전국에서 임의로 뽑힌 1,500명에게 "당신은 현 정부가 정치를 얼마나 잘하고 있다고 생각하십니까?"라는 질문을 하여 얻은 결과이다. 각 항목에 대한 비율의 추정값을 퍼센트로 나타내 보자.

표 7.4 예제: 현 정부에 대한 지지율(도수)

잘하고 있다	보통이다	잘못하고 있다	무응답	계
516	450	402	132	1500

각 항목의 도수를 1,500으로 나누어 표본비율(%)을 구하면 다음과 같다.

표 7.5 예제: 현 정부에 대한 지지율(비율)

잘하고 있다	보통이다	잘못하고 있다	무응답	계
34.4	30.0	26.8	8.8	100

위의 결과로부터 현 정부에 대한 지지율을 정확하게는 알 수 없지만, 1,500명의 표본조사로부터 지지율 p의 추정값은 34.4%가 됨을 알 수 있다.

추정의 편의와 추정오차

일반적으로 통계적 추정은 추정값만 제시한다고 끝나는 것은 아니다. 왜냐하면 추정은 과학적이고 객관적인 과정이기 때문에 추정이 얼마나 정확한지에 대한 정보를 제공하여야 한다. 이론적으로 표본크기 n이 증가하면 정보가 많아지므로 추정량의 오차는 작아지며 그 크기는 대체적으로 $\frac{1}{\sqrt{n}}$에 비례하여 작아진다. 따라서 표본의 크기가 커지면 평균적으로 더 좋은 추정값을 얻는다. 그러나 여기서 주의할 사항은 오차의 크기가 줄어든다는 의미는 오차의 표준편차가 작아진다는 뜻이지 실제 오차가 작아진다는 것은 아니라는 점이다. 즉 오차가 작아질 가능성이 커질 뿐이다.

추정값이 편의가 있는 경우 편의추정량(biased estimator)이라 하고, 편의가 없는 경우를 불편추정량(unbiased estimator)이라 한다. 앞에서 살펴본 표본평균 $\bar{x}$, 표본분산 s^2 그리고 표본비율 $\hat{p}$은 모두 불편추정량이다. 불편성의 개념은 통계조사에서 매우 중요하다. 아무리 표본크기가 크더라도 편의가 있는 추정량을 사용할 경우에는 결과의 신뢰성을 보장할 수 없기 때문이다. 아래 예를 살펴보자.

어느 회사에서 생산되는 전기제품의 평균수명을 추정하기 위하여 9개의 제품의 수명을 조사하여 다음과 같은 자료를 얻었다.

850, 900, 950, 960, 1000, 1040, 1070, 1100, 1180 (시간)

위의 자료로부터 $\bar{x} = 1000$(시간), $s = 99$(시간)을 계산할 수 있으며, 따라서 이 회사에서 생산되는 전기제품의 평균수명($\bar{x}$)은 1,000시간 정도이며, 측정값 x_i의 표준편차는 99시간이다. 이 경우 표본평균 $\bar{x}$는 모평균 μ의 불편추정량이기 때문에 편의가 없는 측정오차모형을 생각하면 이론적으로 표본평균 $\bar{x}$의 표준편차가 $\frac{s}{\sqrt{n}} = \frac{99}{\sqrt{9}} = 33$(시간)이 됨을 알 수 있다. 따라서 모평균 μ의 추정값으로 표본평균 $\bar{x}$를 사용하였을 때 일어나는 오차는 ± 33시간 전후임을 알 수 있다.

한편, 모수를 추정하기 위한 통계량은 여러 개가 있을 수 있다. 예를 들면, 모집단 평균을 추정하기 위해 표본평균과 중앙값 중 무엇을 사용하는 것이 좋을지 고민해볼 수 있다. 좋은 추정량을 선택하기 위해서는 특정한 기준이 필요한데, 흔히 사용되는 기준은 다음과 같다.

1) 불편성(unbiasedness): 편의가 없는가?
2) 효율성(efficiency): 추정량의 표준편차인 표준오차가 작은가?
3) 일치성(consistency): 표본이 커질 때 추정량의 값이 모수에 접근하는가?

앞에서 살펴본 표본평균 $\bar{x}$, 표본분산 s^2 그리고 표본비율 $\hat{p}$는 모두 위의 성질을 만족하는 '좋은' 추정량임을 이론적으로 증명할 수 있다.

구간추정

추정은 점추정(point estimation)과 구간추정(interval estimation)으로 구분되는데, 모집단으로부터 추출된 표본을 이용하여 하나의 값으로 모수를 추정하는 것을 점추정이라 하고, 모수가 속하는 구간을 제시하는 추정을 구간추정이라 한다. 예를 들면, 앞에서 살펴본 표본평균 $\bar{x}$는 모평균 μ의 점추정량이고, 표본비율 $\hat{p}$은 모비율 p의 점추정량이다.

흔히 사람들은 한 값으로 모수를 추정하는 것이 위험하다고 생각하여, 모수가 포함될 만한 숫자들의 범위를 명시해 주는 구간추정을 편리하게 생각하는 경향이 있다. 그러나 모수가 속할 것으로 기대되는 구간을 제시하는 경우 그 구간이 얼마나 신뢰성이 있는지를 제시할 때 추정으로서의 의미가 있다. 따라서 신뢰도를 고려한 구간추정을 해야 하는데, 이를 신뢰구간(confidence interval)이라 한다. 그리고 주어진 구간에 부여하는 신뢰도의 값을 신뢰수준(confidence level)이라 하는데, 보통 99%, 95%, 90% 등이 신뢰수준으로 많이 사용된다.

표본의 크기가 크거나[3)] 자료의 분포가 정규분포를 따르면 모평균 μ에 대한 95% 신뢰구간은 다음과 같이 주어진다.

$$\left(\bar{x} - 1.96\frac{s}{\sqrt{n}},\ \bar{x} + 1.96\frac{s}{\sqrt{n}}\right),$$

여기서 n은 표본의 크기이고, $\bar{x}$, s는 각각 표본평균과 표준편차를 나타낸다. 신뢰수준을 99%, 90%로 변경하면 신뢰구간은 각각 다음과 같다.

$$\mu\text{에 대한 99\% 신뢰구간: }\left(\bar{x} - 2.58\frac{s}{\sqrt{n}},\ \bar{x} + 2.58\frac{s}{\sqrt{n}}\right),$$

$$\mu\text{에 대한 90\% 신뢰구간: }\left(\bar{x} - 1.65\frac{s}{\sqrt{n}},\ \bar{x} + 1.65\frac{s}{\sqrt{n}}\right).$$

그러나 자료의 히스토그램이 정규곡선을 이루지만 자료의 수가 작으면 표본평균 $\bar{x}$의 분포가 정규분포와 조금 다른 분포가 되므로, 신뢰구간은 조금 달라진다. 이를 고려하여 흔히 모평균 μ에 대한 95% 신뢰구간을 $\left(\bar{x} - 2\frac{s}{\sqrt{n}},\ \bar{x} + 2\frac{s}{\sqrt{n}}\right)$으로 사용한다.

어느 대학교에서 대학생들의 월평균 휴대폰 사용료를 추정하기 위하여 10명의 학생

3) 보통 표본의 크기가 30 이상인 경우 표본의 크기가 크다고 말한다.

을 무작위로 뽑아 지난달 휴대폰 사용료를 조사한 결과 다음과 같았다.

30,000 25,000 22,000 18,000 29,000
33,000 40,000 18,000 20,000 35,000

이때 휴대폰 사용료가 정규곡선을 따른다고 하자. 주어진 자료에서

$$\bar{x}=27{,}000,\ s=7{,}703$$

이므로, 10명의 학생으로부터 얻은 정보를 이용하면, 이 대학교 학생들의 월평균 휴대폰 사용료의 95% 신뢰구간을 다음과 같이 구할 수 있다.

$$27{,}000 \pm 2\frac{7.703}{\sqrt{10}} \Rightarrow 22{,}128 < \mu < 31{,}872$$

즉 이 대학 학생들의 월평균 휴대폰 사용료는 22,128원에서 31,872원 사이에 있다고 95% 정도 확신할 수 있다. 한편, 모비율 p에 대한 95% 신뢰구간은 다음과 같이 주어진다.

$$\hat{p} \pm 1.96 = \sqrt{\frac{\hat{p}(1-\hat{p})}{n}}$$

여기서 $\hat{p}$은 표본비율이다. 여기서도 신뢰도를 99%, 90%로 바꾸면, 1.96이 2.58, 1.65로 바뀌게 된다. 어느 은행의 조사부에서 대학생들을 대상으로 실시하고 있는 학자금 융자에 대하여 그 회수율을 파악하고자 한다. 융자를 받은 학생 중 랜덤하게 뽑은 200명의 학생을 조사한 결과 180명이 융자금을 반환하였다. 융자금 회수에 관한 표본비율은 $\hat{p}=\frac{180}{200}=0.9$이므로, 융자금 회수율에 대한 95% 신뢰구간을 구하면 다음과 같다.

$$0.9 \pm 1.96\sqrt{\frac{0.9\times 1.0}{10}} \Rightarrow 0.86 < p < 0.94$$

신뢰구간의 개념은 반복된 표본추출의 상황을 머릿속에 그려보면 쉽게 이해할 수 있다. 동일한 크기의 표본을 100번 반복해서 추출한다고 가정하자. 물론 표본마다 자료값이 다를 것이다. 이 경우 추출된 100개의 표본마다 동일한 공식을 사용하여 신뢰구간을 계산하면 100개의 신뢰구간이 만들어진다. 95% 신뢰구간의 의미는 이렇게 얻은 100개의 신뢰구간들 중에서 95개 정도는 모수를 포함한다는 것이다. 따라서 실제로 주어진 자료를 사용하여 95% 신뢰구간을 구하더라도 과연 이 구간 내에 모수가 포함될지는 알 수 없다. 하지만 적어도 100번 중 95번 정도는 포함되도록 만든 것이기 때문에 이를 95% 신뢰구간이라 부르는 것이다.

7.3 통계적 가설검정

어느 제약회사에서 생약성분의 새로운 진통제를 개발하였다고 하자. 이때 관심사는 평균약효가 식약청의 최소 기준을 만족하는지의 여부이다. 따라서 두 가지 가능성 중 하나를 결정할 필요가 있다.

- 평균 약효가 식약청의 기준을 초과하지 못한다.
- 평균 약효가 식약청의 기준을 초과한다.

이를 위해서는 실험을 통하여 얻은 자료를 이용해서 판단하게 된다. 이와 유사하게 법정에서 재판을 하는 경우 배심원은 다음의 두 가지 중 하나를 결정해야 한다.

- 피고는 죄가 없다.
- 피고는 죄가 있다.

이 경우에는 피고는 죄가 없다고 가정하고 재판을 시작한 후, 검사가 '피고는 무죄'라는 가정을 기각하도록 배심원을 설득할 수 있는 증거를 제시하면, 피고가 유죄라고 결정하게 된다. 다른 예시로, 겨울철이 되면 비타민 C가 감기 예방에 효과가 있는지 판단하는 문제가 있다. 이 경우 역시 두 가지 가능성 중 하나를 판단할 필요가 있다.

- 비타민 C가 감기 예방에 효과가 없다.
- 비타민 C가 감기 예방에 효과가 있다.

경험적으로 비타민 C를 복용하였더니 겨울에도 감기가 잘 안 걸리더라는 얘기만 듣고는 비타민 C가 감기 예방에 확실히 효과가 있다고 단정하기 어렵다. 이를 입증하기 위해서 통계적으로 의미가 있는 실험을 시행하고, 실험 결과에 의한 과학적인 근거를 통하여 결론을 내려야 한다.

위와 같이 주어진 두 가지 가능성을 상반된 가설(hypothesis; 모수에 대한 주장)의 옳고 그름을 판단하는 과학적 절차가 필요하다. 이를 통계적 가설검정(testing hypotheses)이라 하며 이는 통계학에 기초한 의사결정에 해당된다. 다음의 사례에서 실험을 통한 통계적 판단의 예를 살펴보자. 비타민 C가 감기 예방에 효과적인지를 확인하기 위하여 다음과 같은 실험을 실시하였다. 실험에 참여한 240명의 지원자를 임의로 두 집단으로 나누고, 집단 1에는 하루에 1,000 mg(이는 성인에게 추천된 하루 섭취량의 17배이다)의 비타민 C를 투여하고, 집단 2에는 비타민 C와 모양은 똑같으나 내용물에는 비타민 C가 없는 위약(placebo)을 투여하였다.

표 7.6 비타민 C의 복용여부에 따른 감기 감염자수 비율

	전체 인원 수	감염 수(비율)
실험집단	120	24(20%)
대조집단	120	42(35%)

이와 같은 실험에서 집단 1을 실험집단(experiment group), 집단 2를 대조집단(control group)이라 한다. 이때 실험 대상자는 자기가 어느 집단에 속해 있는지 모르도록 해야 하는데, 이를 눈가림실험(blinded experiment)이라 한다. 이 실험을 실제로 시행하기 전 감기에 영향을 주는 요인인 나이, 직업, 흡연습관 등에서 두 그룹이 비슷한 형태의 분포를 하는 것으로 확인되었다.

한겨울 동안 두 집단을 정기적으로 검진하였으며 3개월간의 실험이 끝난 후에 작성된 조사 결과는 표 7.6과 같았다. 실험 결과에 의하면 비타민 C를 복용한 그룹의 감염률은 대조집단에 비하여 15%가 적은 것으로 나타났다. 그러면 이러한 결과로 비타민 C가 감기 예방에 효과가 있다고 결론을 내릴 수 있을까?

실험 결과에서 비타민 C를 복용한 그룹의 감염률이 대조집단에 비하여 15%가 적은 것으로 나타났음에도 불구하고, 아직은 감기 예방에 효과가 있다고 확신하기는 이르다. 즉 실험집단에서 감기에 감염된 비율이 대조 그룹보다 15% 낮게 나타난 것이 우연히 그렇게 될 수도 있기 때문이다. 그러므로 우연히 그렇게 일어날 가능성을 계산한 다음 그 가능성이 아주 작다고 판단될 때 우리는 비타민 C의 효과가 있다고 결론을 내린다. 따라서 비타민 C와 위약의 효과에 차이가 없음에도 불구하고 우연히 15%의 차이가 날 확률을 계산해야 한다. 정규곡선을 따르며 실제로는 비타민 C의 예방 효과가 없음에도 불구하고 $\hat{p}_2 - \hat{p}_1$가 우연히 15% 이상 차이가 날 확률을 계산하면 약 0.004이다. 그러나 우연히 일어날 확률이 0.004와 같이 작다는 것은 15%의 차이가 우연히 일어난 것이 아니라, 실제로 비타민 C의 감기 예방 효과가 있기 때문임을 뜻한다.

사례에서 다룬 비타민 C의 감기 예방 효과 문제를 일반화시켜 보자. 실험집단과 대조집단의 감염률을 각각 p_1, p_2라고 할 때 p_1이 p_2보다 작다고 확신할 수 있는지 알고 싶다. 이 경우 검정하고 싶은 가설은 '$p_1 < p_2$'이며, 이를 대립가설(H_1; alternative hypothesis) 혹은 연구가설(research hypothesis)이라 부른다. 그리고 대립가설에 반대되는 가설, 즉 비타민 C는 감기예방에 효과가 없다($p_1 = p_2$)를 귀무가설(H_0; null hypothesis)이라 한다. 즉 검정하려는 가설을 아래와 같이 표기할 수 있다.

$$H_0: p_1 = p_2 \text{에 대하여 } H_1: p_1 < p_2$$

우리는 관측값에 기초하여 두 가설 가운데 하나를 채택(accept) 하지만, 그 뜻에 유의해야 한다. 즉 대립가설이 채택될 때는 대립가설이 참이라는 확실한 근거가 있다는 뜻이지만, 귀무가설이 채택될 때는 귀무가설이 참이라는 확실한 근거가 있다기보다 대립가설이 참이라는 근거가 부족하다는 의미이다. 따라서 귀무가설이 채택될 때는 '귀무가설을 기각(reject)시키지 못한다'는 표현을 사용하기도 한다. 여기서 대립가설을 채택하는 경우, 다시 말하면 귀무가설을 기각하는 경우를 '통계적으로 유의하다'(statistically significant)라고 한다.

관측값으로부터 H_0을 채택하거나 H_1을 채택할 때 모두에 오류의 가능성은 있다. 즉 귀무가설 H_0가 참일 때 대립가설 H_1을 채택하는 오류를 제1종 오류(Type I error)라 하고, 대립가설 H_1이 참일 때 귀무가설 H_0을 채택하는 오류를 제2종 오류(Type II error)라고 한다. 이들을 정리하면 다음과 같다.

표 7.7 제 1종오류, 2종 오류의 기본

검정결과 \ 실제현상	H_0 참	H_1 참
H_0 채택	옳은 결정	제2종 오류
H_1 채택	제1종 오류	옳은 결정

따라서 통계적 결정에는 항상 오류가 일어날 수 있는데, 이러한 오류의 가능성을 사전에 조절할 수 있는 것이 통계적 검정의 특징이다. 예를 들어, 제1종 오류를 범할 허용확률 유의수준(significance level)이라 하며, 가설검정에서는 흔히 유의수준을 미리 정하고 검정을 시행한다. 제2종 오류는 흔히 표본크기로 조절하며, 표본크기와 유의수준이 정해지면 제2종 오류를 범할 확률도 정해진다.

통계적 유의성

대부분의 통계 패키지에서 가설검정을 시행하면 결과에 p-값 혹은 유의확률이 출력되고, 이를 이용하여 통계적 가설검정을 하게 된다. 따라서 이에 대한 개념을 알아보자.
예를 들어, 비타민 C의 사례에서는 귀무가설과 대립가설이 각각

$$H_0: p_1 = p_2$$
$$H_1: p_1 < p_2$$

로 주어졌다. 따라서 비타민 C를 복용한 실험집단의 감염자 비율이 대조집단에 비하

여 작을수록 귀무가설을 기각하고, 대립가설을 채택할 것이다. 그러면 실험에서 비타민 C의 효과가 없는데 우연히 실험집단의 감염자 비율이 대조집단보다 15%나 작을 확률은 얼마인가? 이 확률이 0.004로서 매우 작으므로 H_0를 기각하고, 대립가설 H_1을 채택하였다. 이때 귀무가설이 참이라는 가정에서 우연히 실험집단의 감염률이 대조집단에 비하여 15% 작게 얻어질 확률을 유의확률(significance probability) 또는 *P*-값(*P*-value)이라 한다. *P*-값이 작다는 의미는 귀무가설이 참이라는 가정에서 관측된 비율이 일어날 가능성이 적다는 것이므로 귀무가설을 기각(대립가설을 채택)하게 되며, 이를 통계적으로 유의하다라고 말한다. 위의 예에서 *P*-값은 0.004이다. 흔히 *P*-값이 0.05(5%) 이하일 때 귀무가설을 기각한다. 이때 5%를 유의수준이라 한다.

하루에 아스피린 한 알씩?

1968년 1월 27일 수요일에 발간된 뉴욕타임즈의 표지에 '아스피린을 섭취함으로써 심장병 위험을 줄일 수 있다는 것이 발견되었다: 인명구조 효과 판명'이라는 기사가 실렸다. 미국 의사들이 참여한 매우 큰 규모의 연구에서 하나의 아스피린 알약을 격일로 섭취하였을 때 남성의 심장병 발병 위험이 1/2로 줄어든다는 사실을 밝혔다는 것이다. 그러나 삼일 뒤 타임지의 표제는 '매일 아스피린 섭취의 가치가 영국의 심장병 연구에서 의문시되다'이었다. 비슷한 두 연구가 어떻게 상반된 결론에 이르게 되었을까?

미국 의사들의 연구는 하나의 연구 내 두 개의 확률화 임상시험으로 구성되었다. 첫 번째는 325 mg의 아스피린을 격일로 섭취하면 심장병으로부터 사망률을 줄여준다는 가설이 검증되었다. 두 번째는 50 mg의 베타-카로틴을 격일로 섭취하면 암의 발병률을 감소시킬 수 있는지가 검증되었다. 미국의학협회 컴퓨터에 수록된 명단을 사용하여 40~48세 사이의 261,248명의 남자 의사들이 실험에 초대되었다. 이 중 참가의사를 밝힌 사람은 59,285명이었다. 병력이 있거나 최근에 아스피린을 복용하였거나 아스피린에 부작용이 나타나는 의사들은 제외하고 22,071명의 의사들이 랜덤으로 4그룹 중 하나에 배정되었다. 4그룹은 다음과 같다: (1) 아스피린과 베타-카로틴, (2) 아스피린과 위약 베타-카로틴, (3) 위약 아스피린과 베타-카로틴, (4) 위약 아스피린과 위약 베타-카로틴. 따라서 절반은 아스피린을 배당받았고 나머지 절반은 베타-카로틴을 배정받았다. 이 연구는 참가자와 조사자 모두 참가자가 어떤 그룹에 속했는지 알지 못하도록 이중눈가림실험(double-blinded experiment)으로 연구가 진행되었다. 미국 연구의 결과는 다음 표에 주어져 있다.

표 7.8 미국과 영국의 아스피린 연구 결과

		미국연구	
		실험집단(아스피린) ($n = 11{,}037$)	대조집단(위약) ($n = 11{,}034$)
심장병 발병	치명적	5	18
	비치명적	99	171
합계		104	189

		영국연구	
		실험집단(아스피린) ($n = 3{,}429$)	대조집단 ($n = 1{,}710$)
심장병 발병	치명적	89(47.3)	47(49.6)
	비치명적	80(42.5)	41(43.3)
합계		169(89.8)	88(92.9)

영국연구의 목표는 500 mg의 아스피린을 매일 복용하면 심장병의 발병 시 사망률이 줄어드는지를 결정하는 것이었다. 1978년도에 영국에 있는 의사들이 연구의 참여에 초대되었다. 5,139명의 의사들을 랜덤으로 아스피린을 섭취하는 그룹에 할당되었는데, 그 중 1/3은 랜덤으로 아스피린을 복용하지 않는 그룹에 배정되었다. 이 연구에서 위약 정제는 사용되지 않았으며, 눈가림 실험을 하지 않았다. 다음은 영국연구의 결과이다. 표본 크기가 다른 것을 보완하기 위해 영국연구는 실험대상자의 10,000 생존시간당 비율을 괄호 속에 보고하였다. p_1을 실험집단의 심장병 발병 시 치명적일 경우의 비율이라 하고, p_2를 대조집단의 심장병 발병 시 치명적인 경우의 비율이라 하자. 그러면 검정할 통계적 가설은 다음과 같다.

$$H_0\colon p_1 = p_2$$
$$H_1\colon p_1 \neq p_2$$

이 사례에서 미국연구의 경우 P-값이 0.0004로 매우 강한 유의성을 보이지만, 영국연구의 경우는 P-값이 0.7338이므로 유의성이 거의 없다고 말할 수 있다. 그러면 왜 이와 같은 두 상반된 연구결과가 나타났을까? 그 이유를 살펴보자. 첫째, 조사 모형이 자발적 참여에 의한 것이지 확률표본이 아니다. 따라서 자료가 전체 관심 모집단을 대표한다고 볼 수 없다. 둘째, 미국연구에서의 발병률이 영국연구에 비하여 매우 낮다. 셋째, 다른 위험요인들, 예를 들면 가족력, 흡연, 고혈압, 콜레스테롤 수치 등이 전혀 보고되지 않았다. 이러한 요인들이 결과의 왜곡을 가져왔을 가능성이 충분히 있다. 넷째, 미국연구는 이중눈가림으로 진행되었으나 영국연구는 전혀 그렇지 않았다. 따라서 눈가림의 사용여부가 연구 결과에 영향을 줄 가능성이 있다. 결국 상이한 두 검정의 결과가 암시하는 바는 주어진 상황에 아마 다른 요인들이 작용했으리라는 것이다. 따라서 다른 요인들에 관해 철저히 연구되기 전까지는 두 연구결과에 대해 어떤 결정을 내려서는 곤란하다.

되돌아보기

이 장에서는 오차이야기와 정규곡선을 이해한 후, 통계적 결정의 근거가 되는 추정과 가설검정의 원리를 살펴보았다.

용어정리

- **표본평균**

$$\bar{x}=\frac{x_1+x_2+\cdots+x_n}{n}$$

- **표본분산**

$$s^2=\frac{\sum_{i=1}^{n}(x_i-\bar{x})^2}{n-1}$$

- **표본표준편차**

$$s=\sqrt{s^2}=\sqrt{\frac{\sum_{i=1}^{n}(x_i-\bar{x})^2}{n-1}}$$

- **표본비율**

$$\hat{p}=\frac{\text{성공횟수}}{\text{시행횟수}}$$

- **편의(bias)** 같은 방법으로 표본을 반복해서 뽑을 때 추정값이 참값으로부터 같은 방향으로 벗어나는 정도
- **불편추정량(unbiased estimator)** 편의가 없는 추정량
- **신뢰구간(confidence interval)** 모수가 속할 것으로 기대되는 구간
- **신뢰수준(confidence level)** 신뢰구간에 해당하는 신뢰도의 값
- **제1종오류(Type Ⅰ error)** 귀무가설이 참일 때 귀무가설을 기각하는 오류
- **제2종오류(Type Ⅱ error)** 귀무가설이 거짓일 때 귀무가설을 채택하는 오류
- **유의확률(significance probability)** 관측된 사건이 귀무가설이 참이라는 가정하에 우연에 의해 얻어질 확률

배운 것 익히기

1 'NB-10'의 무게를 100번 측정한 표 7.1의 자료를 보고 물음에 답하라.

(1) 평균으로부터 편차가 2 표준편차 이상 떨어진 자료는 몇 %인지 답하라.

(2) 정규근사를 이용하면 (1)은 몇 %정도 되는지 구하라.

2 이상값 3개를 버리고 97개의 자료를 사용하여 위의 물음에 답하라.

3 어느 호수에서 잉어의 수컷 비율을 알고자 한다. 호수에서 100마리의 잉어를 잡았더니 그 중 수컷의 수가 45마리였다고 한다. 호수에서 잉어의 수컷 비율을 추정하라.

(1) 점추정

(2) 95% 구간추정

4 기존의 치료효과가 70%인 약이 있다. 어느 제약회사에서 이에 대한 신약개발 연구를 거듭하여 치료효과가 6% 더 좋은 신약을 개발하였다고 한다. 이를 입증하기 위한 절차로서 가설을 세우고 검정절차를 간단히 설명하라.

5 표 7.8을 참고하여 미국의 연구에서 p_1과 p_2에 대한 95% 신뢰구간을 각각 구하고 두 신뢰구간을 비교하라.

6 영국의 연구 사례에서 5번 문제를 풀어보라.

8

부분으로 전체보기

언론을 통하여 특정지역 혹은 국가에서의 사회, 경제, 정치적 현상에 대한 각종 여론조사 결과가 수시로 발표되고 있다. 이는 본질적으로 부분으로 전체보기를 한 결과이다. 이 장에서는 여론조사 과정을 이해하고 결과를 제대로 해석하고자 한다.

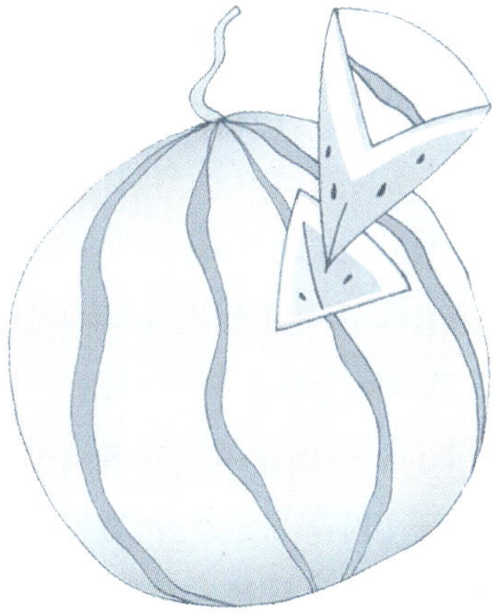

8.1 여론조사

여론(public opinion)은 사회 대중의 공통된 의견으로, 한 나라의 정치와 사회에 커다란 영향력을 행사한다. 그렇기에 여론조사(poll)란 어느 사회집단의 구성원에 대해 여론의 동향을 알아보려는 목적으로 실시하는 통계조사를 말한다. 여론조사는 19세기 미국에서 대통령 선거 결과를 사전에 예상하는 모의투표를 많이 하게 되면서 발달하기 시작하였으며, 20세기부터는 언론기관들이 여론조사를 실시하는 일이 보편화 되었다.

여론조사 시 관심 대상의 사회집단 모두를 조사하는 것은 시간이나 비용 면에서 비현실적이거나 경우에 따라서는 불가능할 수도 있다. 따라서 일부분을 선택하는 표본조사를 실시하여 그 결과로 전체를 추측한다. 즉 통계적 추정을 하는 것이다. 실제로 민주주의 사회에서는 올바른 여론의 조성과 그것의 반영이 중요하며, 여론조사결과를 그 사회의 정책을 결정하거나 미래를 예측하는 근거로 활용된다.

여론조사를 실행하는 방법으로는 우편조사, 전화조사 그리고 면접조사가 있다. 그리고 최근에는 전자메일이나 인터넷을 이용한 인터넷조사가 실시되고 있다.

우편조사

우편조사(mail survey)는 미리 표본으로 추출된 조사대상자에게 우편으로 설문지를 발송하여 응답자 자신이 기입한 후 다시 우편으로 반송하게 하여 자료를 수집하는 방법을 말한다. 그러나 때로는 설문지의 배부와 회송 중에서 한쪽만 우편을 이용하고 한쪽은 조사자가 직접 방문하여 배부나 회수를 하는 경우도 있다.

이 방법을 활용하기 위해서는 응답자가 응답에 협조할 수 있도록 조사의 취지를 알리고, 협조를 당부하는 인사말과 함께 무응답이나 오류를 줄이기 위하여 응답요령을 쉽게 설명해야 한다. 그리고 반드시 응답의 반송을 쉽게 할 수 있도록 반송용 봉투와 우표를 설문지와 동봉하여 우송하여 응답률을 높이도록 해야 한다.

우편조사 방법의 장점은 표본으로 추출된 조사대상자들이 광범위한 지역에 흩어져있는 경우에도 적은 비용으로 조사를 실시할 수 있다는 점이다. 또한 응답자 본인이 직접 질문에 응답하기 때문에 면접원으로 인한 편의를 줄이고, 시간에 제약을 받지 않고 응답할 수 있으며, 응답자가 누구인지를 확인할 수 없는 익명성이 있으므로 응답하기 어렵거나 민감한 질문에 대한 자료를 구하기 좋은 방법이다. 반면에 단점으로는 응답의 진실성이 낮을 수 있고, 조사기간이 많이 소요되며, 또한 무응답 비율이 다른 조사 방법에 비하여 높다는 것이다. 특히 응답을 하지 않는 사람들(무응답 또는 응답거부)이 특정한 성향을 가지고 있는 경우에는 조사결과가 왜곡될 수 있으므로 주의를 해야 한다. 우리나라에서 우편조사의 회수율은 보통 25% 전후이며 1, 2차 응답독촉을 통하여 회수율을 높일 수 있다.

전화조사

전화조사(telephone survey)는 전화 보급의 대중화로 오늘날 선거 여론조사나 시장조사 등과 같이 신속을 요구하는 조사에서 많이 사용되는 조사방법으로, 조사자가 응답자에게 전화를 걸어 조사 내용을 질문하면 응답자가 응답하는 내용을 조사자가 기록하여 자료를 수집하는 방법이다. 이 방법은 오늘날과 같이 거의 대부분의 가정에서 전화를 보유하고 있는 경우에 편리하게 이용되는 조사방법이다.

전화조사 서비스는 114 번호 안내 노하우와 숙련된 전문 조사인력은 물론 국내 최대의 전화번호 DB를 보유하고 있어 조사의 신속성과 정확성이 높다. 최근 들어 시행되는 정책이나 개인의 지지율에 대한 여론조사 등은 전화조사를 통하여 이루어진다.

한편 컴퓨터의 발달로 컴퓨터의 도움을 받은 전화조사 기법이 등장하게 되었다. 그 대표적인 방법으로 많이 사용되고 있는 CATI(computer assisted telephone interviewing)방법은 조사자가 전화기와 연결된 컴퓨터 앞에 앉아 화면에 나타나는 질문을 읽고 응답을 하면 응답 내용이 바로 컴퓨터에 입력되는 방법이다.

전화조사 방법의 장점은 비용이 적게 들고 랜덤하게 표본을 추출할 수 있으며, 신속한 조사가 가능하다는 것이다. 반면에 단점으로는 전화가 없는 가구는 표본으로 추출될 수 있는 가능성이 배제되어 있고, 전화를 거는 시간대에 따라 응답하는 사람들의 집단과 성향이 달라질 수 있다. 예를 들면, 낮 시간에 전화를 하면 대부분 가정주부 혹은 만약에 남자가 응답을 하는 경우에도 학생이나 직장생활을 하지 않는 사람들이 대부분일 것이다. 또한 전화조사 중 응답자가 전화를 끊음으로 중단될 수 있으므로 조사 상황을 관리하기가 어렵다.

면접조사

면접조사(interview survey)는 훈련된 조사원이 조사대상자를 직접 만나서 조사하는 방법이다. 사회환경의 악화로 점차 사람이 사람을 만나는 일이 어려워지고 있으며, 모르는 사람을 무조건 찾아가서 면접을 하고자 하면 대부분 거부감을 드러내는 것이 오늘날의 현실이다. 이는 면접이 그만큼 어려운 작업이므로 조사자 선정에 신중을 기해야 한다는 것이다. 면접조사 초기부터 조사자와 응답자 간의 인간적이고 친근한 느낌을 형성하고 조사기간 중 이를 유지하도록 노력해야 한다. 이처럼 조사자와 응답자 간의 인간적이고 친근한 느낌을 형성하는 것을 래포(rapport)라고 한다. 또한 면접도중 응답자가 부적합하거나 불명료한 답을 하거나 완전하지 못한 응답을 할 경우 추가질문을 통하여 답변을 다시 확인하여 정확한 답을 알아내는 것도 중요하다. 추가적인 질문을 통해 답변을 확인하여 정확한 답을 알아내는 것을 프로빙(probing)이라고 한다. 뿐만 아니라 조사자는 면접 동안 중립적인 입장을 고수해야 한다. 따라서 조사자의 철저한 사전교육이 면접조사에서 매우 중요하다.

면접조사 방법의 장점은 잘 훈련된 조사원에 의해 조사를 실시한다면 보다 정확한 조사가 가능하고 무응답비율을 낮출 수 있다는 것이다. 반면에 이 방법은 많은 조사원을 필요로 하고, 조사원이 직접 조사대상자를 만나야 하므로 시간과 비용이 많이 든다는 것이다. 또한 조사원들이 성실하게 객관적으로 조사를 실시하면 매우 신뢰성 있는 조사가 되나, 조사원이 편향된 의견을 가지거나 불성실하면 오히려 신뢰성이 낮은 결과를 초래할 수 있다.

온라인조사

온라인조사(online survey)란 인터넷을 매개로 한 조사로서, 특정 사이트에 설문을 올려 응답을 받는 사이트 조사와 메일에 설문을 첨부하여 응답을 받는 이메일 조사로 나뉜다.

온라인조사는 인터넷을 통한 설문의 대량 배포 및 프로세스의 전산화를 통하여 신속한 결과 수집이 가능하므로 대규모 조사를 신속하게 수행할 수 있으며, 조사원이 동원되지 않음으로써 비용절약이 가능하다. 이러한 장점과 인터넷 사용인구의 증가로 인해 온라인 조사에 대한 요구는 꾸준히 증가하고 있다.

온라인조사의 문제점은 표본이 비확률적으로 뽑힌다는 것이다. 조사대상자들의 자발적인 참여로 조사를 실시하므로 결국 특정 집단의 사람들만 조사에 응하게 되어 조사결과가 전체 모집단을 대표하는 의견이라고 볼 수 없다. 온라인조사에는 특정 기간 동안 인터넷에 접속한 사람들 중에서 그 조사에 관심 있는 사람들이 조사에 응하기 때문이다. 따라서 표본설계 및 응답절차의 타당성과 신뢰성 등의 문제를 보완한다면, 앞으로 더욱 발전할 스마트 세상에서 다양한 기능성을 갖춘 조사로 발전하게 될 것으로 기대된다.

ARS조사

ARS(자동응답시스템) 조사는 자동송신장치를 활용하여 일관된 내용의 여론조사를 실시해서 응답을 받고 추적을 할 수 있는 기계적 조사이다. 최근 전문여론조사업체의 모임단체인 한국마케팅여론조사협회(KOSOMAR)는 언론사에 공문을 발송해 여론조사 보도의 문제점을 지적하였다. 일부 언론사에서 ARS조사를 전화여론조사인 양 보도하고 있다는 것이다. 공문에서 "ARS조사가 마치 과학적인 여론조사인 양 보도되어 자칫하면 조사에 대한 국민의 불신을 가중시킬 우려가 있다"고 지적하면서 "가능한 한 전화조사를 이용해 주고 부득이 ARS조사를 사용할 경우에는 반드시 ARS조사임을 밝혀주기 바란다"고 밝혔다.

특히 지방선거 시기가 되면 모든 선거구에서 각급 단체장과 의원들에 대한 공천을 위한 지지도 조사가 필요하므로 조사의 물량이 엄청나게 많아진다. 시간이나 비용 때문에 면접조사는 생각할 수도 없는 실정이고 전화조사를 하는 경우도 있으나, 이것도 비용과 시간이 만만치 않기 때문에 짧은 기간 동안 적은 비용으로 대량의 조사를 하기 쉬운 ARS조사를 선호하는 경향이 있는데, 여기에 문제의 소지가 있게 된다. ARS조사의 주된 문제점은 응답률이 낮다는 것이다. ARS가 많이 퍼져 있는 지금은 사람들이 ARS 공해에 시달리기 때문에 ARS조사의 응답률이 10%에도 못 미치는 경우가 많고, 선거에 가까워질수록 더 낮아져서 5%도 장담하기 어렵다. 응답률이 낮으면 조사결과가 특정 집단의 의견에 편중될 가능성이 높아진다.

낮은 응답률에서 야기되는 문제점은 다음과 같다. 랜덤추출로 대표성이 있는 표본이 확보되었다 하더라도 낮은 회수율은 이를 파괴하기 때문에 표본의 대표성이 상실된다. 대표성을 잃은 표본에서 얻은 결과를 전체 모집단에 확대 적용시키는 것은 불가능하다. 따라서 응답율이 10% 밖에 되지 않은 상태에서 ARS조사결과를 유권자 전체의 의견으로 확대해석하는 것은 유의해야 한다.

한편, 선거에서 특정 후보에게 유리하게 ARS 설문원고를 작성하거나 후보자 자신을 알리기 위해 ARS조사를 이용하는 불법 운동이 적발되기도 했다. 예를 들어, 'A시장에 출마할 예정인 N씨를 아시면 1번, 이름 정도 들어보았으면 2번, 모르면 3번을 눌러주십시오', 'A시장에 출마할 예정인 전 경기도의회 의원 N씨가 00당 공천을 받으면 당선 가능성이 있다고 생각하십니까. 당선 가능하면 1번, 당선이 어려우면 2번, 모르면 3번을 눌러주십시오'라는 설문 내용으로 한 ARS조사는 사실상 N씨의 출마예정 사실, 경력, 성명을 부각시켜 홍보하는 것이나 다름없다.

선거철이 되면 ARS 기기만 갖춘 여론조사 '떴다방'이 성행하는 주된 이유는 비용 때문이다. 전문여론조사기관에서는 "마구잡이로 실시되는 ARS조사로 정작 전문기관에서 전화로 조사할 경우 정직한 답변을 이끌어내기가 점점 힘들어진다"고 호소하면서 "특히 엉터리 조사를 갖고 언론플레이를 해 여론조사에 대한 불신을 조장한다"고 지적하였다.

앞에서 살펴본 일반여론조사는 ARS조사와 분명히 다르다. ARS조사를 거의 실시하지 않는 전문여론조사업계에서는 ARS조사 자체를 믿을 수 없는 조사라고 비판한다. 자동응답 전화로는 객관적인 여론 조사 결과를 얻을 수 없다는 것이다. 한국마케팅여론조사협회 박보미 사무국장은 "전문여론조사기관에서 전화 면접원을 통해 실시하는 전화조사방법과 ARS조사를 엄격히 구분해서 봐야 한다"고 주장하였다.

8.2 신뢰수준과 오차한계

여론조사에서는 조사대상 전체를 조사하는 것이 아니라 일부인 표본을 조사하여 그 결과를 주로 비율로 추정하여 발표한다. 여론조사 결과를 발표한 언론보도에서 흔히 '95% 신뢰수준에서 오차한계가 몇 %이다'와 같은 표현을 사용하고 있음을 볼 수 있다. 표본으로는 어떤 사항에 대한 찬성률 혹은 지지율을 100% 확신할 수 없으므로 몇 % 정도 확신할 수 있는가를 말하기 위해 신뢰수준이 필요하게 되는데, 관례상 95%로 둔다.

표본추출하여 얻어지는 표본지지율을 기초로 만들어지는 실제 지지율에 대한 신뢰구간은 가상적으로 표본추출하여 신뢰구간을 구하는 과정을 여러 번 반복하였을 때 신뢰구간들이 실제 지지율을 어느 정도 포함될 것인가를 나타내는 신뢰수준에 의하여 구해진다. 즉 신뢰수준이 95%라 함은 신뢰구간을 구하는 과정을 100번 정도 반복하였을 때 만들어진 100개의 신뢰구간 안에 실제 지지율이 포함되는 신뢰구간의 비율이 95% 정도 됨을 뜻한다. 따라서 신뢰수준이 높아지면 신뢰구간의 폭도 커지게 된다.

가장 단순한 표본추출방법인 단순랜덤추출이 사용된 경우 95% 신뢰수준에서 모비율 p에 대한 신뢰구간은 구체적으로 다음과 같이 주어진다.

$$\hat{p} \pm 1.96\sqrt{\frac{p(1-p)}{n}}$$

이때 $\hat{p} \pm 1.96\sqrt{\frac{p(1-p)}{n}} \leq 1.96\sqrt{\frac{0.5^2}{n}} = 1.96\sqrt{1/4n} \simeq \sqrt{1/n}$을 95% 신뢰수준에서 오차한계 (margin of error)라 한다.

오차한계는 표본의 크기 n에 의하여 결정된다. 예를 들어, 표본의 크기 n이 1,000인 경우 95% 신뢰수준 하에서 오차한계는 $1.96\sqrt{0.25/1000} = 0.031$이다. 여론조사 결과의 발표에서 표본의 크기가 1,000일 때 95% 신뢰수준 하에서의 오차한계가 3.1%로 주어진 것은 위의 식에 의해 구한 값이다. 표 8.1에 $n = 100$, 500, 1,000, 1,500인 경우 95% 신뢰수준에서의 오차한계가 주어져 있다.

표 8.1 95% 신뢰수준에서의 오차한계

표본의 크기	오차한계(%)
100	9.8
500	4.4
1,000	3.1
1,500	2.5

95% 신뢰수준에서 오차한계가 주어지면, (표본비율)±(오차한계) 사이에 실제 비율 p가 있을 가능성을 95% 정도 신뢰할 수 있다고 말할 수 있다.

여론조사 결과를 해석할 때 이 오차한계를 무시하면 잘못된 결론에 도달하기 쉽다. 1995년 5월 29일자 조선일보에서 경북도지사 후보 지지도 중간점검 결과를 발표하면서 기사의 제목으로 「경북 구자춘–이의근–이판석 순」으로 발표하였다. 이때 유권자 519명을 대상으로 전화조사를 실시한 결과 후보별 지지율은 구자춘(14.0%), 이의근(13.5%), 이판석(9.7%)이었고, 오차한계는 95% 신뢰수준에서 4.3%이었다. 따라서 세 후보의 지지율은 모두 오차한계 내에 있으므로 그 순서는 크게 의미가 없다. 따라서 기사 제목을 「경북 도지사 후보 지지율 백중세」라고 발표하는 것이 훨씬 바람직했을 것이다.

선거여론조사에서 경합도를 판정하기 위해서는 오차한계의 개념을 그대로 사용한다. 1위와 2위의 득표율 추정값 차이가 오차한계의 2배보다 작으면 통계적으로 유의하지 않다고 판정한다. 즉 경합지역으로 판정한다. 예를 들면, 500명의 유권자를 조사할 경우 전화조사는 신뢰수준 95%에서 1위와 2위의 득표율 차이가 8.8%보다 크면 유의한 차이가 있다고 판정한다.

8.3 선거여론조사 사례

사례 1 1936년 미국 대통령 선거

1936년 미국에서는 재선 출마를 선언한 루즈벨트(Roosevelt, F.) 현직 대통령과 캔사스 주지사인 랜든(Landon, A.) 공화당 후보가 대통령 선거에서 경합하고 있었다. 당시 미국의 국내 상황은 대공황(Great Depression)에서 회복 중으로 약 900만 명의 실업자가 있었고, 실질소득은 이전의 약 2/3 수준에 불과하였다. 루즈벨트 대통령은 대공황에서의 탈출을 위하여 벌인 뉴딜 정책에 대한 지속적인 지지를 호소하고 있었고 반면에 랜든 후보는 공공사업의 추진을 위해 필요한 재원을 마련하고자 부과된 무거운 세금에 불만을 품은 부유층의 지지를 받고 있었다. 랜든 후보는 정부의 경제실정에 대하여 공격하고 있었고, 루즈벨트는 방어하고 있었다.

국외 상황으로 독일은 나치가 지배하고 있었고, 스페인은 시민전쟁의 소용돌이에 휩싸여 있었다. 이들 사건은 주요 신문의 1면 기사로 보도가 되었지만 두 후보는 별 관심을 두지 않았다.

당시 여론조사기관들은 대부분 루즈벨트가 쉽게 재선되리라고 내다보고 있었으나, 다이제스트(Digest) 출판 그룹 소속의 리터러리 다이제스트(Literary Digest)는 랜든이 57%의 지지율로 압승을 할 것으로 예측하였다. 리터러리 다이제스트의 예측은 우편으로 발송된 천만장의 설문지 중 회수된 240만장의 응답에 근거하여 예측한 것이었다. 그러나 선거 결과는 루즈벨트가 62%의 지지를 얻어 압승하였으며, 그 후 황당한 여론조사를 수행한 리터러리 다이제스트는 망할 수밖에 없었다.

당시 조지 갤럽(Gallop, G.)은 지금의 여론조사기관 갤럽을 설립 중이었는데, 리터러리 다이제스트의 응답 설문지 240만 장 중 3천 장을 랜덤으로 추출하여 다시 설문지를 보내고 받은 응답을 기초하여 리터러리 다이제스트의 예측 결과가 어떻게 될지를 미리 발표하였다. 이유는 당시의 계산 능력으로 240만 장의 응답을 처리하는데 거의 3개월에 가까운 시간이 소요되었기 때문이었다.

갤럽은 리터러리 다이제스트가 루즈벨트의 지지율을 44%로 예측할 것이라고 미리 발표하여 그들의 실제 예측과 단지 1% 포인트의 오차만을 보였다. 또한 갤럽은 자신들이 설계한 표본 추출방식에 따라 선정한 5만 명의 표본으로부터 루즈벨트가 56%의 지지를 얻어 당선될 것이라고 예측하였다.

표 8.2 1936년 미국 대통령 선거 예측

	루즈벨트	랜든	표본의 크기
다이제스트사의 예측	43	57	2,400천명
다이제스트사의 예측에 대한 갤럽의 예측	44	56	3천명
갤럽의 예측	56	44	50천명
선거 결과	62	38	45,700천명

리터러리 다이제스트의 예측이 실패한 원인을 살펴보기 위하여 먼저 어떻게 표본을 선택했는가를 알아보자. 표본추출 시 첫째 유의사항은 가능한 유권자 전체를 잘 대표하도록 선택해야 한다는 점이다. 특정 집단이 표본에서 배제될 가능성이 높은 경우 우리는 선택편의(selection bias)가 있다고 말한다. 리터러리 다이제스트는 표본 추출틀로 전화번호부, 자동차등록부, 사설클럽회원명부, 대학동창회원명부 등을 사용하여 유권자 1,000만 명에게 우편조사를 실시하였다. 따라서 전화나 자동차가 없는 사람이나 클럽에 가입하지 않은 가난한 사람들이 표본에서 배제되었다. 참고로 당시 4가구당 1대 정도전화를 소유하고 있었다고 한다. 따라서 가난한 유권자들에 대한 선택편의가 있었다고 말할 수 있다. 1936년 전에는 이 선택 편의가 큰 문제가 되지 않았다. 왜냐하면 부자나 가난한 사람들이나 정치적인 경향들이 거의 비슷하였기 때문이다. 그러나 1936년에는 빈부의 차이가 심해지면서 빈부 차이에 따라 정치적인 성향도 많이 달라지기 시작하였다. 실제로 가난한 사람들은 루스벨트를 압도적으로 지지하였고, 부유한 사람들은 랜든을 지지하였다. 이 선택편의가 있는 경우는 표본이 아무리 크더라도 결과를 예측하는 데는 별로 도움이 되지 못한다는 사실을 리터러리 다이제스트의 결과로부터 알 수 있다.

리터러리 다이제스트의 예측 실패에서 우리가 고려해야 하는 것은 1,000만 명 중에서 단지 240여만 명만이 응답을 하였다는 것이다. 즉 76%의 무응답이 있었으므로 그 결과는 심각하게 되었다. 이를 무응답편의(nonresponse bias)라고 한다. 예를 들면, 리터러리 다이제스트가 1936년에 시카고 유권자들의 1/3에게 우편조사를 실시한 결과 20% 정도가 응답을 하였는데, 50% 이상이 랜든을 지지한 것으로 나타났으나 선거 결과는 루스벨트가 2:1 정도로 승리하였다. 따라서 무응답자들은 응답자들과는 매우 다른 견해를 가질 수 있다는 것을 알 수 있으며, 무응답이 많은 경우에는 무응답편의에 대하여 고려해야 한다. 경험적으로 보면 가난한 사람들과 부유한 사람들은 응답을 잘 하지 않고 중산층의 사람들은 응답에 잘 응한 것으로 조사되었다. 따라서 무응답률이 높은 경우는 중산층의 의견이 실제보다도 과장되어 나타났다는 것을 알 수 있다. 이런 이유로 최근 들어서는 우편조사보다는 개인 면접조사를 더 선호하며, 대체로 개인 면접인 경우는 65%, 우편조사인 경우는 25% 정도의 응답률을 가지고 있다.

사례 2 1948년 미국 대통령 선거

1948년 미국의 대통령 선거는 루즈벨트의 사망으로 부통령에서 대통령 자리를 승계한 민주당의 트루만(Truman, H. S.) 현직 대통령과 공화당의 듀이(Dewey, T. E.) 전 뉴욕주지사의 대결이었다. 트루만은 제2차 세계대전의 종전을 6개월 앞둔 시점에서 대통령

직을 승계한 후 불과 몇 주일 만에 유럽에서의 전쟁을 승리로 이끌게 되었고, 제2차 세계대전의 종전을 위해 일본에 원자폭탄 투하를 결정하였다. 제2차 세계대전을 성공리에 마무리 짓기는 하였지만, 국외적으로는 동서 냉전의 시작과 국내적으로는 전후재향군인들의 실업문제 등 산적한 현안을 앞에 두고 실시된 대통령 선거였다. 이때 여론조사기관들은 하나같이 트루만에게 불리하게 선거 결과를 예측하였다.

표 8.3 1936년 미국 대통령 선거 예측

	트루만	듀이	더몬스	월러스
크로슬리	45	50	2	3
갤럽	44	50	2	4
로우퍼	38	53	5	4
선거결과	50	45	3	2

특히 갤럽의 선거 예측은 트루만 대 듀이가 44.5% 대 49.5%로 듀이의 승리를 예상하였으나, 선거 결과는 49.5% 대 45.1%로 트루만이 승리하였다.

1948년도 미국 대통령 선거에서 예측이 빗나간 주된 이유는 할당표본추출법(quota sampling)에 의한 편의이다. 할당표본추출이란 이전 센서스에서 얻은 인구통계학적 자료를 바탕으로 표본의 구성을 모집단과 최대한 닮도록 할당하고, 할당된 대상자를 최종 선택하는 것은 조사원의 판단에 맡기는 것이다. 이때 고려되는 센서스 변수로는 지역, 성별, 나이, 교육, 인종, 소득, 참전경험, 노조가입여부 등이다. 예를 들면, A 지역을 맡은 조사원에게 13명을 할당하되 거주지역에 따라 교외에서 6명, 시내 중심부에서 7명을 할당하고, 성별에 따라 남자 7명, 여자 6명을 할당하되 7명의 남자 중 3명은 40대 미만, 4명은 40대 이상으로 할당하고, 인종에 따라 1명은 흑인, 6명은 백인으로 할당하되 6명의 백인 중 1명은 한 달 집세가 $44.01 이상, 3명은 한 달 집세가 $18.01에서 $44 사이, 2명은 한 달 집세가 $18 이하를 할당하는 것이다.

할당표본추출의 문제점은 아무리 인구통계학적으로 센서스에서 조사한 변수들의 분포를 잘 반영하는 표본을 할당하더라도, 투표라는 변수는 또 다른 성격의 변수로서 할당표본추출에 의하여 추출된 표본의 투표 양상과 전체유권자들의 투표 양상이 같아지리라고 볼 수는 없다는 점이다. 할당표본추출의 또 다른 문제점은 최종 면접조사 대상자의 선정을 조사원에게 맡긴 점으로, 그 결과 선정의 공정성이 깨어진다는 것이다. 이러한 할당표본추출의 결과가 공화당 지지자에게 편중된 사실은 할당표본추출이 도입된 이래, 네 차례 실시된 미국 대통령 선거에서 갤럽이 예측한 공화당 지지율을 정리한 다음의 표에서 잘 알 수 있다.

표 8.4 갤럽의 공화당 지지율 예측(할당표본추출법 사용)

연도	갤럽의 예측	실제 지지율	당선자
1936	44	38	루즈벨트
1940	48	45	루즈벨트
1944	48	46	루즈벨트
1948	50	45	트루만

할당표본추출을 사용하면 항상 공화당 쪽으로 표본이 편중되는 것을 개선하기 위하여 주관적 판단을 배재한 확률추출법이 도입되었다. 확률추출법의 사용으로 전환됨으로써 자연스럽게 모집단을 닮으면서도 표본추출에 기인하는 오차까지 계산할 수 있게 되었다. 확률추출법이 도입된 이래 1952년 대통령 선거부터 갤럽의 예측은 빗나간 적이 없었으며 이를 정리한 것이 표 8.5에 주어져 있다.

표 8.5 1948년 이후 미국 대통령 선거에서 갤럽의 예측과 오차

연도	표본크기	갤럽의 예측	선거결과	오차	당선자
1952	5385	51.0	55.4	4.4	아이젠하워
1956	8144	59.5	57.8	−1.7	아이젠하워
1960	8015	51.0	50.1	0.9	케네디
1964	6625	64.0	61.3	2.7	존슨
1968	4414	43.0	43.5	0.5	닉슨
1972	3689	62.0	61.8	−0.2	닉슨
1976	3439	49.5	50.1	−1.6	카터
1980	3500	55.3	51.6	−3.7	레이건
1984	3456	59.0	59.2	0.2	레이건
1988	4089	56.0	53.9	−2.1	부시

표 8.5에 주어진 예측 결과를 살펴보면 이제 더 이상 오차가 한쪽으로 편중되어있지 않음을 알 수 있고, 표본의 크기도 꾸준한 감소가 있었음을 알 수 있다. 1988년부터 갤럽에서는 부분적으로 전화조사를 도입하였으며, 이를 통해 전화조사의 신빙성을 믿게 된 갤럽은 전화조사를 전면적으로 확대하게 되었다. 현재 갤럽에서 사용하고 있는 전화번호 추출방법은 컴퓨터를 통한 임의번호 전화걸기(RDD; Random Digit Dialling)이다. 이와 같은 전화조사를 도입함으로써 면접조사에 비하여 비용을 1/4로 줄일 수 있게 되었다.

사례 3 1996년 우리나라 제15대 국회의원 선거

1996년 4월 11일에 있었던 15대 국회의원 선거에서 총선으로는 최초로 여론조사를 실시하게 되었다. KBS, MBC, SBS 방송 3사의 합의에 의하여 여러 조사기관들이 공동으로 각 선거구 별로 투표자 조사가 시행되었는데, 그 배경은 253개나 되는 선거구로 말미암은 과중한 조사 경비와 조사지역의 광대함 때문이었다. 이를 위해 방송 3사의 선거방송 담당자와 자문 교수팀이 선거방송을 위한 여론조사 담당팀을 구성하여 질문지 작성 등 기본지침을 작성하였다. 이때 실질적 조사를 담당한 5개 조사회사는 동서리서치, 미디어리서치, 월드리서치, 한국갤럽, 코리아리서치 등이었다.

선거구 배분은 5개 조사회사가 예측난이도를 고려하여 공정하게 50여 개씩 담당하는 것이었다. 예를 들면, 당락 예측이 비교적 쉬운 영호남과 충청지역 그리고 서울 등 당락 예측이 어려운 지역을 공평하게 배분하였다.

조사방법으로는 각 선거구마다 540명 또는 그 이상의 유권자에게 전화면접을 통한 투표자 조사를 실시하여 투표일인 4월 11일 오후 6시 투표마감과 동시에 선거 예측을 발표하였다. 그러나 표 8.6에서 보는 바와 같이 총 235 선거구 중 39개 선거구에서 예측 오류가 발생하여 적잖은 사회적 혼란이 야기되었다.

표 8.6에서 신한국당의 경우 예측 의석수가 155석이었으나 투표결과 155 선거구 중 119개 선거구만 당선자를 정확히 예측하였고, 나머지 예측이 틀린 36개 선거구 중 실제 당선자는 국민회의 9석, 민주당 6석, 자민련 16석, 무소속 5석이었다.

4 · 11 총선 투표자 조사에서는 각 선거구마다 540명 (95% 신뢰수준에서 오차한계가 ±4.3%) 또는 그 이상의 전화면접이 이루어졌고, 그에 따라 표본오차가 고려되었으므로 이와 같은 엄청난 예측오류는 표본오차에 의한 것이 아니라 비표본오차로 인한 것으로 밖에 볼 수 없다. 비표본오차는 표본오차 이외의 다른 요인으로 일어난 오차를 말하

표 8.6 정당별 예측 의석수와 실제 의석수

예측 \ 결과	신한국당	국민회의	민주당	자민련	무소속	합계
신한국당	119	9	6	16	5	155
국민회의	2	56	0	0	0	58
민주당	0	1	3	0	0	4
자민련	0	0	0	25	0	25
무소속	0	0	0	0	11	11
합계	121	66	9	41	16	253

는 것으로 표본추출틀의 불완비성, 편향된 설문, 조사에 대한 응답자의 심리적 문제, 면접자의 부정직성, 자료관리의 부실 등 수많은 원인에 의한 것이다.

비표본오차 중 조사거절, 무응답 문제는 우리나라만이 가진 독특한 특징에 해당한다. 우리나라는 특유의 대면 문화를 가지고 있고 상당기간 정치적 독재를 경험하면서 지지하는 정치 후보자를 묻는 질문은 응답자에게 상당한 심리적 부담을 준다. 따라서 4 · 11 총선 투표자 조사에서도 조사를 거절하거나 응답이 없는 경우가 20%에서 50%까지 이르게 되었다. 그래서 조사원에 의한 캐묻기가 강행되었고 이것이 심각한 친여 편향을 초래하게 되어 예측결과가 크게 나타나게 되었다.

세부적으로 보면 표 8.7에서 전국 253개 선거구 예측 중 110개 예측에서만 신한국당 후보의 예측 득표율이 95% 신뢰구간 안에 있고, 이보다 더 많은 140개 예측은 과다하였던 반면 3개 예측만 과소하였음을 볼 수 있다. 특히 경북지역에서는 95% 신뢰구간 안에 들어온 예측값이 아예 없는 것으로 나타났다. 이것은 전화조사에서 엄청난 친여 편향이 초래되었다는 것을 단적으로 말해 준다. 우리나라에서는 아직도 야당후보를 지지하는 유권자들의 경우 솔직하게 자신의 태도를 밝히는 것에 상당한 심리적 부담을 느낀다는 것이다. 야당후보를 지지하는 유권자들이 전화면접을 요청받았을 경우 솔직하게

표 8.7 신한국당의 경우 예측구간의 허와 실

		예측득표율 – 결과득표율			당선자
		–	±4.3% 이내	+	합계
전국 집계		3	110	140	253
	서울	0	32	15	47
	부산	0	11	10	21
	대구	0	6	7	13
	인천	1	3	7	11
	광주	0	3	3	6
	대전	0	2	5	7
	경기	0	14	24	38
	강원	0	2	11	13
	충북	0	4	4	8
	충남	1	7	5	13
	전북	1	8	5	14
	전남	0	12	5	17
	경북	0	0	19	19
	경남	0	5	18	23
	제주	0	1	2	3

자신의 의견을 밝히기보다는 전화면접을 거부하거나 잘 모르겠다고 대답했을 가능성이 매우 크다. 이러한 친여 편향이 심한 지역은 경북 외에도 경남과 강원지역인 것으로 나타났다.

사례 4 1997년 우리나라 제15대 대통령 선거

1997년 12월 18일 실시된 우리나라 대통령 선거에서는 국민회의 김대중 후보, 한나라당 이회창 후보, 국민신당 이인제 후보가 경합을 벌이게 되었다.

당시 선거법에 의하면 선거운동기간 동안 여론조사는 가능하나 공표는 금지되어 있었고, 선거일 출구조사도 금지되어 있었나. 당시 만 20세 이상 전체 유권자 수는 32,290,416명이었고 실제 투표율은 80.6%이었다. 이 선거의 특징은 정권 교체가 선거의 주요 이슈 중 하나였고, 역대 대선과 마찬가지로 유권자들의 지지성향에서 「출신지역」이 성별, 나이, 직업, 정당지지도보다 우선되는 선거였으며, 한국 경제가 IMF 관리하에 놓이게 되어 경제문제 해결이 선거의 큰 이슈가 되었다. 뿐만 아니라 미디어 선거라고 할 정도로 후보자들의 TV 출연과 토론이 활발히 이루어진 선거였다.

이러한 상황에서 1, 2위가 우열을 가질 수 없을 정도로 박빙의 게임이 예상되자, 당락의 예측을 적중시키기 위해서는 두 후보 간의 지지도 차이를 미세하게 추적하는 일이 가장 중요한 과제로 부각되었다.

이를 위하여 한국 갤럽에서는 지난 대선 때의 경험을 바탕으로 다음과 같은 점들을 개선하기로 하였다. 첫째, 응답자의 솔직성을 확보하기 위해 전화중단자 50%에 대한 분석을 수행하고, 실제로는 A후보를 지지하면서 B후보를 지지한다고 응답하는 사람들을 찾아내고, A후보를 지지하면서도 지지하는 후보가 없다고 응답하는 유권자들에 대한 정밀한 분석을 수행하기로 하였다. 둘째, 기권율을 예측하고 이들의 특성을 분석하기로 하였다. 과거 선거에서 '젊은 사람'과 '대통령 후보를 내지 못한 지역'의 투표율이 낮았기 때문에 연령별 투표율뿐만 아니라 지역별 투표율 예측이 중요한 변수로 고려되었다.

이러한 상황에서 보다 정확한 예측을 위해 투표 전 전화조사와 패널조사, 그리고 투표당일조사를 기획하였다. 전화조사는 지지도를 신속하게 파악하고, 시기별로 지지도가 어떻게 변화하는지를 추적하기 위해 설계되었다. 우리나라의 가구당 전화보급률이 95%에 이르기 때문에 전화조사가 전체 모집단을 대표하는 데 문제가 없고, 오히려 면접조사보다 대표성이 더 있다는 것이다. 솔직하게 지지자를 밝히지 않는 응답자로 인한 오차를 점검하고, 선거이슈 부침에 따른 개인의 지지도가 어떻게 변화하는지를 살피기 위해 패널조사를 도입하였다. 투표당일조사를 실시하는데, 출구조사가 법으로 금지되어 있으므로 투표를 마치고 집에 있는 유권자에게 전화를 하는 준출구조사(Pseudo Exit Poll)를 수행하였다.

2,500명의 유권자를 지역유권자수에 비례 할당하여 랜덤 추출 후 12월 18일 오전 9시에서 오후 2시 사이 전화조사를 실시하여 당일 오후 6시에 발표한 투표당일조사 결과를 요약하면 표 8.8과 같다. 이때 95% 신뢰수준에서 오차한계는 ±2.0%이었다.

표 8.8을 살펴보면 예측과 실제 결과가 거의 구별할 수 없을 정도로 정확히 일치함을 알 수 있다. 예측오차가 1% 정도임을 감안할 때 뒤집힐 수도 있을 만큼 박빙의 선거였음을 알 수 있다.

이러한 정확한 선거예측은 표 8.9에서 권역별 김대중 후보의 지지도 예측에서 나타난 지역별 투표성향 분석에서도 정확히 나타난다. 특히 유권자 비율이 매우 낮은 강원과 제주 지역에서조차도 김대중 후보 지지율을 정확히 예측하였다.

표 8.8 한국갤럽의 1997년 대선 예측과 결과

	김대중	이회창	이인제	기타
예상지지율	39.9	38.9	19.7	1.5
실제지지율	40.3	38.7	19.2	1.8

표 8.9 1997년 대선 권역별 김대중 후보 지지도(%)

	유권자 비율	갤럽의 예측	실제 결과	차이
서울	22.8	46.8	44.9	−1.9
인천/경기	22.8	40.2	39.1	−1.1
강원	3.3	23.8	23.8	0.0
대전/충청	10.0	39.0	43.8	4.9
광주/전라	11.7	94.9	94.4	−0.5
대구/경북	11.5	10.1	13.1	3.0
부산/울산/경남	16.8	14.4	13.7	−0.7
제주	1.1	39.5	40.6	1.1

8.4 여론조사의 신뢰성

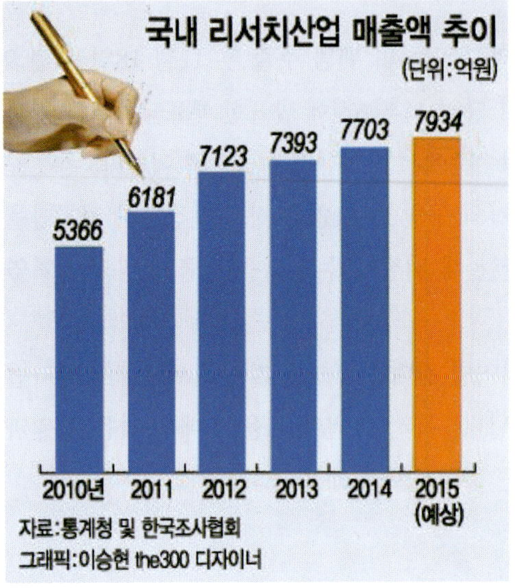

그림 8.1 국내 리서치산업 매출액 추이

최근 여론조사기관 사이에선 ARS조사가 도마 위에 올라 있다. ARS조사는 전화여론조사에 비하여 비용이 10~20분의 1수준이며, 학계나 국제규약은 이를 과학적 조사로 간주하지 않는다. 문제는 최근 들어 한 신생업체가 ARS조사를 마치 일반 전화조사인 것처럼 일부 언론사에 제공해 보도되고 있다는 점이다. 그러나 이 업체는 자신의 조사가 ARS방식에 의한 것임을 밝히지 않고 보도자료를 내고 있어 분명히 일반인을 기만하고 있다는 지적을 받고 있다. 그렇다면 매출액 상위의 주요 조사업체들이 발표하는 조사결과는 선진국 수준의 기준에 따른 것일까?

H업체의 K대표는 "한국 업계 모두의 아킬레스 건이 있다"고 언급하였다. 이러한 주장의 이유 중 하나는 낮은 응답률이다. 우리나라에서 이루어지는 조사는 응답률이 매우 낮다. 다시 말해 응답을 거부하면 자꾸 다른 사람에게 물어본다는 얘기다. 전화조사에서 미국의 경우 1,000명을 표본으로 할 경우 전화 거는 대상을 3,000명 정도로 한정한다. 그 이상이 넘을 경우 선택편의(selection bias)가 있을 것으로 보고 표본을 줄이거나 파기한다. 그래서 응답률의 기준은 30% 이상, 보통 40~50%에 이른다. 그런데 우리나라의 경우 1,000명을 채울 때까지 계속 전화를 건다. 그래서 1만 명 이상에게 전화를 걸 경우가 많다. 응답률은 정치조사의 경우 10~15% 수준이라고 한다. 결국 미국에 비하여 설문에 잘 답하고 정치적으로 적극적인 층의 응답비율이 높아질 수밖에 없다.

더 큰 논란거리는 이 같은 응답률을 공표하지 않는다는 점이다. 법과 국제규약 등에는 공표하도록 규정되어 있지만, 그동안 모든 업체가 공표를 하지 않았기 때문에 문제가 되지 않았다. 또 한 가지는 대부분이 사용하고 있는 할당표본추출의 문제이다. 이는 지역과 연령, 학력별로 미리 결정된 숫자만을 채우면 되는 전화조사 방식이다. 반면 선진국의 권위 있는 조사 기관들은 개인이 추출될 확률을 모두 같게 하는 확률표본추출법을 사용하고 있다. 일단 표본으로 선정된 대상자는 상담이 이뤄질 때까지 몇 번이고 접

축을 시도한다. 메이저(Major, J.) 총리가 대처 정권을 계승한 1992년 영국총선에서 갤럽과 해리스 등 조사기관들은 일제히 보수당의 장기집권이 끝나고 노동당이 정권을 교체한다고 예측했다가 낭패를 당하였다. 이후 할당추출은 총선거에서 신뢰를 크게 잃었다.

여론조사의 영향력이 강한 우리나라에서 조사업계의 선두 주자들까지 이런 조사방식을 쓰는 이유는 낮은 단가 때문이다. 유럽마케팅조사협회(ESOMAR)의 국제조사에 따르면 우리나라의 조사단가는 유럽이나 일본의 1/3, 미국의 1/2 수준으로 동남아 국가들과 비슷하다.

중요한 선거에서 법조계의 쌍방수임과 같은 직업윤리 위반이 일어나고 있다는 점도 논란거리이다. 현재 G업체는 유력한 대선후보의 조사업무를 위임받아 수행하는 한편, 정기적으로 영향력 있는 신문매체와 여론조사를 실시하여 공표하고 있다. 공신력을 중시하는 선진국 사회조사기관은 하지 않는 일이다. 그런데 이런 문제제기에 대한 업체들의 반응은 "우리를 믿어달라"는 식뿐이다. G업체의 P대표는 "서로 다른 부서에서 하는 일이므로 전혀 문제될 게 없다"고 밝혔다. 역시 한 신문과 계약관계에 있는 H업체의 고위간부는 다른 대선후보의 핵심 측근 C씨다. 그는 "조사 실무에 일절 관여하지 않는 것으로 직업윤리를 지켜왔다"면서 "그러나 선거캠프가 공식 발족할 경우 회사에서 물러날 계획"이라고 밝혔다.

표 8.10 국내 주요 리서치회사(2020년 기준)

회사명	설립연도	사원수	매출액(억원)*
㈜ 칸타코리아	1998	322	813.7
㈜ 한국리서치	1978	270	587.9
입소스 ㈜	1997	262	466.7
㈜ 마크로밀엠브레인	1999	280	388.4
㈜ 한국갤럽조사연구소	1974	193	335.6
㈜ 메트릭스코퍼레이션	1999	18	135.7
㈜ 리서치랩	2000	85	127.0

*2019년 12월 기준

창원대 정치학과 안병진 교수는 "미국 정치사를 볼 때, 여론조사는 정치엘리트가 일반대중을 조작하기 위해 발전시킨 기술이기도 하다"면서 "조사의 옥석을 가리고 한계를 알 수 있도록 유권자의 수준을 높여야 한다"고 언급하였다. 또 그는 "싸구려 조사를 구별해내고 높은 직업윤리를 강제할 수 있는 제도가 여론조사산업의 발전을 위해서도 필요한 시점"이라고 지적하였다.

되돌아보기

이 장에서는 실제로 여론조사를 실행하는 방법으로서 우편조사, 전화조사, 면접조사, 그리고 인터넷조사를 이해한 후 ARS조사의 문제점을 살펴보았다. 신뢰수준과 오차한계, 그리고 표본의 크기와의 관계를 이해하고 실제 여론조사 사례를 고찰한다.

용어정리

- **우편조사** 미리 표본으로 추출된 조사대상자에게 우편으로 설문지를 발송하여 응답자 자신이 기입한 후, 다시 우편으로 반송하게 하여 자료를 수집하는 방법
- **전화조사** 조사자가 응답자에게 전화를 걸어 조사내용을 질문하면 응답자가 응답하는 내용을 조사자가 기록하여 자료를 수집하는 방법
- **면접조사** 훈련된 조사원이 조사대상자를 직접 만나서 조사를 실시하는 방법
- **래포**(rapport) 조사자와 응답자 간의 인간적이고 친근한 느낌을 형성하는 것
- **프로빙**(probing) 추가적인 질문을 통해 답변을 확인하여 정확한 답을 알아내는 것
- **인터넷조사** 사이버 공간에서 인터넷을 활용하여 조사자료를 수집하는 방법
- **ARS조사** 자동송신장치를 활용하여 일관된 내용의 여론조사를 실시하여 응답을 받고 추적을 할 수 있는 기계적 조사
- **신뢰수준**(confidence level) 신뢰구간이 모수를 포함할 확률
- **오차한계**(margin of error) 주어진 신뢰수준에서 일어나는 최대의 오차

배운 것 익히기

1 ARS 조사의 문제점을 설명하라.

2 1936년 미국 대통령 선거에서 리더스 다이제스트의 선거예측이 실패한 이유를 설명하라.

3 1996년 우리나라 제15대 국회의원 선거 여론조사 방법을 설명하고, 예측오류의 원인을 지적하라.

4 가장 최근에 실시된 선거 시 발표된 여론조사 결과를 인터넷에서 찾고, 그 결과를 설명하라.

9

관련성과 상관계수

한 개의 변수에 관한 데이터는 중심위치와 퍼짐의 정도를 파악함으로써 요약될 수 있다. 이러한 요약은 완벽하지는 않으나 모집단에 관한 기본적인 정보를 제공하여 준다. 그러나 두 변수에 관한 데이터를 요약할 때는 평균과 표준편차 외에 변수들 간 관련성에 대한 정보가 필요하게 된다.

9.1 관계의 이해

우리는 흔히 두 변수 사이의 관련성에 대하여 관심을 가지게 된다. 예를 들면, 키와 몸무게, 수입과 지출, 흡연과 기대수명 사이에는 서로 연관이 있을 것으로 기대한다. 여기서 관련성(association)은 한 변수의 특정한 값들이 다른 변수의 어떤 값과 같이 나타나는 경향이 있음을 뜻한다. 대체로 키가 큰 사람은 작은 사람보다 몸무게가 더 나가기 때문에 키와 몸무게에는 연관이 있다고 말한다. 만일 두 변수가 서로 관련성이 많다면 한 변수의 값을 아는 경우 다른 변수의 값을 예측하는 데 도움이 될 것이며, 관련성이 적으면 그만큼 다른 변수를 예측하는 데 별 도움이 되지 않는다. 흡연과 폐암으로 인한 사망 사이에는 강한 관련성이 있을 것으로 판단하여 생명보험회사는 흡연자보다 비흡연자에 대하여 낮은 보험요율을 적용한다. 이는 흡연이라는 변수를 이용하여 기대수명이라는 다른 변수의 예측에 근거한 결과이다.

두 변수가 모두 구간척도 혹은 비율척도일 때 두 변수 사이의 관련성에 관심이 있는 경우에는 이들에 대한 관측값이 짝(pair)으로 얻어지며, 이들 짝을 지어 관찰되는 자료를 평면 위의 좌표로 나타낸 것이 산점도(scatter plot)이다. 산점도에 의하여 두 변수 사이의 관련성을 대략적으로 판단할 수 있으나, 이를 하나의 값으로 수치적으로 요약하는 값이 필요하다. 두 변수 사이의 관련성을 나타내는 특성을 모상관계수(population correlation coefficient)라고 말하며, 흔히 기호 ρ로 나타낸다. 또 표본에서 계산된 상관계수를 표본상관계수(sample correlation coefficient)라 하고 여기서 r로 나타내기로 한다. 두 변수 사이의 관련성 혹은 상관관계를 나타내는 모수인 상관계수 ρ는 다음과 같은 성질을 가진다.

- $-1 \le \rho \le 1$
- $|\rho|$의 값이 1에 가까울수록 강한 관련성을 가진다.
- $|\rho|$의 값이 0에 가까울수록 약한 관련성을 가진다.
- ρ는 두 변수 사이의 선형적인 관련성(linear association)만을 측정한다.

표본상관계수 r 또한 동일한 성질을 지니고 있다. 상관관계가 있다고 판단되면 두 변수 간의 관계를 일차 함수식 같은 간단한 모형으로 구체적으로 표현하고자 시도하게 되고, 이를 회귀분석(regression analysis)이라 한다. 회귀분석은 모형의 개념을 이용하여 변수 간의 관계를 일차함수와 같은 초보적인 함수식으로 근사하는 통계분석 방법으로 오늘날 경영학, 경제학, 사회학, 공학, 의학, 농학 등에서 가장 광범위하게 사용되고 있다.

이런 관계를 보다 과학적으로 규명하기 시작한 최초의 연구는 영국의 한 유전학자가 아버지와 다 성장한 아들의 키에 대한 관련성을 연구한 것이다. 해당 연구는 당시 우생학이 관심을 끌던 때였던 사회적 배경을 두고 있다.

아버지의 키와 아들의 키

영국의 통계학자 피어슨(Pearson, K.)은 1,078쌍의 아버지의 키와 아들의 키(성장한 후의 키) 사이의 관련성을 규명하기 위하여 상관관계의 개념을 도입하였다. 그림 9.1은 1,078쌍의 자료를 시각적으로 표현한 산점도이다. 유전학자인 갈톤(Galton, F.)은 그림 9.2와 같이 위의 아버지와 아들의 자료에 대해 최초로 관련성을 그림으로 나타내었다. 그는 후일 피어슨에게 문의하여 오늘날의 상관계수를 개발하는 데 공헌하게 된다.

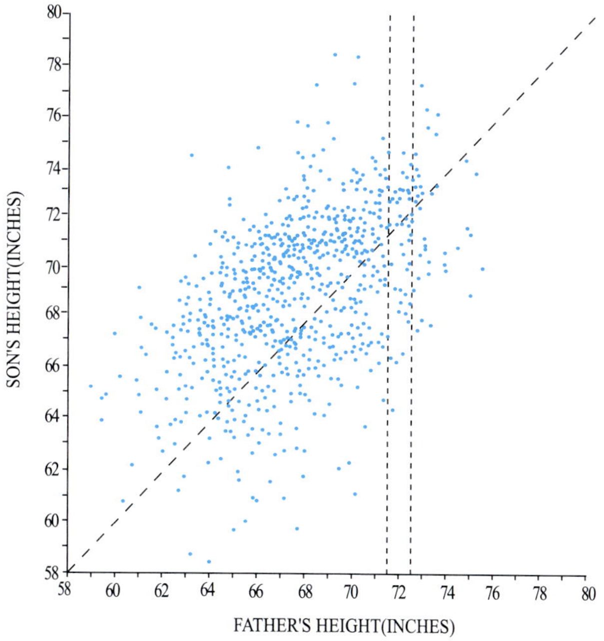

그림 9.1 산점도:1087쌍의 아버지와 성숙한 아버지의 키

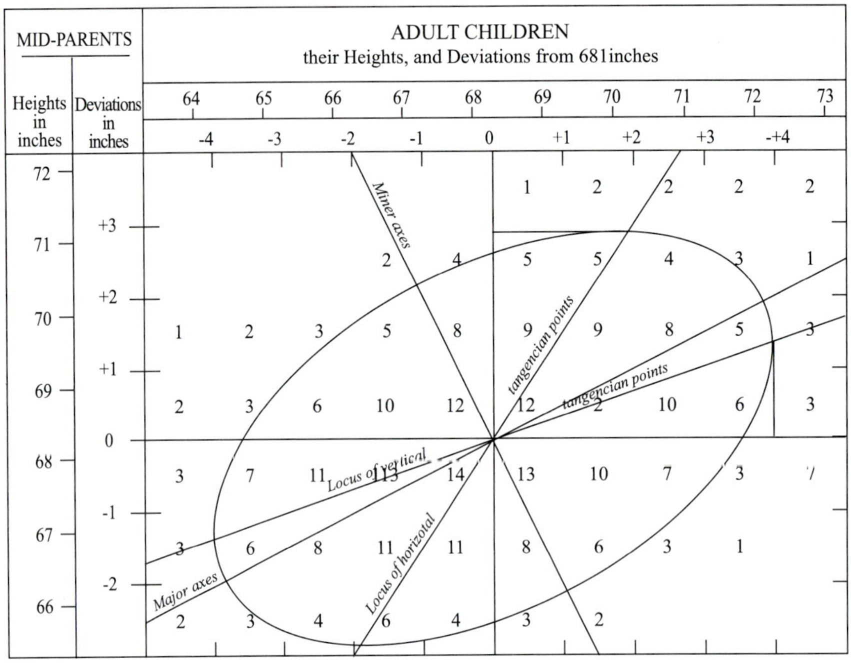

그림 9.2 갈톤의 삼각관계 그림

다음은 1,078쌍의 자료에 대한 요약 통계량이다.

평균(아버지의 키) = 68(인치), 표준편차(아버지의 키) = 2.7(인치)
평균(아들의 키) = 69(인치), 표준편차(아들의 키) = 2.7(인치)

또한 아버지의 키와 아들의 키의 관련성으로부터, 아버지의 키를 보고 아들의 키를 예측할 수 있는 다음과 같은 식을 구할 수 있다.

$$\text{아들의 키(inch)} = 33.73 + 0.516 \times \text{아버지의 키(inch)}$$

결과적으로 아버지의 키가 클수록 아들의 키도 큰 것을 확인할 수 있으며, 평균적으로는 아버지의 키가 1인치 더 클수록 아들의 키는 0.516인치 더 커짐을 알 수 있다. 구체적으로, 아버지의 키가 평균보다 크면 아들의 키는 상대적으로는 아버지보다 작은 경우가 많고, 아버지의 키가 평균보다 작으면 아들의 키는 상대적으로 아버지보다는 큰 경우가 많은 것을 볼 수 있다. 즉 아들의 키는 인간 전체의 평균키로 되돌아가려는 경향이 있음을 알게 되었고, 여기에서 회귀효과(regression effect)라는 용어를 처음 사용하였다. 예를 들면, 아버지의 키가 72인치 부근이면 위의 식에서 아들의 키는 평균적으로 70.9인치가 되어 전체 평균보다는 크지만, 아버지의 키보다 평균적으로 1.1인치 더 작은 것을 알 수 있다. 세부적으로 그림 9.1에서 x축의 값이 72인치 근방이면 y의 값이 직선 $y=x$보다 작은 경우가 훨씬 많음을 볼 수 있다.

9.2 상관계수

방금의 예에서 아버지의 키와 아들의 키는 서로 관련이 있음을 알 수 있다. 그러면 그 관련성을 어떻게 수치로 나타내어 객관화할 수 있을까? 우선 다음의 n개의 짝자료(paired data)를 보자.

$$(x_1,\ y_1),\ (x_2,\ y_2),\ \cdots,\ (x_n,\ y_n)$$

여기서 변수 x와 y의 평균과 표준편차를 각각 계산하면 변수 x와 y의 중심위치와 산포정도를 각각 파악할 수 있지만, 변수 x와 y의 관련성은 알 수 없다.

다른 한편 변수 x와 y의 관련성을 측정하는 척도로서 표본공분산(sample covariance)이 있는데 아래와 같이 계산된다.

$$\mathrm{Cov}(x,\ y)=\frac{1}{n-1}\sum_{i=1}^{n}(x_i-\bar{x})(y_i-\bar{y})$$

여기서 분모의 값 $n-1$은 n으로 바꾸어 사용되기도 한다. 그리고 $\mathrm{Cov}(x,\ x)$은 변수 x의 분산을 나타낸다. 만일 한 변수가 커질수록 다른 변수도 커지고 작아질수록 작아지는 경향이 있을 때 두 변수의 관련성은 '양의 관계(positively correlated)'가 있다고 말하며 공분산은 양의 값이 된다. 반대로 한 변수가 커질수록 다른 변수는 작아지며, 변수가 작아질수록 변수는 커지는 경향이 있을 때 두 변수의 관련성은 '음의 관계(negatively correlated)'가 있다고 말하며 공분산은 음의 값이 된다. 또한 두 변수 사이의 관련성이 클수록 공분산의 절댓값이 커진다는 것을 알 수 있다.

그러나 공분산의 값을 보고 두 변수의 관련성이 얼마나 강한지 혹은 약한지를 짐작하기는 어렵다. 예를 들면, 변수 x가 키(cm)를 그리고 변수 y는 체중(kg)을 나타내고 두 변수의 공분산이 50.8이라 하자. 만일 x와 y의 단위를 각각 인치[1]와 파운드[2]로 바꾼다면 공분산의 값은 아래 표 9.1과 같다. 따라서 공분산은 두 변수 사이의 관련성을 나타내는 통계량이지만, 변수의 단위에 따라 값이 다르게 되어 두 변수의 관련성을 객관적

1) inch; 1인치 = 2.54 cm
2) lb; 1파운드 = 0.4536 kg

으로 측정하는 통계량이 되기는 부족하다. 만일 공분산과 같은 성질을 가지면서, 단위에는 무관한 통계량이 있으면 두 변수의 관련성을 측정하는 좋은 통계량이 될 것이다.

표 9.1 **x와 y의 단위별 공분산**

x의 단위	y의 단위	공분산
cm	kg	50.8
인치	kg	20.0
cm	lb	112.0
인치	lb	44.1

피어슨은 이러한 성질을 가지는 통계량을 개발했는데, 바로 상관계수(correlation coefficient)라 하며, 아래와 같이 정의된다.

$$r_{x,y} = \frac{\text{Cov}(x, y)}{s_x s_y}$$

$r_{x,y}$는 항상 -1과 1 사이의 값으로 절댓값이 1에 가까우면 강한 관련성이 있으며 0에 가까울수록 관련성이 없음을 나타낸다.

그림 9.3은 컴퓨터에서 평균이 각각 50과 70이며, 표준편차가 15와 10인 정규분포에서 난수를 50개 생성하여 상관계수의 값에 따라 자료들의 산점도가 어떻게 변하는지 나타낸다. 그림에서 보듯이 상관계수의 크기를 보면 두 변수 사이의 관련성을 어느 정도 짐작할 수 있다. 즉 변수 각각의 평균과 표준편차를 통하여 수평, 혹은 수직적으로 자료들이 어디에서 얼마나 흩어져 있느냐를 알 수 있고, 상관계수를 통해 두 변수의 관련성에 대하여도 알 수 있는 것이다.

구체적으로 상관계수를 구하는 공식을 알아보자. 자료가 다음과 같이 주어질 때 상관계수는 다음과 같이 구한다.

$$(x_1, y_1), (x_2, y_2), \cdots, (x_n, y_n)$$

$$\begin{aligned} r_{x,y} = \frac{\text{Cov}(x, y)}{s_x s_y} &= \frac{\sum_{i=1}^{n}(x_i - \bar{x})(y_i - \bar{y})}{\sqrt{\sum_{i=1}^{n}(x_i - \bar{x})^2}\sqrt{\sum_{i=1}^{n}(y_i - \bar{y})^2}} \\ &= \frac{1}{n-1}\sum_{i=1}^{n}\left(\frac{x_i - \bar{x}}{s_x}\right)\left(\frac{y_i - \bar{y}}{s_y}\right) \\ &= \frac{1}{n-1}\sum_{i=1}^{n} x_i^s y_i^s \end{aligned}$$

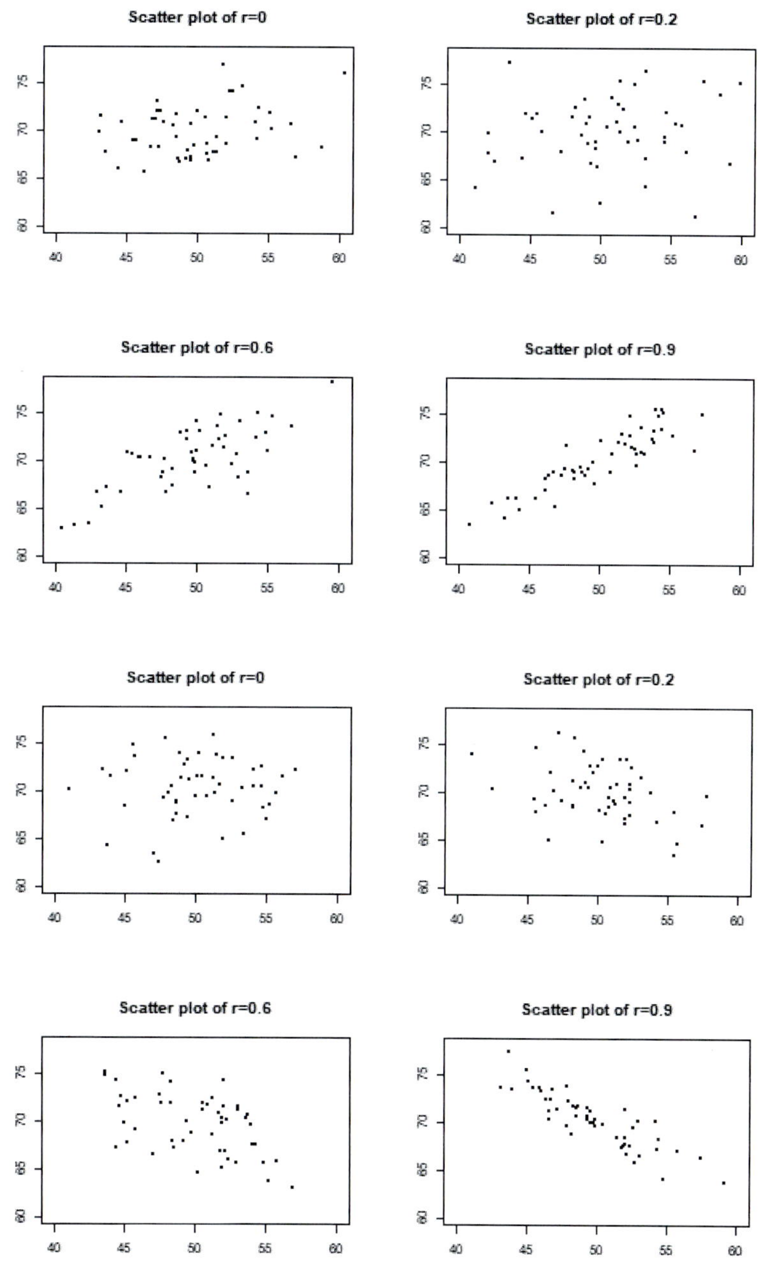

그림 9.3 여러 가지 상관계수의 예

여기서 x^s와 y^s는 각각 x와 y의 표준화된 변수이며, s_x와 s_y는 각각 x와 y의 표준편차이다.

다음 자료를 사용하여 구체적으로 상관계수를 구해보자.

표 9.2 **예제: 상관계수 구하기**

x	1	3	4	5	7
y	5	9	7	1	13

위의 자료에서 $\bar{x}=4$, $\bar{y}=7$, $s_x=2.2361$, $s_y=4.4721$이므로

표 9.3 **예제: 상관계수 구하기**

x	y	x^s	y^s	$x^s y^s$
1	5	−1.3416	−0.4472	0.6
3	9	−0.4472	0.4472	−0.2
4	7	0	0	0
5	1	0.4472	−1.3417	−0.6
7	13	1.3416	1.3417	1.8
합계				1.6

따라서 x와 y의 상관계수는 다음과 같이 계산된다.

$$r=\frac{0.6+(-0.2)+0+(-0.6)+1.8}{5-1}=0.4$$

한편, x와 y의 공분산을 계산하면,

$$\text{Cov}(x,\ y)=\frac{1}{5-1}((-3)(-2)+(-0.1)(2)+0+(1)(-6)+(3)(6))=4$$

가 되므로 x와 y의 상관계수는

$$r_{x,y}=\frac{\text{Cov}(x,\ y)}{s_x s_y}=\frac{4}{(2.2361)(4.4721)}=40$$

로, 앞에서 계산한 값과 같은 결과를 얻게 된다.

상관계수의 성질

1) 상관계수는 단위에 무관하다(scale-free).

공분산의 성질과 상관계수의 공식을 보면, 두 변수의 선형변환(linear transformation)

에 대하여 불변의 성질을 갖는다. 다만, 기울기가 반대인 방향으로 변환되면 상관계수는 크기는 변함없고 부호만 바뀐다. 예를 들면, 수능시험에서 국어와 수학의 원점수의 상관계수가 0.75였다면 두 점수의 표준점수의 상관계수도 동일하게 0.75이다.

2) 상관계수는 두 변수 간 선형 관련성만을 측정한다.

상관계수는 두 변수의 관찰값이 직선에 얼마나 모여 있느냐를 측정하는 값으로서, 항상 −1에서 1 사이에 있다. 특히 상관계수가 ± 1인 경우는 두 변수의 관찰값이 모두 직선 위에 있게 되며, 직선의 기울기가 양 혹은 음에 따라 +1 혹은 − 1이 된다. 한편 두 변수가 곡선적인 관련성이 있는 경우는 상관계수로서는 그 관련성을 측정할 수 없다. 예를 들면, 아래와 같은 경우 두 변수가 거의 완벽한 이차곡선(포물선)의 관계가 있으나 상관계수는 0에 가까운 값이 된다.

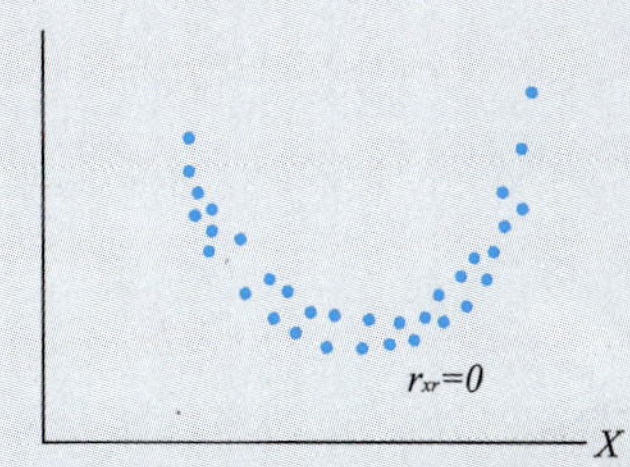

그림 9.4 상관계수의 성질: 선형 관계성

3) 변수의 범위가 제한된 경우 관련성이 왜곡된다.

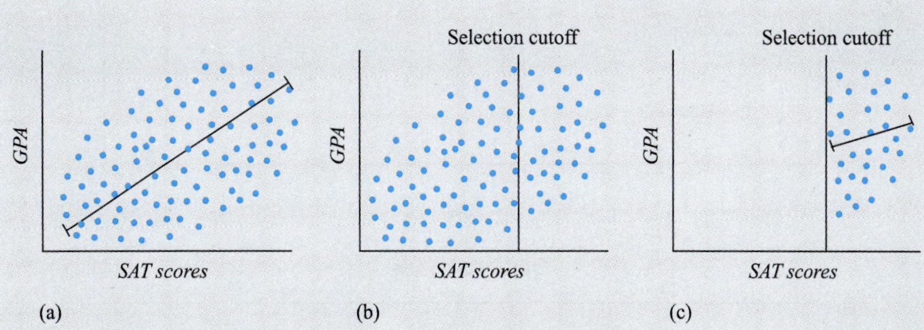

그림 9.5 상관계수의 성질: 범위제한에 의한 관련성 왜곡의 가능성

위의 그림에서 SAT(수능) 점수와 GPA(학점평균)와의 관련성을 살펴보자. 두 변수가 그림 (a)와 같이 원래 양의 관련성이 있음에도 불구하고 SAT 점수의 범위를 제한할 때 그림 (c)와 같이 거의 관련이 없는 것처럼 보인다. 따라서 어떤 변수의 값이 제한되어 관찰될 때 유의하여 관련성을 조사해야 한다.

4) 이상값(outlier)이 있는 경우 관련성은 왜곡된다.

관찰된 자료에 이상값이 있는 경우에는 유의하여 상관계수를 사용해야 한다. 예를 들면, 다음 그림에서는 대부분의 자료는 관련성이 없어 보이지만 한 개의 이상값으로 인해 음의 관련성을 나타낸다. 따라서 이런 경우는 이상값에 대해 특별히 조사하여 잘못 관찰된 것이면 제거하고, 실제 이상값이면 유의하여 설명해야 한다. 왜냐하면 이상값에 중요한 정보가 들어있기 때문이다.

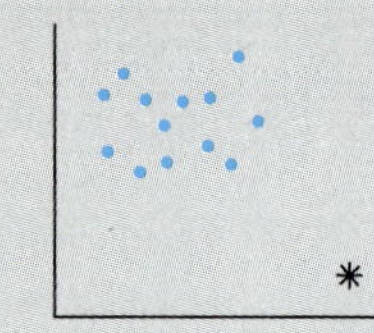

그림 9.6 이상치에 의한 관련성 왜곡 가능성

5) 비율이나 평균을 사용하여 상관계수를 구하는 경우 관련성은 왜곡될 수 있다.

예를 들어, 아래 산포도는 학력(1 = 고등졸업, 2 = 대학졸업, 3 = 대학원졸업)과 월소득(만원)의 그림이다. 상관계수는 0.507로서 약간 양의 관련성이 있음을 알 수 있다. 그러나 학력별로 평균 월소득을 구하여 학력과 평균월소득과의 상관계

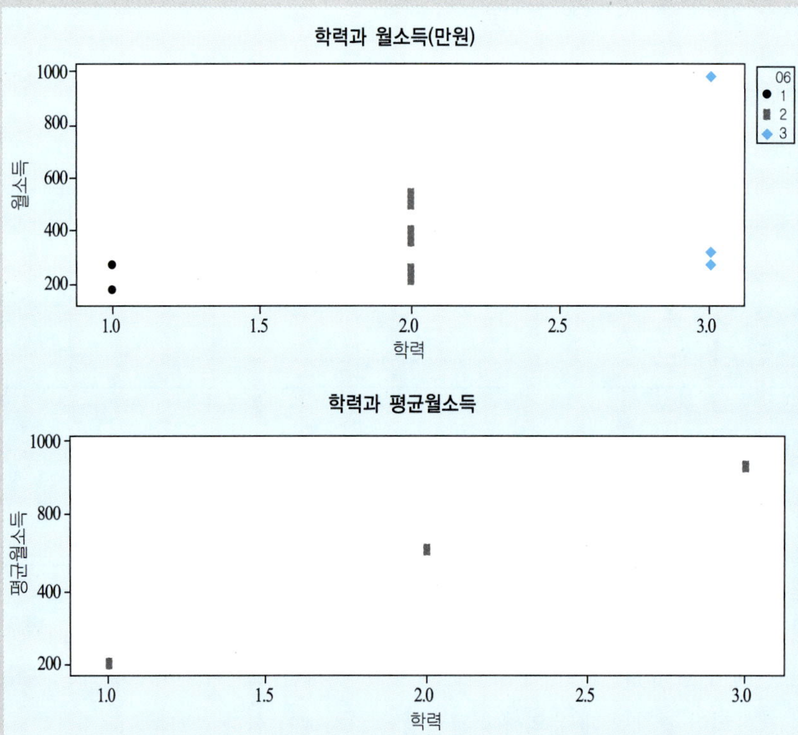

그림 9.7 상관계수의 성질: 비율 · 평균에 의한 관련성 왜곡 가능성

수는 0.986으로 거의 직선에 가까움을 알 수 있다. 따라서 평균이나 비율을 이용하여 상관계수를 구할 때는 유의하여 사용해야 한다.

6) 관련성이 항상 인과성을 반영하는 것은 아니다.

예 1 장수하는 사람 중에 인중이 긴 사람이 많다고 해서 '인중이 긴 사람이 오래 산다'고 인과관계를 말하는 것은 곤란하다.

예 2 음료수 판매량과 소아마비의 발생률과의 관련성을 살펴보자. 다음 그림은 분기별로 음료수 판매실적과 소아마비 발생률을 그린 산포도이다. 그림을 보면 두 변수 사이에는 강한 양의 관련성이 있는 것처럼 보인다. 이 경우 관련성을 인과성(causation)으로 잘못 판단하면 소아마비의 발생률을 낮추기 위하여 음료수 판매를 중지시켜야 하는 결과를 초래하게 된다. 그러나 의학적으로 이 결론은 난센스이다.

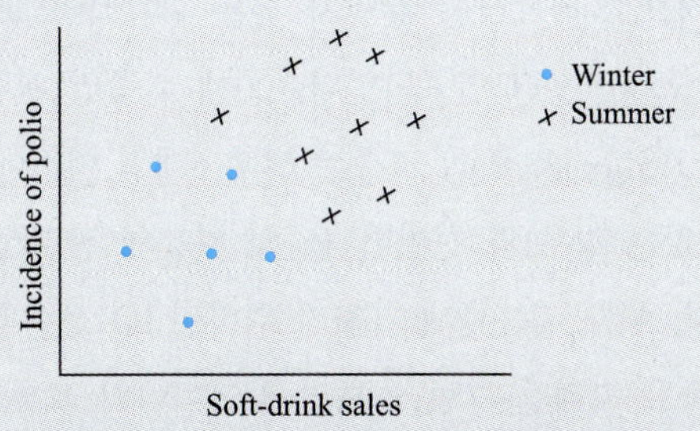

그림 9.8 상관성과 인과성의 혼동

그러면 두 변수가 아무런 관련이 없는데 어떻게 관련이 있는 것처럼 나타날까? 이에 대한 답은 제 3의 변수이다. 제 3의 변수 '온도'가 있어 온도가 높으면 날씨가 더워 음료수 판매량이 늘어날 것이고, 또한 '온도'가 높으면 소아마비를 일으키는 바이러스가 왕성히 활동을 할 수 있는 여건이 마련됨으로써 소아마비의 발생률이 높게 나타나는 것이다.

7) 상관계수 행렬을 사용하여 여러 변수 사이의 관련성을 동시에 파악할 수 있다.

상관계수 행렬(correlation coefficient matrix)을 이용하면 여러 변수 간의 관련성을 한꺼번에 파악할 수 있다. 예를 들면, 다음은 어느 해에 K대학에 입학한 4,336명 학생의 수능 4개 영역별 점수의 상관계수 행렬이다.

표 9.4 상관계수의 성질: 상관계수 행렬(예시)

	국어	수학	영어	탐구
국어				
수학	0.200			
영어	0.434	0.467		
탐구	0.501	0.345	0.430	

위의 표에서 국어영역과 수학영역의 상관계수는 0.200이고, 수학영역과 영어영역의 상관계수는 0.467로 나타났다.

9.3 상관계수의 응용 사례: Skeels-Skodak 연구

인간의 지능이 선천적으로 타고나는 것인지 혹은 후천적인 교육에 의하여 발전되는 것인지에 대한 논의는 오래전부터 연구되었다. 20세기 중엽 펜실베니아대학의 스킬즈(Skeels, H.)와 스코다크(Skodak, M.) 교수는 생후 6개월 이전에 입양된 아이들 100여 명(친어머니와 교류가 없는 경우)과 친어머니와의 지능의 관련성을 아이가 자라나면서 계산하여 그림을 그렸다. 이때 지능을 평가하기 위하여 IQ 점수를 사용하였다.

다음 그림에서 실선으로 그려진 그림을 보면 친어머니와 교류가 전혀 없는데도 불구하고 성장할수록 관련성이 0.4 정도로 높아짐을 볼 수 있다. 또한 양육하고 있는 양어머니와의 상관계수 그림(짧은 점선)을 보면 성장하더라도 관련성이 없음을 볼 수 있다. 한

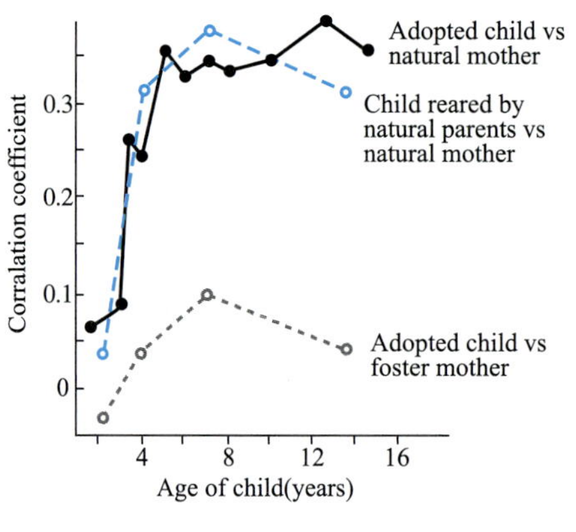

그림 9.9 인간의 지능 꺾은선 그래프

편 친어머니의 양육을 받고 자라난 아이들의 친어머니와의 지능의 상관계수 그림(긴 점선)을 보면 실선과 거의 같은 형태를 가지고 있음을 관찰할 수 있다. 따라서 위의 그림에서 입양아들이 성장하면서 상관계수의 변화를 보면 인간의 지능은 선천적으로 타고나는 학설이 옳음을 입증한다. 그러나 친어머니의 IQ 평균은 84점이고 입양아들의 IQ 평균은 104점으로 나타나 IQ가 평균 20점이나 상승한 것은 지능이 선천적으로 타고난다는 학설로는 설명할 수 없다. 이는 친어머니의 사회경제지수(socio-economic index)가 매우 낮아 지능이 낮은 편이지만, 입양아들은 상대적으로 좋은 환경에서 좋은 교육을 받고 성장했기 때문에 IQ의 평균이 20점이나 상승했음을 알 수 있다. 따라서 인간의 지능은 선천적으로 타고나는 부분과 후천적으로 개발하여 발전하는 부분이 혼합되어 있다고 판단할 수 있다.

9.4 관련성과 인과관계

그림 9.10을 보면 〈가〉와 〈나〉 사이에 어떤 관계나 관련성이 나타나는 것처럼 보이는 경우에 대해 3가지 유형이 있을 수 있다. 제 1유형의 경우는 〈가〉와 〈나〉의 관련성이 다른 상황에서도 일어나는 경우에 해당한다. 즉 〈나〉의 원인이 해당하는 요인이 〈가〉 이외에 거의 없는 경우이다. 따라서 〈가〉와 〈나〉 사이에는 인과관계까지도 성립한다고 할 수 있다. 예를 들어, 흡연으로 인하여 발암성 호르몬이나 이와 연관된 호르몬이 수십 가지 생성되며 담배 연기 속에도 다량의 폐암 관련 물질이 함유되었다는 사실은 개개인의 성별과 나이에 상관없이 흡연자의 건강, 즉 면역 능력을 저하하면서 폐암이 유발되는 경우이다.

제 2유형은 〈가〉와 〈나〉 사이의 관련성은 〈다〉라는 제 3의 요인이 있어 이 요인이 〈가〉

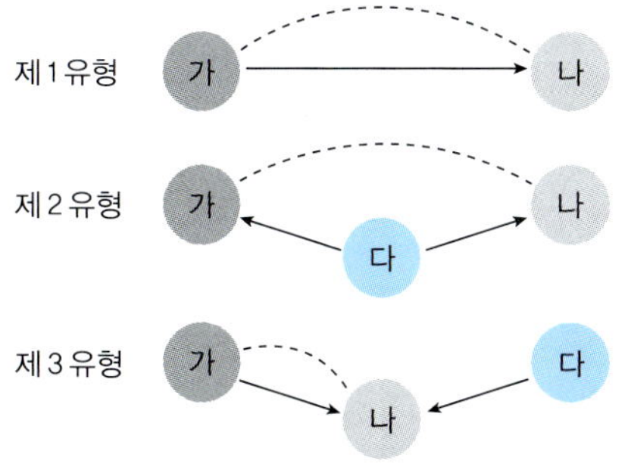

그림 9.10 관계의 여러 유형

와 〈나〉에 모두 영향을 미치는 경우에 해당된다. 제 2유형의 예에는 수능 성적과 대학에서 취득하는 성적 사이의 관련성을 생각할 수 있다. 수능 성적이 높다고 대학 평점이 높은 것은 아니며, 학업능력과 지식의 어떤 결합이나 학업태도, 본인의 평소 의지 등이 수능 성적과 평점 모두에 영향을 준다는 것이다.

제 3유형은 〈나〉의 변화는 〈가〉 뿐만아니라 〈다〉라는 다른 요인이 존재하는 경우이다. 예를 들어, 포도주가 건강에 좋다고 하여 한동안 포도주 마시는 붐이 일어난 적이 있다. 포도주의 어떤 성분이 건강에 도움이 된다는 것이었다. 그러나 실제로 포도주를 마시는 사람들이 건강한 것은 특별한 성분 때문이 아니라 그 사람들의 취향과 습관 때문이라고 한다. 포도주를 자주 마시는 사람들이 맥주를 자주 마시는 사람들보다 운동을 많이 하며, 과식하지 않는 등 건강 습관이 좋은 경향이 있다는 것이다. 이 경우에는 〈나〉의 변화가 〈가〉에 의한 것인지 〈다〉에 의한 것인지 구별하기가 쉽지 않다. 이런 현상을 〈가〉와 〈다〉가 서로 교락(confounding)되어 있다고 한다.

상관관계는 단순히 숫자에 불과하므로 계산된 값이 반드시 올바른 관계를 정확히 나타낸다고 할 수 없다. 따라서 두 변수 간의 관계가 어떤 유형에 해당하는지 먼저 정확히 판단하고 난 뒤 상관계수를 활용하고 해석해야 할 것이다.

되돌아보기

이 장에서는 변수 간의 관계에 대해 알아보았다. 특히 두 변수 사이의 관계 정도를 구체적으로 숫자로 표시할 수 있으며, 이를 상관계수라고 한다. 상관계수의 값은 −1에서 1까지 값을 가질 수 있는 것으로 양의 관계와 음의 관계가 있을 수도 있다.

용어정리

- **모상관계수(population correlation coefficient)** 두 변수 간의 모집단에서의 관계 정도를 나타내는 값
- **표본상관계수(sample correlation coefficient)**

$$r_{x,y} = \frac{\mathrm{Cov}(x,\ y)}{s_x s_y}$$

배운 것 익히기

1 다음 자료들의 상관계수를 구하라.

①

x	y
1	5
1	3
1	5
1	7
2	3
2	3
2	1
3	1
3	1
4	1

②

x	y
1	1
1	2
1	1
1	3
2	1
2	4
2	1
3	2
3	2
4	3

③

x	y
1	2
1	2
1	2
1	2
2	4
2	4
2	4
3	6
3	6
4	8

2 두 변수의 상관계수의 제곱은 각 변수가 다른 변수의 변동을 어느 정도 설명하는지에 대한 설명력을 나타낸다[3]. 본문 표 9.4의 상관계수 행렬로부터 4,336명 학생의 국어영역 점수를 탐구영역의 점수로 어느 정도 설명할 수 있는지 답하고, 그 의미가 무엇인지 설명하라.

3 주변에서 상관계수를 잘못 사용하거나 남용되는 경우를 예를 들어 설명하라.

3) 통계적으로는 이를 결정계수(coefficient of determination)라고 한다.

10

지수로 세상 읽기

이 장에서는 경제나 금융 분야에서 주로 사용하며, 최근에는 환경과 기상 등 주변 생활과 관련한 정보를 제공하기 위하여 사용하는 각종 지수에 대해서 공부하도록 하자.

10.1 지수

자료의 값이 시간에 따라 변하게 될 때 우리는 그 값이 어떻게 변동되었는지를 알고자 한다. 이런 통계는 기업의 생산성과 가격의 변동, 국가의 1인당 GDP의 변동 등에서 많이 사용되며 예컨대, 소비자물가지수를 생각할 수 있다. 소비자물가지수는 기준연도를 기점으로 소비자들이 많이 소비하는 품목들의 가격이 얼마나 변동하였는지를 측정하는 값으로, 소비자물가지수가 상승하는 경우 우리는 전체적으로 물가가 올랐음을 알 수 있다. 지수(index)는 일반적으로 기준시점에 대한 현재의 변수 값에 대한 변동을 측정하는 것으로 정의된다.

$$\text{지수} = \frac{\text{현재의 값}}{\text{기준값}} \times 100(\%)$$

지수의 예

20 kg에 35,000원이었던 쌀가격이 현재 38,000원 한다고 하자. 그러면 20 kg 쌀에 대한 지수는 다음과 같다.

$$\frac{38{,}000}{35{,}000} \times 100 \simeq 108.6$$

즉 기준연도에 비해 20 kg 쌀가격이 8.6% 올랐음을 알 수 있으며, 달리 말하면 쌀의 지수가 108.6(%)이라고 할 수 있다.

또 다른 예를 살펴보자.

표 10.1 예시: 지수의 계산

	쌀(20 kg)	대학등록금(학기)
기준연도	35,000원	2,200,000원
현재연도	38,000원	2,800,000원

이 표에서 다음과 같이 항목별로 지수를 구할 수 있다.

$$\text{쌀의 지수} \quad \frac{38{,}000}{35{,}000} \times 100 \simeq 108.6(\%)$$

$$\text{대학등록금의 지수} \quad \frac{2{,}800{,}000}{2{,}200{,}000} \times 100 \simeq 127.3(\%)$$

위의 예에서 보면 다음의 사실을 알 수 있다.

1) 쌀은 10년 동안 8.6% 올랐다.
2) 대학등록금(학기)은 10년 동안 27.3% 올랐다.
3) 대학등록금이 쌀에 비하여 3.2배 정도 더 올랐다.

여기서 우리는 두 개의 품목에 대하여 지수를 구하였지만, 두 품목을 종합하면 전체적으로 얼마나 올랐는지는 말하기 곤란하다. 그 이유는 이 지수를 보는 사람에 따라 쌀과 대학등록금에 지출하는 비중이 다르기 때문이다. 따라서 이런 점들을 감안하여 여러 품목의 지수를 생산하되 각 품목이 차지하는 비중을 적절한 방법을 통해 구하여, 지수들의 가중평균을 구하고 여러 품목의 종합적인 지수로 생각한다.

지수의 종류

(1) 소비자물가지수 (CPI; Consumer's Price Index)

도시가구가 소비생활을 영위하기 위하여 구입하는 일정량의 상품과 서비스의 가격변동을 종합적으로 파악하기 위하여 작성하는 지수로서, 최종 소비단계에서 나타나는 물가수준을 종합적으로 측정하는 지표역할을 한다.

(2) 종합주가지수 (KOSPI; Korea Composite Stock Price Index)

우리나라 주식시장의 전체 움직임을 파악하기 위하여 작성하는 지수로, 우리나라 경제상황을 총체적으로 보여 주는 지표이다.

(3) 경기동향지수 (DI; Diffusion Index)

경기동향지수는 경기변동의 진폭이나 속도는 측정하지 않고 변화방향만을 파악하는 것으로서 경기의 국면 및 전환점을 식별하기 위한 지표이다.

(4) 통합대기환경지수 (CAI, Comprehensive Air-quality Index)

대기오염도 측정치를 국민이 쉽게 알 수 있도록 하고 대기오염으로부터 피해를 예방하기 위한 행동 지침을 국민에게 제시하기 위하여 대기오염도에 따른 인체 영향 및 체감오염도를 고려하여 개발된 지표이다.

(5) 기상관련 지수

기상과 관련한 지수들로서는 자외선지수(UI; Ultraviolet Index), 불쾌지수(DI; Discomfort Index), 지구온난화지수(GWP; Global Warming Potential)가 있다.

(6) 경제관련 지수

광공업생산지수, 서비스업생산지수, 설비투자지수, 코스닥지수 (KOSDAQ) 등 통계청(www.nso.go.kr)을 참조하기 바란다.

10.2 소비자물가지수

소비자물가지수는 가구에서 일상생활을 영위하기 위하여 구매하는 상품과 서비스의 평균적인 가격변동을 측정한 지수이다. 따라서 정부에서는 이를 이용하여 경기를 판단하는 지표로 사용하여 각종 재정정책, 경제정책 등을 수립한다. 다음은 2019년 12월에 공표된 2019년 연간 소비자물가지수 동향 개요의 일부이다.

소비자물가지수의 개요 (2019년 12월 및 연간 소비자물가 동향)

1. 개념: 소비자물가지수는 가구에서 일상생활을 영위하기 위해 구입하는 상품과 서비스의 평균적인 가격변동을 측정한 지수
2. 지수 기준연도: 2015년=100
3. 조사품목: 상품 및 서비스 460개 품목
4. 가중치: 가계동향조사 월평균 소비지출액에서 각 품목의 소비지출액이 차지하는 비중으로서 1,000분비로 산출
5. 가격조사: 서울, 부산, 대구, 광주 등 38개 지역에서 조사

- 농축수산물, 석유류: 월 3회 조사(초순, 중순, 하순 주중 1일)
- 공업제품: 월 1회 조사(중순) • 전기 · 수도 · 가스: 월 1회 조사(하순)
- 서비스: 월 1회 조사(하순) • 집세: 월 1회 조사(초순)

6. 계산식: 가중산술평균 방식(라스파이레스 산식)

$$L_{2015,t}^{2015=100}=\frac{\sum(P_i^t Q_i^{2015})}{\sum(P_i^{2015}Q_i^{2015})}\times 100=\sum W_i^{2015}\left(\frac{P_i^t}{P_i^{2015}}\right)\times 100,$$

$$=W_i^{2015}\frac{(P_i^{2015}Q_i^{2015})}{\sum(P_i^{2015}Q_i^{2015})}$$

* L: 지수, P: 가격, Q: 수량, W: 가중치, t: 시점, i: 품목

7. 지수의 종류

- 농산물 및 석유류 제외지수: 계절적인 요인이나 일시적인 충격에 의한 물가 변동분을 제외하고 장기적인 추세를 파악하기 위해 곡물 외의 농산물과 석유류 품목을 제외한 407개 품목으로 작성한 지수
- 식료품 및 에너지 제외지수: 농산물과 석유류 외에도 축산물, 수산물, 가공식품, 전기, 지역난방비 등의 품목을 제외한 317개 품목으로 작성한 지수
- 생활물가 지수: 체감물가를 설명하기 위해 구입 빈도가 높고 지출비중이 높아 가격변동을 민감하게 느끼는 141개 품목으로 작성한 지수
- 신선식품 지수: 신선 어개 · 채소 · 과실 등 기상조건이나 계절에 따라 가격변동이 큰 50개 품목으로 작성한 지수
- 지출목적별분류 지수: 소비지출의 목적에 따라 분류하여 작성한 지수(12개 대분류)
- 품목성질별 지수: 품목 성질(농축수산물, 공업제품 등)로 구분하여 작성한 지수
- 자가주거비포함 지수: 자가주거비*를 소비자물가지수에 포함한 지수

(후략)

이상의 내용을 보면 우선 460개 품목이 조사대상이라는 점을 알 수 있다. 품목은 기준연도 가계동향조사 결과 월평균 소비지출액이 일정 비율 이상 되는 항목으로부터 그 항목에 해당하는 상품군의 가격 흐름을 대표할 수 있고, 시장에서 가격조사를 지속적으로 수행할 수 있는 상품을 선정하고 있으며, 세월의 흐름에 따라 품목의 변화가 있다. 기준연도는 5년 단위로 바뀌게 된다. 즉 2016년부터 향후 5년 간은 2015년이 기준연도가 된다. 지수계산방식은 라스파이레스식과 파쉐식이 있는데, 라스파이레스식 계산법은 구입량을 기준연도의 양으로 해서 가중평균을 구하는 반면, 파쉐식은 비교년도의 구입량을 이용하는 방법이다. 여기서 다음의 예를 가지고 각각의 계산법을 알아보자.

표 10.2 예시: 물가지수 계산

상품	가격		구입량		가중치
	기준연도	비교연도	기준연도	비교연도	
1	4	5	6	8	5
2	6	5	10	15	10
3	10	12	8	16	5

먼저 라스파이레스식 계산법으로 물가지수를 계산하면 다음과 같다.

$$\text{물가지수} = \frac{5\times6\times5+8\times10\times10+12\times8\times5}{4\times6\times5+6\times10\times10+10\times8\times5}\times100 = 127.7$$

또한 파쉐식 방법으로 계산한 물가지수는 다음과 같다.

$$\text{물가지수} = \frac{5\times8\times5+8\times15\times10+12\times16\times5}{4\times8\times5+6\times15\times10+10\times16\times5}\times100 = 126.9$$

이렇게 구한 소비자물가지수는 누구에게도 맞지 않을 수 있다. 예를 들어 가정주부의 경우 채소나 부 등의 가격변동이 크게 느껴질 수 있는데 그 이유는 금액 자체는 작더라도 일상적으로 자주 접하기 때문이다. 또 자녀가 대학을 다니지 않으면 대학등록금이 올라 물가지수가 올라가도 느끼지 못할 수가 있다.

이처럼 소비자물가지수는 실생활과 차이나는 통계라고 할 수 있다. 주부들이 실제 시장에 나가보면 고등어, 갈치 등 생선의 가격이 20% 이상 오르고, 파, 마늘 등의 가격도 30% 이상 올랐는데 정부가 발표하는 소비자물가는 5%도 오르지 않았다니 믿을 수 없다는 것이다. 지수물가와 피부물가 또는 장바구니물가와의 차이가 그것이다. 그러나 지수물가와 장바구니물가가 왜 차이가 나게 되는가를 이해하게 되면 우리가 시장에서 단편적으로 부딪히는 생활물가보다는, 소비자물가지수를 이용하는 것이 실제 가계의 소비지출계획을 세우는 데 훨씬 유용하다는 것을 알게 될 것이다.

소비자물가지수란 이미 언급한 바와 같이 가계가 많이 구입하는 품목의 가격을 전국에서 조사하여 평균한 것이다. 따라서 소비자물가지수가 5% 올랐다고 할 때 이 중에는 가격이 훨씬 더 오른 품목도 있고, 오히려 가격이 내린 품목도 있다. 그러나 소비자들은 대체로 가격이 오른 품목만 주목하고 가격이 오르지 않거나 떨어진 품목을 감안하지 않는 것이 일반적이다. 또한 물가지수 작성 시에는 각 품목에 대한 소비지출금액의 크기를 감안하여 가중 평균하게 되므로, 물가상승에 따라 가계 소비지출 부담이 어느 정도 늘어나는지를 가늠해 볼 수 있으나, 소비자들은 이러한 가중치를 생각하지 않는 경향이 있다. 예를 들어, 어느 주부가 시장에 가보니 무 값이 20% 오르고 고춧가루 값도 30% 오른 반면, 배추의 값은 오르지 않았다고 할 때 김장재료 값이 20~30% 올랐다고 생각하기 쉬우나 가중치를 감안하면 실제로 무, 배추, 고춧가루를 모두 구입하는 데 드는 비용은 12% 정도 늘어난 것이다.

소비자물가지수와 피부물가가 차이나게 되는 또 다른 요인으로는 각 가정의 상황이나 소비패턴에 따라 물가상승을 느끼는 감각이 달라진다는 점을 들 수 있다. 학교에 다니는 자녀가 없는 가정에서는 학교납입금이나 학원비 등이 오르더라도 별로 실감하지 못할 것이나, 학생이 많은 가정은 교육비 상승이 가계에 큰 부담이 된다. 자기 집이 없는 사람은 전세, 월세 등 주거비 상승의 부담을 피부로 느끼게 되나, 자기 집에 사는 사람은 전세나 월세의 상승에 별 영향을 받지 않는다. 또한 소비자들은 자신이 자주 구입하는 상품의 가격에 민감하게 마련이므로 과일을 좋아하는 사람은 과일가게에, 외식을 좋아하는 사람은 외식비의 상승에 민감하게 반영하게 된다. 소비자물가 작성 시에는 이러한 지수물가와 피부물가 간의 격차를 줄이기 위해 여러 가지 보조지표들을 작성하여 발표하고 있다. 여기에는 신선 어개, 채소, 과실 등을 별도 집계한 신선식품지수나 소비지출의 목적에 따라 분류하여 작성한 지수인 지출목적별분류지수 등이 있다.

그뿐만 아니라 체감물가를 설명하기 위해 1998년 4월부터 생활물가지수를 발표하기 시작하였다. 아래의 생활물가지수를 발표하기 전과 후에 나온 다음의 기사를 읽어보자.

최근 석달간 생활물가 10% 급등
– 조선일보, 1998.03.17

소비자가 피부로 느끼는 생활물가가 정부에서 공식 발표하는 소비자물가보다 배 가까이 오른 것으로 나타났다.

17일 재정경제부가 물가대책차관회의에 보고한 자료에 따르면 환율이 급등한 작년 12월부터 올 2월까지 석 달간 소비자물가는 6.6%가 상승했다. 그러나 대중교통요금과 라면 등 월 1회 이상 구입하는 58개 품목을 대상으로 조사한 「구입 빈도별 소비자물가지수」는 같은 기간에 무려 10.5%가 급등했다. 또 기초생필품 50개를 뽑아 조사한 「기본생필품지수」도 석 달간 9.4%가 올랐다. 다만 채소, 과일, 어패류 등 식생활과 관련된 47개 품목을 대상으로 한 「신선식품지수」는 일기 호조에 따른 풍작 및 소비위축의 여파로 소비자물가보다 3.5%포인트가 낮은 3.1%의 상승에 그쳤다.

재경부는 이달 말에 발표하는 3월 중 소비자물가 동향부터 3개 생활물가 관련 지수를 상세히 공개해 국민들이 느끼는 체감물가와 정부의 공식물가 발표와의 괴리를 좁히기로 했다.

1998년 4월부터 생활물가통계 작성
– 조선일보 1998.04.28.

통계청은 1998년 4월 28일 일반소비자들이 주로 구입하는 품목을 중심으로 한 생활물가통계를 별도로 작성, 4월분부터 발표하기로 했다고 밝혔다.

통계청은 소비지출 비중이 큰 5백9개 품목을 대상으로 작성되는 현행 소비자물가지수와 일반소비자들이 피부로 느끼는 체감물가와의 괴리를 해소하기 위해 생활물가지수를 작성하기로 했다고 설명했다.

대상품목은 ▲쌀, 두부, 라면 등 소득증감에 관계없이 구입하는 기본생활필수품 88개 ▲과일류, 세탁료 등 분기에 1회 이상 구입하는 생필품 50개 ▲남녀 기성복, 운동화, 중 · 고등학교 납입금 등 가격변동이 민감한 16개 품목 등 총 1백 54개다.

한편 국제통화기금(IMF) 체제에 들어선 97년 12월~98년 3월 동안 소비자물가지수는 작년 같은 기간에 비해 6.6~9.5% 올랐으나 생활물가지수는 9.7~14.1% 오른 것으로 나타나 두 지수 간 격차가 크게 벌어졌다. 또 전 · 월세를 포함한 생활물가지수는 같은 기간 8.2~11.8% 오른 것으로 나타나 서민들이 실제로 느끼는 물가고통은 더욱 심했던 것으로 나타났다.

이러한 노력에도 불구하고 지수물가와 피부물가 간의 괴리는 여전히 남는다. 중요한 것은 소비자들이 이러한 지수물가와 피부물가 간의 차이를 이해하고 발표된 통계를 잘 활용하여 합리적인 소비생활을 계획해 나가는 것이라 할 수 있다.

한국은행[1]에서 작성 배포하는 소비자심리지수(CCSI)는 현재생활형편, 생활형편전망, 가계수입전망, 소비지출전망, 현재경기판단, 향후경기전망 등 6개의 주요 개별지수를 표준화하여 합성한 지수로서, 전반적인 소비자심리를 종합적으로 판단하는데 유용하다. 소비자심리지수는 표준화 구간인 99년 1/4분기에서 2008년 2/4분기의 개별지수의 평균값과 표준편차를 이용하여 표준화한 후 단순 평균하여 산출하는데, 개별지수의 표준화는 다음과 같이 계산한다.

1) www.bok.or.kr

$$y_{i,t} = \frac{x_{i,t} - \bar{x}_i}{s_i}$$

여기서 $x_{i,t}$는 t월의 개별 소비자동향지수이고, $\bar{x}_i$, s_i는 각각 표준화 구간의 개별지수 평균과 표준편차이다.

그러면 소비자심리지수(CCSI: Composite Consumer Sentiment Index)는 다음과 같이 계산된다.

$$CCSI_t^* = \frac{z_t - \bar{z}}{s_z} sm + 100.$$

이때 z_t는 6개의 표준화지수의 합, $\bar{z}$는 평균, sm은 표준화구간의 6개 개별지수 표준편차들의 중앙값으로 현 표준화구간에서는 9이다. 개별지수가 100보다 높은 경우 긍정적으로 응답한 가구수가 부정적으로 응답한 가구 수보다 많음을, 100보다 낮은 경우에는 그 반대를 의미하며, 소비자심리지수가 100보다 높은 경우 경제상황에 대한 소비자의 주관적인 기대심리가 과거(표준화구간)평균보다 낙관적임을, 100보다 낮을 경우에는 비관적임을 나타낸다. 한국은행에서 발표한 2019년 12월 소비자동향지수 자료를 참조하면 현재 생활형편CSI는 전월 수준을 유지하였으나 생활 형편전망CSI는 전월에 비해 1p하락하였으며, 가계수입전망CSI는 전월에 비해 1p하락하였으나 소비지출전망CSI는 전월 수준을 유지하였다.

표 10.3 가계 재정상황에 대한 인식

	'19.4월	5월	6월	7월	8월	9월	10월	11월 (A)	12월 (B)	(B−A)
현재생활형편 CSI[1)]	93	91	91	91	90	92	92	92	92	(−)
생활형편전망 CSI[2)]	95	92	92	92	89	92	93	95	94	(△1)
가계수입전망 CSI[2)]	99	97	97	96	94	97	97	99	98	(△1)
소비지출전망 CSI[2)]	110	109	108	107	105	106	108	109	109	(−)

주: 1) 6개월 전과 비교한 현재
2) 현재와 비교한 6개월 후 전망

10.3 주가지수

주가지수란 어떤 시장의 모든 주식가격이 특정시점 대비 얼마나 상승하였는지를 나타내는 지표이다. 개별 상장회사의 주식가격의 변동은 구체적인 가격으로 표시되지만, 주가지수에 의한 가격변동은 어느 시점을 100으로 하고 상승한 경우에는 100보다 큰 숫자, 하락하였을 때에는 100보다 작은 숫자로 표시된다. 예컨대, 105면 상승한 것이고 95이면 하락한 것이다. 따라서 주가지수는 주식시장에서의 주가예측에 대한 기본적인 정보를 제공하여 준다. 다음은 우리나라의 주가지수에 대한 설명이다.

1) 코스피지수(KOSPI: KOrea composite Stock Price Index)

코스피는 한국종합주가지수이며, 1980년 1월 4일을 기준 시점으로 해서 100으로 정해 계산된다.

$$\frac{\text{현재 시가총액}}{\text{1980년 1월 4일(기준시점)의 시가총액}} \times 100$$

여기서 시가총액이란 '상장회사의 주식현재가×발행주식수'이다. 기준시점 당시 거래소 등록 시가총액이 약 50조 원이었으며, 현재 시가총액 및 각 시가총액은 한국거래소[2) 홈페이지에 조회할 수 있다. 코스피 상장 요건은 자기자본 300억 원 이상, 영업 활동 기간 3년 이상, 매출액 최근 1천억 원 이상, 3년 평균 매출액 700억 원 이상, 일반 주주 700명 이상, 상장주식 수 100만 주 이상 등이다.

2) 코스피200지수(KOSPI 200, Korea Stock Price Index 200)

1996년부터 실시되는 주가지수 선물의 거래대상의 지수로서, 상장종목 중 각 업종의 대표종목 200개 종목이고 1990년 1월 3일을 100포인트 기준 시점으로 사용하고 있다. 각 업종별로 시가총액 상위 200종목을 선정한 것이 코스피 200이며, 선물시장과 옵션 시장의 기초자산이 된다. 여기서 코스피 100과 코스피 50은 그중에서도 더 전체 시가총액을 많이 차지하고 있는 종목 100종목과 50종목에 대한 지수이다.

3) 코스닥 (KOSDAQ; Korean Securities Dealers Automated Quotations)

한국거래소 코스닥시장본부가 운영하는 주식시장의 통칭이다. 코스닥은 1996년 5월에 설립되었으며 그전에는 장외주식으로 거래되던 종목들을 한참 중소기업들이 붐

2) 한국거래소, www.krx.co.kr.

처럼 많이 생기던 때 중소기업의 자금 수급을 원활하게 하기 위하여 장외거래 활성화를 목표로 설립되었다. 코스닥지수는 설립 후 첫 거래일시인 1996년 7월 1일을 기준 시점으로 해서 1000 기준으로 계산된다. 코스닥의 상장 요건은 자기자본 30억 원 이상 또는 시가총액 90억 원 이상, 영업 활동 기간 3년 이상, 소액주주 500명 이상, 매출액 5~100억 원 이상 등을 충족해야 한다.

우리나라의 종합주가지수란 한국증권거래소에 상장되어 거래되는 모든 주식을 대상으로 산출하여 전체 장세의 흐름을 나타내는 지수를 가리킨다. 이 지수는 1972년 1월 4일부터 35개 회사를 선정하여 다우존스(Dow Jones) 방식으로 산출하였으나, 더욱 합리적인 주가지수의 산출을 위하여 1983년 1월 4일부터는 다우존스식에서 시가총액식으로 개편하여 작성, 발표하고 있다. 코스피지수의 기준 시점은 1980년 1월 4일로서 당일의 주가지수를 100으로 하고 있으며, 상장된 보통주 전 종목을 대상으로 산출하고 있다. 우선 다우존스식 산출방법은 1884년 미국의 다우존스가 발표한 가장 오래된 주가지수로서, 주가지수를 구성하는 상장종목을 일부 우량주만을 선정하여 산출하는 지수를 말하는 것이다. 다우존스식 주가지수는 지수의 구성종목이 거래가 활발하고, 시황을 대표할 만한 소수의 우량주를 대상으로 산출되므로, 시황을 민감하게 반영하며 가중치가 없다. 그렇기에 지수 구성 종목의 가격만을 평균함으로써 계산이 간단하며, 수작업에 의해서도 산출할 수 있는 장점이 있다. 반면 구성종목의 가중치를 동등하게 취급함으로써 주가변동이 큰 일부종목에 영향을 받으며 지수구성종목을 상장종목 중 일부만을 채용하고 있어 산업구조의 급속한 변화 등에 대응하기 어렵다는 단점이 있다.

한편 코스닥은 한국거래소 코스닥시장본부가 운영하는 시장으로서 미국의 나스닥과 유사한 기능을 하는 중소, 벤처기업을 위한 증권시장이다. 1996년 7월 1일 증권업협회에 의하여 개설되었으며, 코스닥 개장으로 증권거래소 상장을 위한 예비적 단계에 머물렀던 장외시장은 미국의 나스닥과 같이 자금조달시장 및 투자시장으로서 증권거래소와 대등한 독립적인 시장으로서의 역할을 수행하게 되었다. 코스닥증권에서 거래되는 주식은 장외거래 대상종목으로 증권업협회에 등록된 기업의 주식이다. 코스피에 비하여 비교적 완화된 등록요건이 적용되기 때문에 중소기업이나 벤처기업이 많이 등록되어 있다. 개설 초 코스닥의 운영은 개설주체인 증권협회의 장외시장관리실에서 담당하였으며, 1996년 5월 상대매매에서 경쟁매매로 거래방식을 변경하면서 주식중개만을 담당하는 증권회사인 코스닥증권시장(주)을 설립해서 매매체결 업무를 위임하였다. 이후 1998년 코스닥시장 운영의 공정성 및 투명성을 확립하기 위하여 시장운영에 관한 의사결정기구인 코스닥위원회를 증권업협회 내에 설치하였고, 2001년 코스닥위원회의 설치 근거와 업무를 증권거래법에 명시함으로써 코스닥시장의 운영체계가 확립되었다. 현재 코스닥 시장의 운영은 코스닥위원회에서 수행하고 있으며, 코스닥증권시장(주)에서 매매체결 및 공시에 관한 일부 업무를 증권업협회(코스닥위원회)로부터 위임받아 수행하고 있다. 1999년 5월 정부는 코스닥 시장의 등록요건을 완화하여 대형 통신사 등 매력적인 기업들이 쉽게 등록될 수 있게 하고, 코스닥에 등록한 중소 벤처법인에 대하여 세제상의 혜택을 주어 우량기업들이 많이 등록하도록 여건을 개선하는 등 코스닥시장 활성화 방안을 마련하였다.

10.4 기상 관련 지수

해마다 전 세계적으로 이상 기후로 인한 피해가 발생하고 있다. 이런 기상이변에 대응하기 위하여 1988년 세계기상기구(WMO)와 유엔환경계획(UNEP)이 공동으로 '기후변화에 관한 정부 간 협의체(IPCC; Intergovernmental Panel on Climate Change)'를 설립하였다. IPCC는 기후변화와 관련된 과학적 정보와 기후변화로 인한 환경 및 사회·경제적인 영향력 평가와 더불어 현실적 대응전략을 공인화하기 위하여 탄생하게 되었으며, 기후변화 대응에 있어 각국 정부의 이행 정책 수립 및 채택에 매우 중요한 역할을 담당하였다. 특히 당사국총회(COP; Conference of the Parties)와 유엔기후변화협약(UNFCCC; United Nations Framework Convention on Climate Change, 1992 설립)에 신뢰성 있는 정보를 제공하고 있다.

IPCC 5차 보고서에 따르면 1986~2005년을 기준으로 21세기 후반 지구 표면온도는 최대 4.8℃ 상승하며, 전 세계 해안선의 약 70%에서 해수면 상승이 일어날 가능성이 매우 높다고 예측된다. 또한 기후변화가 진행됨에 따라 생물다양성 감소, 미래 식량 안보 등에도 영향을 미칠 것으로 보고된다.

이와 같이 기후변화는 우리의 생활에 많은 영향을 미친다. 따라서 기상청[3)]에서는 일상생활에 편리와 도움을 주기 위해서 여러 가지 지수를 개발하여 발표하고 있다.

자외선지수

자외선지수는 태양고도가 최대인 남중 시간 때 지표에 도달하는 자외선의 복사량을 지수로 환산한 것으로, 지수 범위에 따라 5단계의 위험등급으로 나눈다.

3) 기상청. www.weather.go.kr

표 10.4 자외선지수 단계에 따른 설명 및 주의사항

단계	지수범위	설명 및 주의사항
위험	11 이상	• 햇볕에 노출 시 수십 분 이내에도 피부 화상을 입을 수 있어 가장 위험함. • 가능한 실내에 머물러야 함. • 외출 시 긴 소매 옷, 모자, 선글라스 이용. 자외선 차단제를 정기적으로 발라야 함.
매우높음	8 이상 10 이하	• 햇볕에 노출 시 수십 분 이내에도 피부 화상을 입을 수 있어 매우 위험함. • 오전 10시부터 오후 3시까지 외출을 피하고 실내나 그늘에 머물러야 함. • 외출 시 긴 소매 옷, 모자, 선글라스 이용. 자외선 차단제를 정기적으로 발라야 함.
높음	6 이상 7 이하	• 햇볕에 노출 시 1~2시간 내에도 피부 화상을 입을 수 있어 위험함. • 한낮에는 그늘에 머물러야 함. • 외출 시 긴 소매 옷, 모자, 선글라스 이용. 자외선 차단제를 정기적으로 발라야 함.
보통	3 이상 5 이하	• 2~3시간 내에도 햇볕에 노출 시에 피부 화상을 입을 수 있음. • 모자, 선글라스 이용. 자외선 차단제를 발라야 함.
낮음	2 이하	• 햇볕 노출에 대한 보호조치가 필요하지 않음. • 그러나 햇볕에 민감한 피부를 가진 사람은 자외선 차단제를 발라야 함.

식중독지수

식중독이란 음식물 섭취에 따른 건강 장애 중의 하나로서, 식품위생법에서는 '식품의 섭취로 인하여 인체에 유해한 미생물 또는 유독물질에 의하여 발생하였거나 발생한 것으로 판단되는 감염성 또는 독소형 질환'이라고 정의한다. 특히 식중독 사고의 70% 이상을 차지하고 있는 세균성 식중독은 식품의 취급과정에서 적절한 방지대책과 세심한 주의를 기울이면 충분히 예방이 가능하다.

표 10.5 **식중독지수 단계별 대응요령**

단계	지수범위	설명 및 주의사항
위험	86 이상	• 식중독 발생가능성이 매우 높으므로 식중독 예방에 각별한 경계가 요망됨. • 설사, 구토 등 식중독 의심 증상이 있으면 의료기관을 방문하여 의사 지시에 따름. • 식중독 의심 환자는 식품 조리 참여에 즉시 중단하여야 함.
경고	71 이상 86 이하	• 식중독 발생가능성이 높으므로 식중독 예방에 경계가 요망됨. • 조리도구는 세척, 소독 등을 거쳐 세균오염을 방지하고 유통기한, 보관방법 등을 확인하여 음식물 조리. 보관에 각별히 주의하여야 함.
주의	55 이상 71 이하	• 식중독 발생가능성이 중간 단계이므로 식중독예방에 주의가 요망됨. • 조리음식은 중심부까지 75℃(어패류 85℃)로 1분 이상 완전히 익히고 외부로 운반할 때에는 가급적 아이스박스 등을 이용하여 10℃ 이하에서 보관 및 운반.
관심	55 미만	• 식중독 발생가능성은 낮으나 식중독 예방에 지속적인 관심이 요망됨. • 화장실 사용 후, 귀가 후, 조리 전에 손 씻기를 생활화.

되돌아보기

이 장에서는 각종 지수의 종류와 생산 방법에 대해서 알아보았다. 책에서 소개한 지수 이외에도 다양한 지수들이 존재하며, 우리는 이 같은 지수를 통해 전반적인 상황에 대한 흐름을 파악하는 데에 도움을 얻어 생활에 유용한 정보를 얻을 수 있을 것이다.

용어정리

- **지수(index)** 기준시점에 대한 현재의 변수값에 대한 변동을 측정한 것

$$\text{지수} = \frac{\text{현재의 값}}{\text{기준 값}} \times 100$$

- **소비자물가지수(CPI)** 기준연도를 기점으로 소비자들이 많이 소비하는 품목들의 가격이 얼마나 변화하였는지를 측정한 지수
- **코스피지수(KOSPI)** 한국종합주가지수
- **자외선지수** 태양고도가 최대인 남중시간 때 지표에 도달하는 자외선의 복사량을 지수로 환산한 것

배운 것 익히기

1 소비자물가지수가 가지는 의미와 결함이 무엇인지 설명하라.

2 소비자물가지수가 장바구니물가와 차이가 나는 이유를 설명하라.

3 종합주가지수에 대해 아는 대로 설명하고 종합주가지수가 2000을 넘어섰다는 것은 무엇을 의미하는지 설명하라.

4 환경청, 기상청 등에 들어가 최근에 발표하는 여러 가지 유용한 지수들에 대하여 설명하라.

11

임상시험 이해하기

생명과학의 발전과 더불어 신약 개발과 관련된 임상시험의 중요성이 국내외적으로 많은 관심을 받고 있다. 임상시험을 통한 약효의 평가는 약품을 안전하게 사용하기 위한 필수불가결한 과정이다. 이 장에서는 임상시험 과정과 그 과정에서의 통계학의 중요성을 이해하고, 이를 통해 나타나는 세상의 흐름을 읽어보기로 한다.

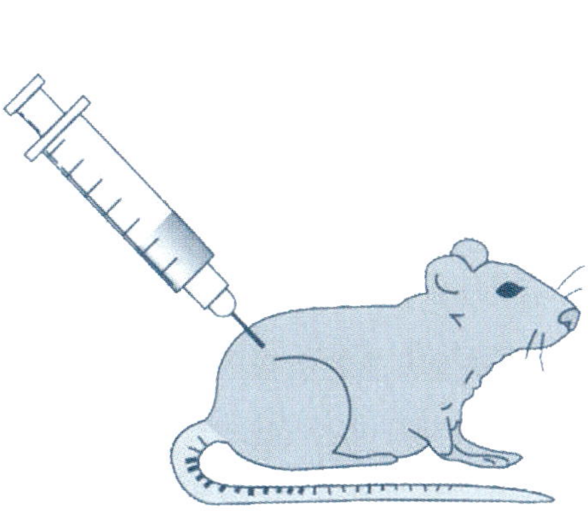

11.1 임상시험의 현황

임상시험(clinical trial) 또는 임상연구는 사람을 직접 대상으로 하거나 사람에게서 추출(또는 적출)된 검체나 사람에 대한 정보를 이용하여 이루어지는 모든 시험이나 연구를 말한다. 주로 의약품을 개발 · 시판하기에 앞서 그 물질의 안전성과 치료 효용성을 증명할 목적으로 해당 약물의 체내 분포, 대사 및 배설, 약리효과와 임상적 효과를 확인하고 부작용 등을 알아보기 위해 사람을 대상으로 실시하는 시험 · 연구를 말한다.[1)]

국내 코로나19 백신 · 치료제 개발 어디까지 왔나
– 이데일리. 2020.11.29

미국 화이자와 모더나, 영국 아스트라제네카 등이 코로나19 백신 임상시험 중간 결과를 발표하면서 국내 업체들의 백신 · 치료제 개발 현황에도 관심이 쏠리고 있다. 국내에서는 10곳이 넘는 제약 · 바이오 회사들이 치료제 개발에 보다 주력하고 있으며, 셀트리온과 대웅제약은 조건부 허가 신청 계획을 내놓은 상황이다. 백신의 경우에는 국내 업체들이 대부분 사람 대상의 임상을 시작하기 전이거나 초기 단계인 경우가 많아 해외사들과의 경쟁에서는 다소 뒤쳐질 수밖에 없을 것으로 보인다.

29일 식품의약품안전처에 따르면 국내 제약 · 바이오기업 11곳이 12개의 치료제 임상을 진행하고 있다. 이 중 가장 앞선 것으로 평가되는 치료제는 셀트리온이 개발 중인 항체치료제 'CT-P59(성분명 레그단비맙)'와 대웅제약의 혈장치료제 '호이스타정(카모스타트)'이다. 셀트리온은 지난 25일 임상 2상 피험자 327명에게 항체치료제 투약을 완료했다. 임상 2상 중간 결과를 확인한 후 연내 식약처에 조건부 사용 허가를 신청하는 것이 목표다. 셀트리온 관계자는 "임상 2상을 통해 유효성과 안전성이 입증되면 환자에 투약할 수 있을 것"이라면서 "이미 지난 9월부터 10만명분의 치료제 생산에 돌입했다"고 말했다.

대웅제약도 혈장치료제의 임상 2상 환자 모집을 완료했다. 내년 1월 조건부 허가를 목표로 하고 있다. 박현진 대웅제약 개발본부장은 "연내 임상 결과가 확보될 것으로 예상되는 만큼 내년 1월 긴급사용승인을 목표로 당국과 협업하겠다"고 말했다. 셀트리온과 대웅제약 치료제가 성공적으로 개발되면 경증과 중증을 모두 관리할 수 있는 방안이 마련될 전망이다.

---

1) 국가임상시험사업단; www.konect.or.kr 참조.

GC녹십자와 종근당도 각각 코로나19 혈장치료제 GC5131와 CKD-314(나파모스타트) 임상 2상을 진행 중이다. 연내 임상 2상 데이터를 도출하는 것이 목표다. 제약업계는 이들 제약사들이 임상 2상 결과에 따라 조건부 허가 신청을 할 것으로 기대하고 있다. 이밖에 부광약품, 엔지켐 생명과학, 신풍제약, 크리스탈지노믹스, 동화약품 등이 치료제 임상 2상을 진행 중이다. 제넥신과 뉴젠테라퓨틱스는 임상 1상을 진행하고 있다.

연내 사용 기대감을 높이고 있는 코로나19 치료제와는 달리 국내 백신 개발은 더딘 편이다. 백신은 임상시험이 3건 진행 중이다. 제넥신은 DNA 백신 후보물질 'GX-19'의 임상 1상을 진행 중이며 12월이나 내년 1월 중 논문을 통해 임상 결과를 발표할 예정이다. SK바이오사이언스는 지난 24일 백신 후보물질 'NBP2001'에 대한 임상 1상 시험계획을 식약처로부터 승인 받고 임상에 돌입했다. 진원생명과학은 독성 · 효능평가를 위한 동물실험(비임상)을 진행 중이며 이달 식약처에 임상 1상 승인을 신청했다.

국내 백신은 이미 3상을 진행 중인 화이자나 모더나 등 다국적 제약사에 비해 아직 초기 개발 단계여서 이른 상용화를 기대하기는 어렵다는 게 업계의 주된 의견이다. 업계에서는 국산 백신이 빨라야 내년 하반기나 돼야 나올 것으로 보고 있다. 치료제는 백신에 비해 개발 속도가 빠르긴 하지만 이 역시 이미 긴급사용승인을 받은 길리어드의 렘데시비르와 일라이릴리의 항체치료제 LY-CoV555에 비하면 다소 늦어졌다는 평가다.

더욱이 상대적으로 적은 국내 코로나19 환자가 치료제 · 개발을 어렵게 만들고 있다. 국민들의 임상시험에 대한 부정적인 인식도 임상이 지연되는 요인 중 하나로 지목된다. 일부 기업들은 식약처로부터 임상 승인을 받고도 환자 모집이 안 돼 데이터를 확보하지 못하고 있다. 제약업계 관계자는 "피험자를 모집하기가 여간 힘든 게 아니다"라면서 "일부 제약사들은 해외 임상도 함께 진행하고 있어 개발 속도가 빠르지만 그 역시 비용부담이 크다"고 말했다.

근대의 임상시험은 정확하고 과학적인 근거 하에 윤리적, 체계적, 점진적으로 진행되며, 인류의 건강한 삶을 위한 신약개발에 있어 꼭 필요한 연구이다.

현재 전 세계 임상시험의 50% 정도는 미국에서 그리고 30% 정도는 독일 등 유럽에서, 나머지는 일본 등에서 임상시험을 진행하고 있다. 더욱이 최근 미국, 유럽에서는 자국의 신약개발에 해외 임상시험 자료를 제한적으로 이용하자는 주장까지 제기되고 있다. 또한 호주와 인도, 싱가포르, 대만, 동유럽 및 러시아 등이 전폭적인 국가 지원을 기반으로 신흥 임상시험 국가로 떠오르며 임상시험 유치에 열을 올리는가 하면, 이웃나라인 일본과 중국 역시 이전의 폐쇄적인 규제를 철폐하고 임상시험 시스템을 정비해가며 다국적 제약사를 향해 자기 나라가 임상시험의 최적의 장소임을 홍보하고 있다.

왜 이 같이 여러 나라들은 임상시험을 자국에서 유치하기 위해 경쟁하고 있을까? 왜냐하면 자국의 유전적인 특성에 맞춘 신약을 개발하여 약의 효능을 더욱 높일 수 있고, 더 이상 치료 방법이 없는 난치병 환자들에게 새로운 약을 빠르게 접할 수 있는 기회를 제공할 수도 있으며, 높은 부가가치를 가지기 때문이다. 혁신 신약 1개를 개발하면 자동차 수백만 대를 수출하는 효과를 거둘 수 있다. 현재 ClinicalTrials.gov[2)]에 2000년부터 2020년 3월 31일까지 등록된 전체 누적 임상시험은 전 세계적으로 334,535건으로, 2016년의 급감했던 건수가 연평균성장률 3.29%로 점차 회복되는 중이다.

우리나라도 식품의약품안전처(KFDA. 이하 식약처)의 2018년 의약품 임상시험 계획 승인 현황 분석에 따르면 전체 의약품 임상시험 승인건수는 2017년 658건에서 2018년 679건으로 21건(3.2%) 증가하였다.

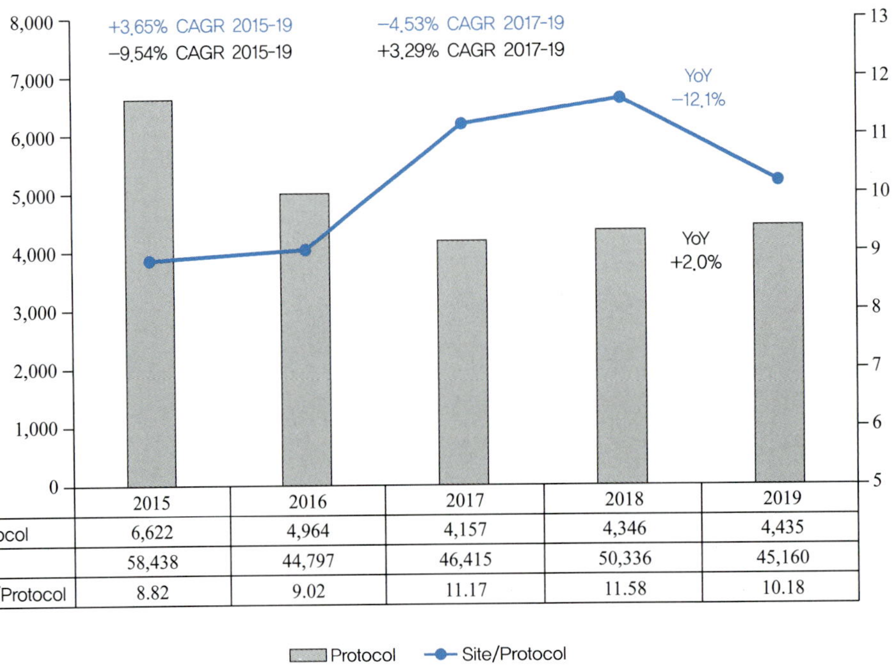

	2015	2016	2017	2018	2019
Protocol	6,622	4,964	4,157	4,346	4,435
Site	58,438	44,797	46,415	50,336	45,160
Site/Protocol	8.82	9.02	11.17	11.58	10.18

그림 11.1 전 세계 제약사 주도 의약품 임상시험 신규 등록 현황

2) 미국 국립보건원(NIH)에서 운영하는 세계 최대의 임상시험 온라인 등록 시스템이다.

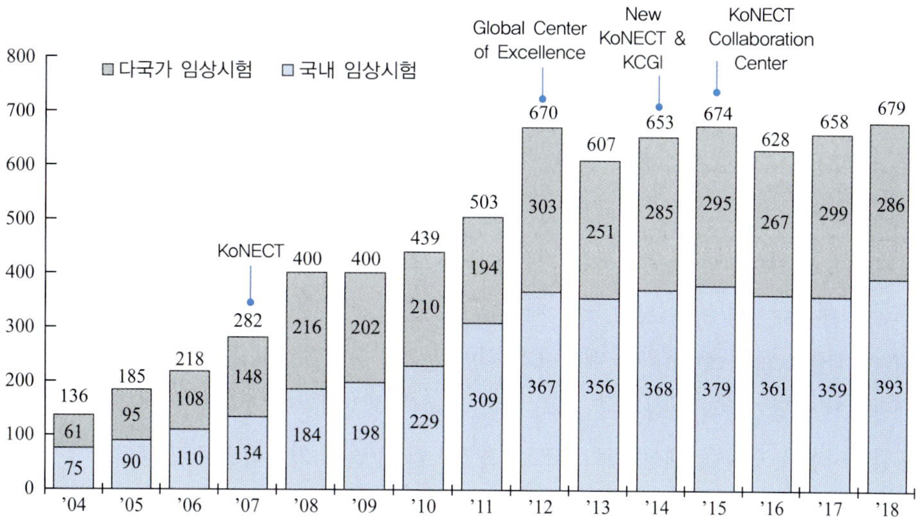

*국내 임상시험: 제약사 등이 의약품을 개발하여 국내에서 실시하는 임상시험
*다국가 임상시험: 제약사 등이 의약품을 개발하여 한국을 포함하여 2개국 이상에서 실시하는 임상시험

그림 11.2 전체 임상시험 승인현황

그림 11.2를 살펴보면, 2007년부터는 다국가 임상시험이 국내임상시험 건수를 넘어섰고, 2008년 총 임상시험 건수가 400건을 넘어섰다. 2008년부터 시작된 전 세계적인 경기침체로 시행하는 임상시험 건수가 대폭 감소하였으나, 한국은 2009년 다른 나라와는 달리 전년 대비 임상시험 승인 건수가 감소하지 않았고, 2010년에는 전년 대비 약 10%에 이르는 439건의 임상시험 승인 건수를 나타내어 높은 성장률을 보였다. 우리나라는 2002년 ICH 도입과 식약청의 IND/NDA 분리 이후 임상시험 시행 건수가 약 4.7배 증가하였으며, 특히 국가임상시험사업단이 출범한 2007년 말 이후 다국가 임상시험이 급격하게 증가하였다. 2012년에는 처음으로 임상시험 건수가 600을 넘어섰고, 그 이후 꾸준히 600건 이상 임상시험이 진행되고 있다. 이는 활발한 신약개발 추진과 국내 임상시험 역량이 꾸준히 성장한 결과라고 볼 수 있다.[3)]

최근에는 신약개발 혹은 질병 치료 등과 관련하여 각종 언론 매체에서 임상시험 결과를 흔히 접할 수 있다. 예를 들어, 항우울제 ‘프로작’이 성인 자폐증환자를 대상으로 임상시험을 진행한 결과 환자의 반복동작을 억제하는 효과가 있다는 연구결과가 나온 후 많은 환자가 처방을 받았다. 더불어 널리 사용되던 약품이 임상시험을 다시 진행한 결과 효과가 미미하거나 없다는 결과가 새로이 밝혀지기도 하는데, 앞선 프로작의 예시가 그러하다. 프로작은 2019년 임상시험 결과 치료 효과를 기대하기 어렵다고 알려졌다.[4)]

3) 상세한 국내외 임상시험 현황은 국가임상시험지원재단(KoNECT)에서 확인할 수 있다.
4) 이인복. “자폐 환자 절반이 처방받는 ‘프로작’ 임상 효과 없다”. MedicalTimes. 2019.10.23

항우울제뿐만 아니라 유방암 환자에게 약물만을 투여하는 치료방법이 효과적인지 아니면 방사선 치료를 병행하는 것이 효과적인지를 임상시험을 통해 제대로 규명되었는지가 환자 가족에게는 지대한 관심사가 아닐 수 없다. 이러한 문제는 사전에 과학적으로 계획되어 올바르게 수행된 임상시험을 통하여 가장 객관적이고 과학적인 결론을 얻을 수 있다.

과학적인 임상시험을 위해서는 기본적으로 요구되는 사항들이 있다. 피험자들을 치료군과 대조군으로 나누는데, 처음 배정할 때 두 군 간의 차이를 없애기 위한 랜덤배정, 위약효과(placebo effect)[5]를 배제하기 위한 눈가림실험(blinding experiment), 그리고 객관적인 진단기준과 선정 혹은 제외기준, 적절한 평가변수와 정확한 측정 등이다.

임상시험은 인간을 대상으로 하므로 윤리적인 측면이 최우선으로 고려되어야 한다. 과학의 발전이나 사회의 이익이라는 미명 아래, 피험자의 인권이 훼손되는 사례가 역사적으로 많이 존재하였음은 잘 알려진 사실이다. 제2차 세계대전의 생체실험(인체실험)이 그 예로, 전쟁 당시 일본 제국과 나치 독일이 살아 있는 사람을 대상으로 실험을 가했던 반인륜적인 행위이다. 임상시험에서는 그 어떤 것보다 피험자의 권리 및 안전 그리고 보호가 먼저 고려되어야 하며, 이를 위하여 적절한 피험자의 선정과 어린이 · 임산부 · 수감자 · 정신이상자 등 취약한 피험자에 대한 부가적인 보호 장치가 필요하다. 각 피험자들에게 임상시험 시작 전에 반드시 동의서를 받아야 하며, 임상시험을 진행하면서도 피 험자를 보호하려는 노력이 중요하다.

임상시험은 진행과정에서 관련규정을 잘 따르는지, 과학적이고 윤리적인 임상시험이 이루어지는지, 정확하고 완전한 자료가 나오는지를 확인 · 점검하는 질 관리 시스템도 필요하다. 미약한 질 관리 시스템으로는 신뢰도가 높은 결과를 산출하기 어렵기 때문이다. 질 관리 시스템은 정기적인 확인과 점검 그리고 실태조사 등으로 이루어진다. 현재 모든 임상시험에 대해 관련 기관의 엄격한 실태조사가 이루어지고 있다.

11.2 의 · 약학 연구의 유형

의 · 약학 연구는 인간을 대상으로 하여 객관적이고 과학적인 자료에 의한 합리적인 결과 도출을 필요로 한다. 이를 위한 의 · 약학 연구의 유형을 살펴보자.

의 · 약학 분야에서의 연구는 설계방법에 따라 크게 관측연구(observational study)와

5) 의사가 효과 없는 가짜 약 혹은 꾸며낸 치료법을 환자에게 제안했는데, 환자의 긍정적인 믿음으로 인해 병세가 호전되는 현상이다.

실험연구(experimental study)로 분류한다. 관측연구란 한 집단 또는 여러 집단의 환자들의 상태와 특성을 단순히 관찰하여 분석하는 것을 말한다. 실험연구는 연구자가 관심 있는 약물이나 또는 수술방법 등의 처리를 연구대상자에게 실시한 후에 그에 따른 효과를 측정함으로써, 주어진 처리와 그에 따른 반응 간의 인과관계를 규명하고자 하는 것이다. 실험연구는 의학 연구에 있어서 관측연구보다 일반적으로 많이 사용되는 방법으로 연구대상자가 사람인 경우 이를 임상시험이라고 부른다.

관측연구에는 사례-대조 연구(case-control study), 코호트 연구(cohort study), 현황연구(cross-sectional study) 등이 있다.

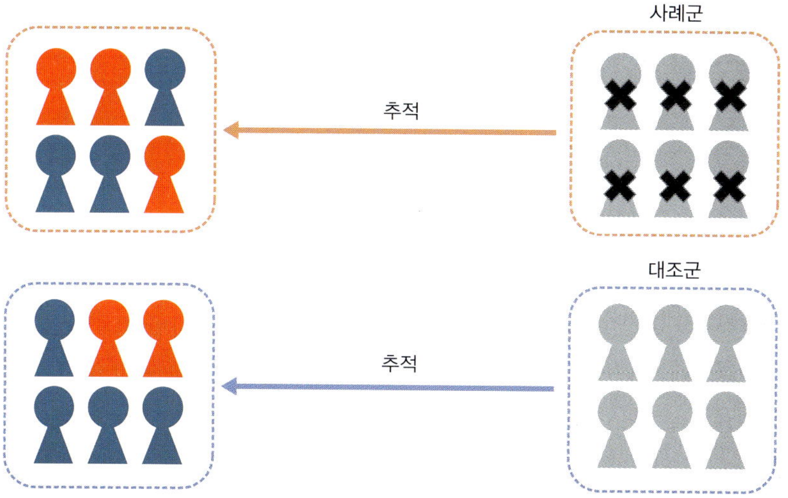

그림 11.3 사례-대조 연구

사례-대조 연구는 조사대상자들을 결과에 따라 사례군(case group)과 대조군(control group)으로 구분하고, 각 집단에 대하여 과거에 특정한 위험인자(risk factor)를 가지고 있었는지 조사하는 방법이다. 즉 이 연구는 "과거에 무슨 일이 있었는가?"를 보는 것이다. 예를 들면, 심장발작을 일으킨 사람들(사례군)과 심장발작을 일으키지 않은 사람들(대조군)을 대상으로 그들이 과거에 약물남용을 하였는지의 여부를 조사하여 심장발작과 약물남용 간의 관계에 대한 추론을 이끌어내는 방법이다. 이 방법은 연구시점에서 과거를 향해 조사해가는 방법이므로 후향연구(retrospective study)이며, 희귀질병이나 경과기간이 긴 연구에서 효율적으로 쓰일 수 있다.

코호트 연구는 연구방향이 앞으로 진행되는 전향연구(prospective study)로 연구대상이 되는 집단을 일정기간 추적연구(follow-up study)하는 방법이다. 코호트(cohort)는 같은 특성을 가진 사람들의 집단을 의미하는 말이다. 이때의 관심은 "앞으로 어떤 일이

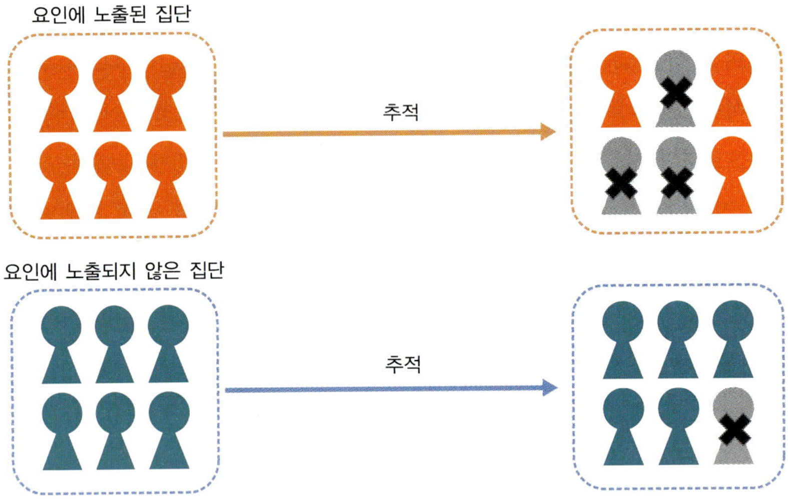

그림 11.4 코호트 연구

있을 것인가?"하는 것이다. 예를 들면, 비흡연자 집단과 흡연자 집단을 각각 20년간 추적연구하여 그들의 폐암 발생여부를 조사함으로써 흡연이 폐암에 영향을 미치는지 알아보려는 연구가 이에 속한다. 이 연구방법은 환자의 선정방법이나 관측치의 기록방법 등을 연구자가 제어할 수 있다는 장점이 있으나, 추적 중간에 사망이나 협조 거부 등의 여러 가지 이유로 중도 탈락하는 사람들이 발생하게 되어 연구의 관리가 어렵다는 단점이 있다. 특히 희귀한 질병의 연구에는 발병률과 중도탈락률을 고려했을 때 필요한 연구대상자 수의 규모가 커지고 연구기간도 길어지게 되므로 비용이 크게 소모된다.

사례-대조 연구와 코호트 연구가 시간 간격을 두고 조사되는 반면, 현황연구는 어느 특정 시점에서 대상자들을 조사하여 모은 자료를 분석하는 방법으로, "현재 무슨 일이 일어나고 있는가?"를 알아보는 연구를 말한다. 예를 들면, 2010년 한국인의 HIV(human immunodeficiency virus; 면역결핍바이러스) 발현율 등을 조사하는 연구가 이에 속한다. 이는 상대적으로 단시일 내에 연구가 끝나고 비용이 적게 든다는 장점이 있으나, 시점에 따라 영향을 받는 연구의 경우에는 왜곡된 결과를 불러일으킬 수 있다.

관측연구는 연구자에게 기술적인 측면에서 유용한 정보를 줄 수 있다. 이를테면 연구자는 이러한 연구의 결과로부터 이후의 본격적인 임상시험에서 사용될 처리에 대한 정보를 얻을 수도 있다. 그러나 환자의 선정에 따른 편의가 발생할 소지가 크므로 이 관측연구의 결과만으로 어떤 확정적인 결론을 내리는 데에는 한계가 있다. 의 · 약학 분야의 연구에서 주로 관심을 지니게 되는 것이 실험연구, 특히 사람을 대상으로 하는 임상시험 연구이다. 연구자는 환자에게 특정한 처리를 한 후 그에 따른 효과를 관찰함으로써 처리와 반응 간의 인과관계를 규명하게 되는데, 연구자가 연구의 결과에 영향을 미칠 수 있는 여러 요인을 직접 통제하고 관리할 수 있으므로 임상시험 연구는 가장 정확한 방법이라 할 수 있다. 임상시험을 시행할 때에는 실험의 대상이 되는 실험군과 비교하기 위한 대조군이 필요하게 된다. 대조군이 없는 실험을 하게 되면 연구자의 편견에 따라 왜곡된 결론을 내리기 쉽다.

대조군에는 과거대조군(historical control group)과 확률화대조군(randomized control group) 두 가지 형태가 있다. 과거대조군은 과거에 실험된 환자들 중 현재 실험대상이 되는 환자군과 비슷한 유형의 사람들을 선정하여 대조군으로 삼는 것이다. 예를 들면, 1995년에 같은 병원의 같은 의사에게서 기존의 항암제로 치료를 받았던 환자들을 대조군으로 하고, 현재의 환자들에게는 새로 개발된 항암제를 투여하여 기존의 항암제에 대한 개발된 항암제의 효능을 비교하는 방법이 있을 수 있다. 사람을 대상으로 하는 임상시험에서 가장 존중되어야 할 것은 환자에 대한 배려이다. 이 경우에 만약 의사가 새로 개발된 항암제의 효과가 더 높을 것이라고 확신하는데, 대조군을 정하고 실험을 위하여 현재의 환자들에게 기존의 항암제를 투여한다는 것이 의학윤리적으로 타당하지 않다. 따라서 과거대조군은 이처럼 도의적인 문제를 일으킬 소지가 있을 때나 희소한 질병이어서 충분한 환자 수를 확보할 수 없을 때 확률화대조군에 대한 대안으로 사용될 수 있으며, 시간과 비용이 적게 든다는 이점이 있다.

문제는 과연 과거의 환자들과 비교하는 것이 공정한가 하는 데 있다. 환자의 선정기준이나 반응을 측정할 때의 기준치가 바뀌었을 수도 있고, 간호의 질도 향상되었을 수 있으며, 진단기법의 발달에 따라 과거와는 다른 병명으로 판정될 가능성도 있게 된다. 이러한 점들이 실험결과에 영향을 미치는 위험 요인이 된다. 실제로 과거대조군을 사용한 연구에서의 결과가 확률화대조군을 사용한 연구에서의 결과에 비하여 유의적인 차이를 보인 경우가 많았다는 보고도 있다. 과거대조군은 동일한 병원에서 동일한 연구자가 비슷한 유형의 환자들을 대상으로 계속해서 특정 처리에 대한 연구를 한 경우에 국한되는 것이 바람직하다고 하겠다.

이에 비해 환자들을 실험군 또는 대조군의 어느 쪽에 할당하는가를 확률화를 통하여 결정하여 얻어지는 대조군을 확률화대조군이라고 한다. 이렇게 함으로써 비교하려는 처리 이외의 나머지 특성과 관련된 사항들이 두 집단에 공평하게 분산될 것을 기대하는 것이다. 또한 편견을 가진 연구자가 실험대상자를 선택하는 데 영향을 미치지 않게 할 수 있다. 확률화를 통한 대조군의 선정은 이와 같이 처리의 배치에서 발생할 수 있는 편의를 감소시키는 가장 확실한 방법이며, 따라서 가장 과학적인 접근방법이라고 할 수 있다. 물론 확률화를 하기 위해서는 환자에 대한 윤리적인 문제와 필요한 환자수의 확보 가능성 등에 대한 고려가 선행되어야 한다.

확률화에 따른 실험계획법

앞서 소개한 대로 확률화는 환자들을 각 처리집단으로 할당할 때 고의로 또는 우연히 발생할 수 있는 편의를 감소시켜 처리 효과에 대한 보다 신뢰성 있는 결론을 내릴 수 있게 한다. 확률화 실험 결과에 대한 신뢰성을 높이기 위해서는 눈가림실험을 하는 것이 좋다. 이는 실험 후 처리효과를 평가하는 데 있어서 환자나 실험자의 편견이나 심리적 영향이 발생할 소지를 막기 위하여, 어느 종류의 치료법이 누구에게 적용되는가를 모르게 하는 방법이다. 환자 측만 모르게 시행하는가 아니면 환자와 실험자 모두가 모르게 시행하는가에 따라 눈가림실험 또는 이중눈가림실험(double-blinded experiment)으로 불린다. 경우에 따라서는 환자와 실험자 외에 분석자에 대해서도 눈가림을 실시하기도 한다.

확률화에 의한 실험계획법은 연구 대상 환자 수의 사전확정여부에 따라 크게 고정설계법(fixed sampling design)과 축차설계법(sequential sampling design)으로 나누어지며, 고정설계법은 표본의 크기를 사전에 정해 놓는 방법으로 완전확률화계획법(completely randomized design), 블록확률화계획법(block randomized design) 등이 있다.

완전확률화계획법은 가장 기본적인 확률화계획법으로 단순히 연구에 참여한 환자가 각 처리를 받을 확률이 같도록 만들어 주면 된다. 기존의 치료제 A와 새 치료제 B가 있을 때 어느 환자가 두 치료법 중 어떤 처리를 받게 될 것인지를 결정하는 문제를 생각해 보자. 기본적인 아이디어는 예를 들면 각 환자에 대해 동전을 던져서 앞면이 나오면 치료제 A를 받고, 뒷면이 나오면 치료제 B를 받도록 배치하는 것이다. 그러나 많은 환자에 대해 일일이 동전을 던지는 것보다는 보다 체계적인 확률화가 필요하게 된다.

한 가지 방법은 난수표를 이용하는 것이다. 예를 들어 우리가 난수표의 세 번째 줄의 여섯 번째 칸부터 선택하여

0 1 8 9 8 6 1 4 1 4 ……

의 난수를 얻었다고 하자. 0부터 4까지의 수에 치료제 A, 5부터 9까지는 치료제 B로 하면 다음과 같은 결과를 얻을 수 있다.

A A B B B B A A A A ……

이 결과를 이용하여 첫 번째와 두 번째 환자에게 치료제 A, 세 번째부터 여섯 번째 환자에게 치료제 B, 일곱 번째 환자에게 치료제 A 하는 식으로 각 그룹에 배정하면 된다.

만약 처리가 A, B, C 세 가지인 경우에는 1, 2, 3을 치료제 A에, 4, 5, 6을 치료제 B에, 7, 8, 9를 치료제 C로 하고 0은 건너뛰는 방식으로

A C C C B A B A B ……

를 구하여 환자를 할당하면 된다. 난수표에서 어느 줄, 어느 칸에서 시작할 것인지는 임의로 정하면 된다. 완전확률화계획법에서는 각 실험대상이 동질적이라고 가정하고 임의로 처리를 배치하였다. 그러나 경우에 따라서는 이러한 가정이 타당하지 않을 수도 있다. 실험대상자들 이 모두 동질적이지는 않을 때 사용할 수 있는 방법이 블록확률화계획법이다. 예를 들어, 한 간호사가 10명씩 환자의 간호를 담당하고 있는 경우에 간호를 잘하는 간호사의 환자에게 처리 A가 배치되고, 간호에 서투른 간호사의 환자들에게는 주로 처리 B가 배치된다면 공정하지 않다. 이때 한 간호사의 환자 중 5명은 처리 A에, 나머지 5명은 처리 B에 할당되도록 하면 간호사의 간호기술의 차이에 따른 효과를 제어할 수 있게 된다. 이와 같이 동질적인 실험환경(블럭) 안에서 모든 처리가 골고루 배치되도록 하여 불필요한 요소의 효과를 제어할 수 있도록 하는 방법이 블록확률화계획법이다.

축차설계법은 왈드(Wald, A.)에 의하여 개발된 방법으로 고정설계법과는 달리 환자의 수를 사전에 정하지 않고, 실험의 결과를 관찰하여 결정하는 방법을 말한다. 축차설계법은 비교되는 두 처리의 효과가 큰 차이를 보일 때 결정을 빨리 내릴 수 있다는 장점이 있으나, 결과가 단시간 내에 파악될 수 없는 유형의 임상시험에는 부적당하며, 경우에 따라서는 고정설계법에서보다 더 많은 수의 환자가 필요하게 되는 수도 있다.

11.3 임상시험의 역사

임상시험 연구의 시작은 괴혈병의 여러 가지 치료법을 분석한 약 260년 전인 1753년에 쓰인 린드(Lind, J.) 보고서에서 찾을 수 있다. 현대 임상시험에서 중요하게 다루는 기본개념으로 위약, 대조군, 확률화배정, 눈가림실험 등을 들 수가 있는데, 이 중 위약을 사용한 임상시험은 1865년 서튼(Sutton, A.)이 류마티스 열에 관한 연구에서 20명의 환자에게 박하수향이 나는 물을 사용한 실험에 그 기원을 두고 있다. 환자의 확률화배정과 눈가림 실험의 실시는 1948년과 1950년 영국 의학연구위원회(UK Medical

Research Council)에서 스트렙토마이신과 항히스타민제의 치료법에 관한 연구에서 처음 사용되었다.

제2차 세계대전 종전 후 뉘른베르크 재판에서는 인체실험을 행한 의사와 전범들을 재판하는 과정에서 피실험자의 자발적인 동의 여부와 실험을 위한 충분한 정보제공이 있었느냐를 형벌의 기준으로 삼았으며, '뉘른베르크 강령(The Nuremberg Code)'은 이러한 과정에서 탄생하였다. 여기에는 의학실험의 수행에 있어서 의학자 개인의 양식이 아니라 세계적으로 공통적으로 허용이 가능한 의학실험의 원칙을 정하고 준수하는 일이 중요하게 부각되었으며, 임상시험에 있어서 피험자의 자발적 동의, 과학자의 자질, 피험자의 복지증진 등이 명시되어 있다. 이는 향후 임상연구에 관련된 모든 지침의 기초가 되었다. 그러나 법조인들이 재판을 위하여 만든 뉘른베르크 강령은 최초의 국제적 연구윤리 강령으로서 중요한 역사적 지위를 차지하고 있으나, 의사들은 의사들을 위해서 전문적인 지침을 만들 필요성을 느끼게 되었고, 그 결과 '헬싱키 선언(Declaration of Helsinki)'이 탄생하게 되었다.

헬싱키 선언은 사람을 대상으로 하는 생명의료 연구와 관련하여 의료진에게 지침이 되는 권고사항을 담은 것이다. 1964년 핀란드 헬싱키에서 열린 세계의사협회 총회에서 채택되었으며, 최근까지 5차례 개정되었다. 총 32개 항으로 이루어진 이 선언의 주요 내용은, 인간을 대상으로 한 의료연구는 일반적으로 승인된 과학 원칙에 따르며, 적절히 시행된 실험, 동물실험의 근거가 있어야 하고, 실험의 계획 및 시행은 독립적인 위원회의 사전 심의를 거쳐야 한다는 점 그리고 연구 자체의 목적과 방법, 예견되는 이익과 내재하는 위험성, 그에 따르는 고통 등에 관하여 피험자에게 사전에 충분히 알려주어야 하며, 또한 이들로부터 충분한 설명에 근거하여 자유로이 이루어진 동의를 받아야 한다는 점 등이 명시되어 있다. 피험자의 자발적 동의, 연구의 윤리성, 안전성 및 과학성에 대한 사전 심의를 위한 임상시험심사위원회는 1968년 미국의 국립보건원에서 처음 시도되었고, 이후 미국 식품의약국(FDA; Food and Drug Administration)에서는 FDA의 승인을 위한 의약품 임상시험과 관련된 임상시험심사위원회 운영지침을 별도로 제정하고, 임상시험심사위원회 운영에 관한 사항을 법적으로 규정하였다.

1990년 이후에는 의약품 시장이 국제화되면서 막대한 투자를 하여 완료된 임상시험이 각국의 제도적 차이로 개발 이외의 국가에서 인정을 받지 못하는 것에 따른 경제적, 시간적 손실을 줄이고자, 신약개발을 주도해온 미국, 유럽연합 및 일본을 중심으로 신약개발을 위한 협의체를 1990년 구성하여, 국가마다 차이가 있는 신약개발 관련 제도나 규정을 표준화하고자 노력하고 있다. 이러한 임상시험은 자의적으로 수행하는 것이 아니라 일정한 지침에 의해서 시행되어야 하는데, 1981년에 미국에서는 의약품의 임상시험 실시에 관한 기준(GCP; Good Clinical Practice)을 제정하여 피험자의 권익 보호와 임상시험의 신뢰성 확보 차원에서 연구자 및 의뢰자의 의무, 피험자의 동의 취득, 임상시험심사위원회의 의무와 역할 등에 대한 지침을 고시하고 있으며, 유럽에서는 1980년대 말부터 임상시험관리기준 제도를 시행하고 있다. 한국에서는 1987년 7월에 한국임상시험관리기준(KGCP)이라는 초안이 작성되었으나, 시행이 미루어지다가 관련 규정을 재정비하여 1995년 10월부터 시행되고 있다. 임상시험에 있어서 임상시험관리기준을 준수해야 하는 이유는 이를 준수함으로써 임상시험에 참여하는 피험자의 권리, 안전성 및 복지를 보장하고, 임상시험에서 생산되는 자료의 신뢰성을 보장할 수 있기 때문이다.

11.4 임상시험 진행 과정

임상시험연구, 특히 신약개발의 일반적인 과정을 살펴보면 먼저 약이 작용할 표적을 찾아내고, 그 표적의 타당성을 검증하고, 이 표적에 작용할 물질을 찾고 검증하여 신약후보물질을 만들고, 이를 동물실험 등의 전임상시험을 통해 안전성 및 유효성 측면에서 신약으로서 개발 가치가 있다고 판단되면 사람을 대상으로 임상시험을 실시하게 되고, 이 과정을 거쳐 신약의 판매허가를 얻게 된다.

사람을 대상으로 하는 임상시험은 단계적으로 진행되며, 일반적으로 제 1상, 2상, 3상 및 4상 임상시험으로 구분한다.

예컨대, 항암제의 제 1상 임상시험은 사람을 대상으로 하는 첫 번째 임상연구를 포함하며, 해당 약물의 인체 투여 시 견딜만하다고 생각되는 최대용량(최대내약용량)을 결정하고, 약물 투여 후 흡수, 분포, 대사 및 배설의 양상을 파악하는 것이 주된 목적이다. 여기서 결정된 최대내약용량은 이후 진행되는 임상시험에서의 권장용량으로 사용된다. 제 1상 임상시험의 대상은 다른 치료적인 대안이 없는 암환자 15 내지 30명으로서 암 종류의 제한은 두지 않으며, 투여되는 약물의 용량은 저용량으로부터 고용량으로 점차적으로 증가시키는데, 일반적으로 사람에 적용하는 최초의 용량은 동물실험에서 10% 치사량(약물투여 시 실험동물의 10%를 죽이는 용량)의 1/10과 동물실험에서 독성을 유발하는 최소용량의 1/3 중 적은 용량을 선택한다.

그림 11.5는 신약개발과정을 도식화한 것이다.

전임상 시험

✓ 전임상시험(Pre-Clinical)

전임상 시험은 새로 개발한 약품을 사람에게 사용하기 전 동물에게 사용하여 부작용 및 독성, 약효 등을 알아보는 시험이다. 약물이 체내에 흡수되고 분포, 배설되는 과정을 연구하는 체내동태연구와 약효약리 연구가 수행된다. 이후 동물실험을 통해 시험약이 지닌 부작용 및 독성을 알아보는 안전성 평가가 실시된다.

임상 시험

✓ 임상1상 시험(Clinical Test Phase I)

건강한 사람 20-80명을 대상으로 약물을 안전하게 투여할 수 있는 용량과 인체 내 약물 흡수 정도 등을 평가하는 시험이다. 전임상 단계에서 독성 시험 등 결과가 유효한 경우, 시험약을 최초로 사람에게 적용하는 단계이다. 건강한 지원자 또는 약물군에 따른 적응환자를 대상으로 부작용 및 약물의 체내 동태 등 안전성 확인에 중점을 둔다.

✓ 임상2상 시험(Clinical Test Phase II)

100-200여명의 소규모 환자들을 대상으로 약품의 약효와 부작용을 평가하고 유효성을 검증한다. 단기투약에 따른 흔한 부작용, 약물동태 및 예상 적응증에 대한 효능 효과에 대한 탐색을 위한 것으로 대상질환 중 조건에 부합하는 환자를 대상으로 진행한다. 임상3상 시험 전 최적용법 용량을 결정하는 단계이다.

✓ 임상3상 시험(Clinical Test Phase III)

신약의 유효성이 어느정도 확립된 후 대규모(최소 수백 명에서 수천 명) 환자들을 대상으로 장기 투여시의 안정성 등을 검토하고 확고한 증거를 수집하기 위해 실시한다. 신약의 시판허가를 얻기 위한 마지막 단계로 비교대조군과 시험처치군을 동시에 설정하여 효능, 효과, 용법, 용량, 주의사항 등을 결정한다. 3상을 통과하면 판매가능하다.

✓ 임상4상 시험(Clinical Test Phase IV)

신약이 판매된 후 장기간의 효능과 안전성을 평가하기 위한 시험이다. 실제 판매 전 제한적인 임상시험에서 파악할 수 없었던 부작용이나 새로운 적응증을 발견하기 위한 약물역학적 연구가 실시되는데 이를 시판 후 조사(Post Market Surveillance)라 한다.

그림 11.5 신약개발 과정

전임상시험(pre-clinical study)단계

신약시험의 처음 시작 단계에서는 질병의 치료에 사용될 신약으로서 개발될 신약 후보 물질이 선별되며, 이러한 첫 단계를 전임상시험 단계라 한다. 전임상시험 단계에서는 유전자 분석이나 약물학적 방법 및 동물실험을 통하여 시험약이 지니는 유효성과 안전성을 테스트하게 된다. 이러한 과정은 일반적으로 실험실에서 이루어진다. 예를 들어, 항암제의 경우 시험관 시험은 동물과 사람의 암세포를 시험관에 넣고 다양한 농도로 약물을 집어넣어 암세포가 얼마나 죽는지를 알아보는 것이다. 암세포 100개 중 50개를 죽이는 약물 농도를 ED50(Effective Dose 50), 이른바 세포독성이라 한다. ED50을 나타내는 수치가 낮을수록 항암성이 좋다.

다음 단계는 동물을 대상으로 한 독성시험이다. 독성시험의 목적은 사람을 상대로 하게 될 임상시험에 앞서, 예상 가능한 독성에 대해 동물을 이용하여 충분한 자료를 확보하여 사람을 상대로 임상시험을 진행했을 시에 발생할 수 있는 불의의 의료사고를 미연에 최대한 방지하고자 함이다. 독성시험은 투여량을 조절하면서 어느 정도 투여량까지 아무런 독성이 나타나지 않는지, 의도적으로 과량 투여했을 때 나타나는 부작용은 어떤 종류가 있는지를 알아본다. 실험동물 종류 간에 차이가 있는지, 암수 성별에 따라서 독성이 달라지는지, 임신한 실험동물에 투여했을 때 기형을 발생시키는지, 과량 투여하거나 장기 투여했을 시에 암을 발생시키는지, 성숙하지 못한 실험동물의 경우에는 성숙한 개체들에 비해서 얼마나 민감하게 독성이 나타나는지 등도 알아본다.

1상시험(Phase I)단계

1상시험 단계의 주된 목적은 다음의 2상시험 단계에서 사용할 약물의 체내 반응과 적정용량을 찾는 것이다. 적정용량을 결정하기 위해서는 어떤 용량에서 부작용, 즉 독성반응이 나타나는지를 알아내야 한다. 이것을 용량제한독성(Dose Limiting Toxicity)이라 한다.

적정용량 시험은 통상 4단계까지 진행한다. 먼저 환자 3명에게 똑같은 양의 약을 쓴 다음 인체 내 부작용이 없는지를 확인한다. 이것이 1단계 시험이다. 3명 모두에게서 용량제한독성이 발견되지 않으면 2단계로 넘어간다. 2단계에서는 다시 3명을 대상으로 용량을 늘려 독성반응을 확인한다. 이런 식으로 조금씩 양을 늘려 4단계까지 진행하여 별다른 문제가 없으면 그것을 적정용량으로 삼는다. 그런데 1단계에서 3명 중 1명이라도 이상 반응을 보이면 2단계로 나아가지 못한다. 같은 용량으로 또 다른 환자 3명에게 약을 사용하여 본다. 여기서 또 1명이 거부 반응을 나타내면, 즉 6명 중 2명에게서 부작용이 나타나면 위험하다고 보고, 그보다 한 단계 적은 양을 적정용량으로 삼는다. 만약 1단계에서 3명 중 2명에게서 용량제한독성이 나타나면 약 자체에 문제가 있다고 보고 바로 실험을 멈춘다.

1상시험 단계는 최적 용량을 찾는 것이 주요 목적이므로 1상시험 단계를 통해 약의 효과까지 검증하는 것은 무리이다. 다만 종양표지자[6)]의 농도 측정을 통하여 효능을 간접적으로 평가할 수는 있다. 농도가 묽어지면 암세포가 줄어들었다고 볼 수 있기 때문이다. 1상시험 단계의 또 한 가지 중요한 기능은 약물의 체내반응, 곧 약을 먹은 후 흡수· 분포 · 대사 · 배설 4가지 작용에서 어떤 변화가 있는지를 살피는 것이다. 이를 약

6) 체내에 암세포의 존재를 나타내는 물질이다.

물역학검사라 하는데, 시간별로 피를 뽑거나 소변을 수거해 약의 주성분 농도를 검사함으로써 약물에 대한 인체의 반응 정도를 확인한다. 즉 약 성분이 얼마나 빨리 인체에 흡수되어 분포되는지, 또 일정 시간이 지난 뒤 피 속에 약 성분이 얼마나 남아 있는지를 알아내는 것이다.

2상시험(Phase II)단계

2상시험 단계는 일정한 조건에 부합되는 1상시험보다는 다소 많은 수의 환자(100~300명)를 대상으로 짧은 기간 약물 투여에 따른 흔한 부작용과 예상되는 치료 대상 질환에 대한 효능 효과를 확인하기 위해 실시한다. 이 단계에서 3상시험 단계에 돌입하기 위한 최적용법 용량을 결정하며, 약품의 제형과 적정용량의 범위 및 용법을 확인하게 된다.

3상시험(Phase III)단계

2상시험을 마치면 다양한 환자들을 대상으로 장기적 부작용을 검증하는 3상시험으로 들어간다. 미국 등 선진국의 경우 항암제, 에이즈 치료제 등 희귀병 의약품은 2상시험만 통과하면 바로 시판허가를 내준다. 당장 며칠 또는 몇 개월밖에 살지 못하는 환자에게 몇 년 후 머리가 빠지는 등의 부작용은 의미가 없다고 보기 때문이다. 다시 말해 암환자처럼 시한부 삶을 살아가는 사람에게는 나중에 부작용이 어떻게 나타나든 우선 약을 쓰는 것이 시급하다고 보는 것이다. 물론 효과가 있다고 인정되는 약에 한해서다.

이를 의약품의 '동정적 사용'이라 한다. 비록 안전성과 유효성이 완전히 입증되지 않은 임상시험단계 신약이지만, 기존 치료법으로는 치료가 불가능한 말기암 환자들에게 인도적 차원에서 마지막 치료 기회를 준다는 뜻에서 주치의의 책임 아래 환자의 동의를 거쳐 제한적으로 사용하도록 하는 것이다.

우리나라 식약청(KFDA)도 항암제를 비롯한 몇 가지 희귀병 의약품의 경우 2상시험 결과가 좋으면 곧바로 시판을 허용하고 있다.

4상시험(Phase IV)단계

4상시험 단계는 일단 인정되어 시판되고 있는 약에 대한 시판 후 안정성 유효성 검사 과정으로, 유통과 치료과정을 거치면서 그 효과와 부작용 등을 재평가하고 개선점을 찾기 위한 과정을 일컫는다. 또한 이미 허가된 약품의 적응증을 추가하기 위하여 3상시험 단계까지 거치면서 연구되지 않았던 새로운 그룹의 환자를 대상으로 시행되기도 한다.

1상시험 단계에서 4상시험 단계까지의 4가지 유형은 서로 완전히 독립적이지는 않으며, 부분적으로 겹치거나 단계를 거슬러 올라오는 경우도 발생할 수 있다.

임상시험계획서의 작성

연구자들이 임상시험 연구를 계획하는 데 있어서 가장 중요한 일 중의 하나는 임상시험계획서(study protocol)를 작성하는 것이다. 임상시험계획서란 임상시험이 어떻게 수행될 것인지에 대한 구체적인 사항들을 기록해 놓은 것을 말한다. 임상시험계획서는 환자의 선정과 처리의 내용, 평가방법과 자료수집절차 등을 구체적으로 명시하여 연구자나 임상의사 또는 데이터 관리자 등 임상시험 연구에 관련된 사람들이 자신의 일을 분명히 파악할 수 있도록 해야 한다. 또한 연구의 배경이나 목표, 특정 실험계획법을 선정한 이유 등을 명시해야 한다. 나라마다 임상시험을 관리하는 부처에서는 올바른 임상시험을 위한 가이드라인을 제시하고 있다.

연구의 목적은 임상시험을 실시하기 전에 명확히 세워져 있어야 할 것이다. 임상시험계획서에는 이를 구체적으로 기술해야 하며, 일반적으로 검증해야 할 가설들이 쓰인다. 연구의 설계방법이나 분석방법은 여기서 제시된 연구목적에 적합하도록 고안된다. 이때 너무 세세한 연구목표를 많이 세우게 되면 연구계획이나 수행이 어려워진다. 또한 연구를 시작하게 된 배경과 연구의 타당성을 기술해야 하며, 이의 근거가 되는 데이터가 있다면 이를 함께 제시해야 한다.

다음으로 대상 환자의 적격기준에 대한 기술이 있어야 한다. 연구대상이 되는 환자의 유형에 대해서는 정확한 정의가 필요하다. 대상 환자를 결정할 때 고려해야 할 상황으로, 환자들의 출처와 질병의 상태, 환자를 제외하는 기준 등이 중요하다. 임상시험의 대상이 되는 환자들은 임상시험의 결과가 적용될 미래의 환자들에 대한 대표성이 있어야 하는데, 이런 측면에서 환자들의 출처는 중요하다. 예를 들어, 대상 환자들을 어떤 특수한 병원으로부터 구하였으면 이 병원에는 특별히 '어려운' 환자들이 왔을 가능성이 있다. 그렇다면 이의 결과를 일반 개업의의 환자들에게 그대로 적용하는 것은 타당하지 않게 된다. 질병의 상태는 임상시험계획서에 상당히 구체적으로 제시되어야 하며, 시험에 적합하지 않은 환자들을 제외시키는 기준도 명시되어야 한다. 다음의 표 11.1은 한 결장직장암의 화학치료연구에서 환자 선정기준의 예이다.

표 11.1 환자 선정기준의 예

- 결장이나 직장의 암종으로 전이되거나 부분적인 재발이 확인된 환자
- 수술로는 소멸될 수 없는 종양
- X-ray나 신체진단으로 분명히 관찰되는 크기의 종양
- 사전에 화학치료를 받지 않은 환자
- 심한 영양실조나 구토증상이 없는 환자
- 백혈구: 4000/mm이상, 혈소판: 100000/mm 이상, 헤모글로빈: 10 g/100 ml 이상, 크레아티닌: 1.5 mg/100 ml 미만인 환자
- 질병에 대한 설명을 듣고 동의서를 작성한 환자

처리 시행의 계획은 담당 임상의들이 계획대로 따라갈 수 있도록 자세히 서술한다. 투약의 용량과 횟수 및 투약방법을 명시하고 알려진 독성에 관해서도 기술한다. 미국 국립암연구소(NCI)에서는 약의 공급처도 명시하도록 규정하고 있다.

환자의 참여 절차에서는, 특히 확률화를 하였는지의 여부와 확률화의 방법을 기술해야 하며, 환자들은 반드시 처리를 받기 이전에 등록되어 있어야 한다. NCI에서는 확률화를 행하는 본부(randomization desk)나 약정등록부(protocol registration)의 전화번호를 적어서 환자가 연구에 들어오는 즉시 환자의 특성이나 층화 요인들을 알 수 있도록 한다.

임상시험계획서에는 반응을 평가하는 기준을 제시해야 한다. 질병 상태가 수치로 나타나거나 임상의가 질병 상태를 주관적으로 평가하는 경우에 대해서도 구체적인 기준이 필요하다. 또한 처리의 독성과 투약 효과에 대해 환자들이 어떻게 따라갈 것인지를 정한다. 연구약정서를 작성할 때에는 임상책자(clinical brochure)를 잘 숙지하여 알려진 독성을 관찰하기 위한 모든 합리적인 방법이 포함되도록 해야 한다.

다음으로 극심한 부작용이나 독성이 나타났을 때의 용량의 조정 등에 대한 원칙을 정해 놓는다. 또한 처리를 중단하거나 환자를 연구에서 탈락시키는 기준을 제시한다.

통계부분에서는 연구의 목적과 관련된 연구의 설계와 자료분석의 계획이 들어 있어야 한다. 먼저 대상환자의 수(sample size)를 정해야 하는데, 이렇게 정한 근거에 대해서 기술해야 한다. 제1종 오류 및 제2종 오류를 정하고, 비교연구의 경우 찾으려고 하는 효과의 차이를 기술한다. 또한 기대되는 환자 참여율과 연구기간을 참고자료와 함께 제시한다. 중간점검을 통하여 처리의 효과가 상당한 차이를 보이는 경우 실험을 조기에 종료할 수 있도록 사전에 이러한 과정들을 정해 놓는 것도 유용한 방법이다. 또한 반응률이나 질병의 진행속도, 생존시간 등 연구의 결과로 얻게 되는 모수들에 대하여 서술하고, 연구의 목적에 맞는 통계분석 방법을 기술한다. 물론 초기의 분석계획 때문에 지

나치게 융통성 없이 대처할 수는 없지만, 사전에 계획을 세움으로써 데이터를 얻은 후에 당초의 목표에서 크게 벗어나지 않도록 조절할 수 있게 된다.

임상시험계획서에는 환자의 병력과 적격성 여부를 알 수 있는 연구시작점에서의 기본정보, 중간분석을 위한 연구흐름표, 중도탈락기록표 등의 기록양식을 명시하여야 한다. 마지막으로 임상시험 연구를 운용해야 할 연구진의 명단과 전화번호 등이 있어야 한다.

과거에는 나라마다 새로운 약품의 상업적 사용을 허가하는 요구사항이 모두 달라서 제약회사들이 같은 약품을 다른 나라에서 허가를 받기 위해서 새로운 서류를 준비하는 등 많은 자원을 낭비하였다. 하지만 제약산업의 글로벌화, 건강 관리비용의 증가, 신약을 빨리 사용할 필요가 있는 등 여러 가지 이유로 인해서 이러한 행정적인 요구사항을 통일시킬 필요성을 행정부처와 제약회사 양측이 모두 느끼게 되었다. 이러한 배경으로 해서 국제의약품규제조화위원회(ICH; International Council for Harmonization of Technical Requirements for Pharmaceuticals for Human Use)가 구성되었으며, ICH는 여러 가지 상황에 맞추어 여러 가이드라인을 발표하였다.

되돌아보기

신약개발과 관련된 임상시험에서 어떻게 통계가 사용되고 있는가에 대하여 연구 유형 등을 살펴보았으며, 또한 사용되는 실험계획법을 간단히 소개하였다.

용어정리

- **관측연구** 한 집단 또는 여러 집단의 환자들의 상태와 특성을 단순히 관찰하여 분석하는 것
- **실험연구** 연구자가 관심 있는 약물이나 또는 수술방법 등의 처리를 연구대상자에게 실시한 후에 그에 따른 효과를 측정함으로써 주어진 처리와 그에 따른 반응 간의 인과관계를 규명하고자 하는 것
- **코호트**(cohort) 같은 특성을 가진 사람들의 집단
- **전임상시험 단계** 동물시험, 시험관시험, 독성시험
- **1상시험**(Phase I) **단계** 약물의 체내 반응과 적정용량을 찾는 시험
- **2상시험**(Phase II) **단계** 약의 효능을 검증하는 시험
- **3상시험**(Phase III) **단계** 장기적인 부작용을 점검
- **4상시험**(Phase IV) **단계** 시판 후 안정성, 유효성 검사

- **완전확률화계획법**(completely randomized design) 연구에 참여한 환자가 각각의 처리를 받을 확률이 같도록 만들어 주는 가장 기본적인 확률화계획법
- **축차설계법**(sequentail design) 고정설계법과 달리 환자의 수를 사전에 정하지 않고 실험의 결과를 관찰하여 결정하는 방법

배운 것 익히기

1 실제로 신문이나 각종 미디어에서 발표되는 새로운 의약품에 대한 임상실험 결과를 보고, 위의 임상시험 단계에 따라 분류 적용해 보고 문제점이 있는지 알아보라.

2 사례-대조 연구와 코호트 연구의 차이점을 서술하라.

3 확률화대조군의 이점을 서술하라.

4 임상시험의 각 단계의 특징을 서술하라.

12

6시그마 운동

대량으로 생산되는 제품의 품질을 일정수준으로 유지하기 위해 생산활동 관련된 전반적인 분야에서 다양한 통계 이론과 방법론이 적용되고 있다. 이 장에서는 그 일환으로 제안된 6시그마 운동에 대해 다룬다.

통신 분야의 최강자로 오랫동안 명성을 누리던 모토로라사는 1980년대 초에 위기를 맞게 된다. 모토로라사 제품의 불량률이 일본 제품보다 월등히 높았기에, 점점 고객들의 외면을 받고 있었다.

1981년 당시 모토로사사의 회장이었던 갤빈(Galvin, R.W.)은 품질경쟁력을 획기적으로 향상시키기 위해서 야심찬 전략인 '모든 부문에서 품질의 10배 향상'을 발표하고, 일본의 품질 전략을 연구하였다. 이에 따라 품질 개선 전략에 대한 연구가 해리(Harry, M.)를 중심으로 스미스(Smith, B.)와 피셔(Fisher, J.) 등이 통계적 방법에 의한 품질 개선 방법론 연구를 진행하였다.

6시그마는 모토로라사의 정부용 전자기기 사업부문에서 근무하던 해리를 중심으로 몇 명의 연구가들에 의해 1987년 창안되었다. 해리는 어떻게 하면 품질을 획기적으로 향상할 수 있을 것인가를 고민하던 중 통계 지식을 활용하자는 생각을 하게 되었다. 이러한 통계적 기법과 제품 품질에 대한 위기감에서 1970년대 말부터 사내에 공유되어온 품질개선 운동과 결합하여 탄생한 것이 바로 6시그마 운동이다.

해리는 1990년 모토로라사 사내에 설치된 모토로라 대학 내에 6시그마 인스티튜트를 열고, 연구를 거듭하여 6시그마 개념에 의한 높은 수준의 엔지니어링 기법을 개발해 나갔고, 관련 기술을 체계화하여 수준 높게 발전시켰다. 6시그마는 모토로라사 이외의 기업에도 적용 가능한 경영기법으로 확립되었으며, 제품 품질 또한 획기적으로 좋아졌다. 모토로라사는 이 6시그마 활동을 시작한 지 2년만인 1989년 미국의 국가품질대상인 말콤 볼드리지 국가품질상을 수상하였고, 일본에 빼앗긴 고객과 시장도 다시 찾을 수 있었다. 모토로라에서 시작된 6시그마 활동은 Top-down 방식의 활동으로 현장의 품질 문제 해결의 활동의 중심이 되었다.

6시그마를 도입한 기업은 대부분 성공적으로 이끌었으며, 6시그마를 통하여 성공한 기업은 6시그마 활동을 기업 생존을 위한 과학적인 경영혁신 전략으로 발전시켰다. 통계의 시그마(6) 척도를 사용하여 모든 품질 수준을 정량적으로 평가하였으며, 품질 혁신과 고객감동을 달성하기 위하여 문제 해결과정과 전문가 양성과정 등에서 효율적인 품질문화를 조성하였다.

12.1 6시그마의 개념

6시그마를 간단히 정리하자면 제품이나 서비스, 거래 및 공정과정 전체에서 품질을 측정하고 분석하여 질을 향상시키고 좋은 품질을 유지하는 품질향상 운동을 의미한다.[1)]

1) 하정필, 『잭 웰치(살림지식총서 351)』, 살림출판사, 2009.

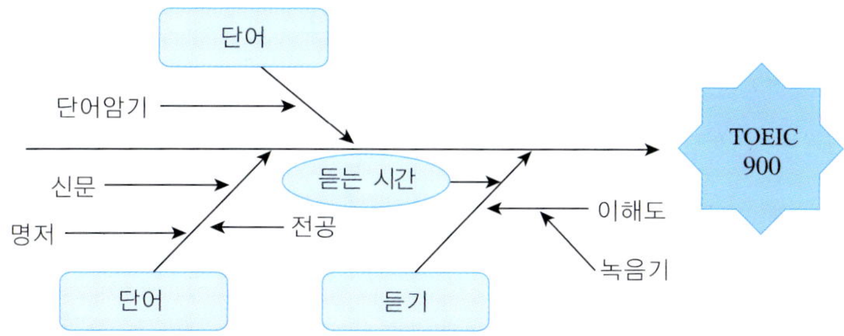

그림 12.1 영어 성적관련 특성용인도

6시그마 개념을 제안한 모토로라의 마이클 해리는 품질 개선은 반드시 수치로 나타내야 한다고 주장한다. 즉 측정되지 않는 것은 개선이 불가능하다고 말하였다. 따라서 6시마의 첫걸음은 개선하고자 하는 대상을 모두 수치로 표현하는 것이다.

또한 6시그마는 원인을 찾아 해결하는 기법이다. 6시그마 활동은 기존의 품질 혁신 기법과 같이 원인과 결과를 나누어 결과에 중대한 영향을 미치는 원인을 관리하는 것이다. 이를 위해서는 그림 12.1과 같이 영어 성적에 영향을 미치는 많은 요인을 찾아내고, 그중에 결정적으로 영향을 미치는 인자를 찾아내야 한다.

영어 성적에 가장 중요한 원인이 듣는 시간이라면 몇 시간 듣는 것이 가장 효과적인지 찾아내고, 찾아진 시간을 관리하는 것이 6시그마의 핵심이다.

6시그마의 측정은 산포측정이다. 시그마(σ)는 데이터가 중심으로부터 얼마나 흩어져 있는지를 알려 주는 통계 척도이다. 6시그마에서 사용되는 시그마 수준은 공정중심에서 규격한계까지의 거리가 표준편차인 시그마의 몇 배인가를 나타낸다. 그림 12.2에서 공정 A는 표준편차가 2이고 규격중심에서 규격상한까지의 거리가 12(=212−200)이므로 시그마 수준은 6(=12/2)이다. 공정 B는 4시그마 수준(=12/3), 공정 C는 3시그마 수준(=12/4)이다.

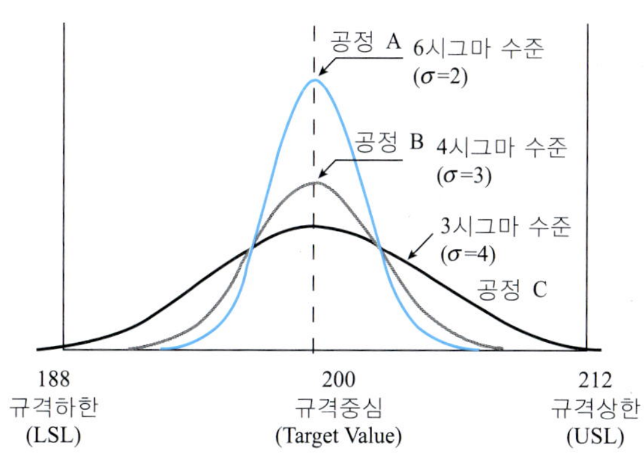

그림 12.2 시그마 수준

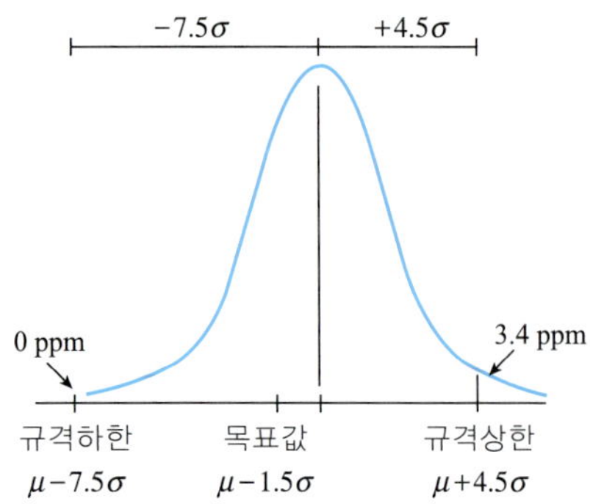

그림 12.3 1.5시그마 변동 후

6시그마의 수치는 산포의 크기를 나타내는 것이다. 중심 값에 몰려 있을수록 좋은 품질이고 시그마 수준이 올라간다. 모토로라에서 6시그마를 추진하면서 현실적으로는 여러 가지의 산포의 원인(재료, 방법, 설비, 사람, 환경, 측정 등)으로 인하여 1.5시그마수준만큼은 변동을 허용하였다. 즉 하한과 상한 모두 6시그마가 아니라 하한은 7.5시그마 상한은 4.5시그마가 되며, 이를 그림으로 나타낸 것이 그림 12.3이다.

이를 100만 단위의 수로 환산하면 3시그마 수준은 100만 개의 기회결함 중에서 2,700의 결함이 발생하는 것을 나타내고, 6시그마 수준은 100만 개의 기회결함 중에서 단지 3~4개만 결함이 발생하는 것을 의미한다. 이는 소규모 도서관 당 1개의 오자 혹은 다이아몬드 알 만한 크기 혹은 4발짝 거리를 의미한다. 이와 같은 6시그마 수준은 책의 오자에 비유하여 보면 훨씬 이해하기 쉬울 것이다. 표 12.1에서 보는 바와 같이 4시그마 수준은 책 한 권에서 30페이지 당 1개의 오자에 해당되며, 5시그마 수준은 백과사전 한

표 12.1 DPMO와 여러 가지 경우에 대한 확률로 본 6시그마 수준

Sigma Level	DPMO(Defects Per Million Opportunities)		
1	690,000		
2	308,537		
3	66,807	책 한 권당 한 페이지당 1.5개 오자 10억 달러당 부채 270만 달러	소규모 상점 넓이 미국 대륙횡단
4	6,210	책 한 권당 한 30페이지당 1개 오자 10억 달러당 부채 6.7만 달러	평균거실 넓이 45분 드라이브거리
5	233	백과사전 1세트당 1개 오자 10억 달러당 부채 570달러	전화기 넓이 주변 주유소까지
6	3.4	소규모 도서관당 1개 오자 10억 달러당 부채 2달러	다이어몬드 알 4발짝 거리

세트에 1개의 오자가 포함되는 셈이다. 그리고 6시그마 수준은 작은 도서관의 전체 장서 가운데 1개의 오자에 해당된다.

품질수준으로 다시 표현한다면 3시그마 품질 수준은 데이터의 99.73%가 규격 내에 속하는 범위이다. 따라서 3시그마 품질 수준 범위는 불량률이 0.27% 정도에 지나지 않으므로 비교적 좋은 공정이다. 하지만 6시그마 품질수준은 99.99966%가 규격 내에 존재하게 되어 불량기회가 단지 100만 번의 기회 중 3~4회를 의미한다.

6시그마는 전 과정을 개선

6시그마 활동의 목표는 6시그마 수준의 품질을 달성하는 것이 아니다. 6시그마 활동은 궁극적으로는 기업 경영의 수익성을 개선하기 위한 것이다. 6시그마 활동 이전의 품질개선 프로그램들은 순이익 향상에 별 영향을 미치지 못하였다. 품질 향상에 이익을 미치는 효과를 모르는 조직은 그들의 이익을 증대시키기 위해 필요한 변화가 무엇인지 알 수 없었다.

오늘날 6시그마 활동을 성공적으로 수행한 대부분 기업은 시그마 수준이 변하면서 (4.8−5시그마까지 시그마가 향상됨) 이익이 수십 퍼센트씩 증대되었다. 6시그마 테마 선정의 제일 원칙은 기업의 이윤을 높이기 위해 돈이 될 만한 일을 선정한다. 6시그마의 첫걸음은 고객을 잘 파악하고 고객이 원하는 바를 파악하여 고객을 감동시키는 활동이다.

6시그마 활동은 고객에게 감동을 선사하기 위하여 전 과정에 필요한 개선과 훈련을 한다. 6시그마 활동은 기업의 프로세스를 정량적으로 평가하여 품질개선 활동의 우선순위를 정하고, 이에 따라서 기업이 효율적으로 생산 활동을 할 수 있도록 해 준다. 주어진 여건에서 객관적 통계 데이터에 근거해서 효과를 극대화할 수 있도록 한다. 즉 사원들의 일하는 자세, 생각하는 습관, 품질을 중요시하는 기업 문화를 조정하는 것이다.

6시그마는 리더십 증진 프로그램

6시그마는 과학적이고 조직적인 인력 양성 관리 프로그램이다. 6시그마가 추진하는 인적자원 프로그램은 다음 표 12.2와 같이 단계별로 정리할 수 있다.

표 12.2 6시그마 핵심 벨트 역할

구분	담당	역할
챔피언 (Champion)	사업부책임자	• 6시그마의 철학과 신념 확산 Project 수행을 강력하게 지원(자원할당, 장애 요인 제거, 인정 및 보상)
마스터 블랙벨트(MBB)	전문추진지도자 (전임)	• BB, GB 등의 교육 및 지도 • Champion 자문
블랙벨트(BB)	전문추진지도자 (전임)	• 6시그마 프로젝트 추진리더 (Project 수행성과가 BB의 자격조건)
그린벨트(GB)	현업담당자 (모든 임직원이 가능)	• BB의 프로젝트 참여 • 부분 내의 개선 Project 추진

해리의 6시그마 정의

해리 박사는 현재 6시그마 컨설팅 업체인 "6시그마 아카데미"의 회장으로 있다. 그는 6시그마에 대하여 다음과 같이 정의를 내리고 있다.

표 12.3 해리 박사의 6시그마 정의

6시그마는 통계적 측정치(Statistical Measurement)이다.
객관적인 통계수치로 나타내기 때문에 제품이나 업종, 업무 및 생산 과정이 다르더라도 비교할 수 있다는 뜻이다. 따라서 고객만족(CS)의 달성 정도와 방향 등을 정확히 알 수 있게 해 주는 척도이다. 즉 "제품과 서비스, 공정의 정확성을 재는 탁월한 척도"라는 것이 그의 정의이다.
6시그마는 기업 전략(Business Strategy)의 일환이다.
경쟁 우위를 갖게 해 주기 때문이다. 시그마 수준을 높이는 만큼 제품 품질이 높아지고 원가는 떨어진다. 그 결과 고객만족경영을 달성할 수 있다.
6시그마는 철학(Philosophy)으로 간주한다.
6시그마는 기업 내의 업무에 대한 사고방식을 변화시킨다. 무조건 열심히 일하는 것보다는 "스마트하게" 일하도록 하는 철학이 바로 6시그마이다. 이 활동은 제품을 생산하는 제조 방식에서부터 구매 오더를 작성하는 방식까지 모든 작업에서 발생할 수 있는 에러를 줄이는 일이다.

이러한 6시그마의 특징을 다음과 같이 말할 수 있다.

6시그마는 스마트하게 효율적으로 하되 100 ppm은 잡초의 줄기를 자르자는 것에 비하여 6시그마는 잡초의 뿌리를 뽑는 것과 같다. 또한 6시그마는 현장 중심의 Top-down

경영이면서, 동시에 조직의 공동언어라 할 수 있다. 이러한 6시그마의 성공핵심은 최고 경영자의 의지에 달려 있다고 할 수 있다. 또한 6시그마가 기존에 비해 새로운 점은 고객에게 초점을 맞추고, 경영혁신과 전원 참여, 비전 공유 등과 더불어 기업 문화로 정착하는 경영진의 운영 방법의 변화를 담고 있다는 것이다.

해리의 6시그마 6가지 금언

모토로라와 GE의 현장 노하우를 6시그마 추진 시 참고할 "6가지 금언"으로 제시하고 있다. 6시그마를 제대로 이해하고 성공시킬 수 있는 가이드로 해석된다. 그 구체적인 사항은 다음과 같다.

1. 살아있는 질문을 던져라.

즉 대부분 동일한 질문은 같은 행동이나 결과만을 초래한다. 살아 있는 공격적인 질문을 해야 한다. 좋은 질문은 새로운 방향과 비전을 만들어 낼 수 있다. 따라서 새로운 질문을 던지는 행동은 바로 리더십이 된다.

2. 새롭게 사고하라.

이는 6시그마는 공정 1백만 개 중 3.4 이하의 에러라는 목표치를 갖고 있다. 대단히 높은 기준이지만 기업에 따라 상황은 다를 수 있다. 예를 들면, 항공사나 병원 입장에서는 단 한 번의 실수도 고객에게 치명적인 손실을 안길 수 있다. 혁신과 지속적인 발전을 위해 새로운 기준을 찾는 사고가 필요하다.

3. 제조업 성공의 열쇠는 공정 능력이다.

공정 능력을 모른다면 품질을 높일 수 없다. 카드 발급을 가정해 보자. 20분 만에 제작하였는데 고객이 받기까지 2주일이 걸렸다면 공정에 문제가 있는 것이다. 공정능력(process capability)을 높여야 시간낭비나 고객피해를 줄일 수 있다. 공정 능력을 이해하지 않고 품질 혁신을 기대하는 것은 오븐의 적당한 온도도 모른 채 맛있는 파이를 구우려고 노력하는 것과 마찬가지이다.

4. 시그마는 측정수단이다.

시그마는 동질적이거나 이질적인 모든 것들을 동일한 척도로 비교할 수 있게 해 준다. 즉 고객만족이 제대로 추진되고 있는지, 다른 기업과 비교하면 어떤지를 알 수 있는 것이다. 예컨대, 공정이 6시그마 수준이면 세계 최고수준이고 3시그마 수준이면 평균 수준이라고 말한다. 모든 것을 데이터로 나타냄으로써 판정을 쉽게 할 수 있다. 경영에서 시그마라는 측정 기준은 달리기 경주에서 초시계와 같은 역할을 한다.

5. 품질은 설계 때부터 만들어진다.

품질은 사후검사보다 잘못된 공정 및 설계를 찾아 고칠 때 보장된다. 일반적으로 공정 능력을 개선하면 제조비용은 30%, 납기는 절반으로 줄어든다. 공정에 집중함으로써 총 매출의 25%에 해당하는 비용을 줄일 수 있다.

6. 전문가가 필요하다.

6시그마에 도달하려면 새로운 지식과 도구가 필요하다. 따라서 6시그마의 인프라를 일관성 있게 구축해야 한다. 인프라를 만드는 것은 사내 전문가인 블랙벨트들이다. 만약 지식이 부족하면 보다 나은 결과를 만들어 낼 수 있는 조치들을 수행할 수 없다.

12.2 6시그마 방법론

6시그마 활동에서 주로 사용하고 있는 Define, Measure, Analyze, Improve, Control (DMAIC) 단계는 기존의 통계적 공정 관리에서 출발한 문제 해결 방법론이다. DMAIC 방법론은 지금까지 사용되던 기법들, 즉 통계적 공정관리(SPC), 통계적 품질관리(SQC)와 공정분석(Process Capability Analysis), Total Quality Control(TQC) 활동의 P(Plan) −D(Do) −C(Control) −A(Action) 사이클과 QC 7가지 도구, 품질분임조 활동, 개선제안, 품질기능전개(QFD), FMEA/FTA, 다구찌 방법, 카노 매력품질 등의 방법들의 집합체이다.

일반적으로 제조부문에서 사용되고 있는 6시그마의 대표적인 방법론은 모토로라사에서 채택하여 혁신적인 품질개선 성과를 얻었던 방법인 MAIC(Measure, Analyze, improve, Control)이다. 후에 Define단계를 추가하여 DMAIC 방법론이 보다 일반적으로 활용되고 있다. DMAIC의 주요 내용은 다음과 같다.

제1단계. 정의(Define)

정의 단계에서는 공정이 불량한지를 파악하거나 고객의 불만 사항을 파악해서 프로세스를 재구성하거나 효과적인 프로젝트 팀 구축을 준비한다.

1. 개선 프로젝트의 선정
2. 고객의 요구 사항 파악

제2단계. 측정(Measure)

측정 단계에서는 고객 핵심 요구 사항을 충족하였는지를 평가하고, 프로세스의 성과를 측정하기 위한 자료를 수집하고 방법을 탐색한다.

1. 주요 제품 특성치 선택
2. 목표의 지표화와 평가 기준 설정
3. 정보 수집과 기초통계 처리
4. 단기 또는 장기 공정 능력 추정

제3단계. 분석(Analyze)

분석 단계에서는 근본적인 문제점을 구체적으로 도출하고 문제의 원인을 분석한다.

1. 주요 제품 특성치와 타사 특성치의 비교
2. 특성치의 차이 비교
3. 제품이 성공적인 성능을 내기 위한 요인 조사
4. 성능 목표 정의와 우선 순위 결정

제4단계. 개선(Improve)

개선 단계에서는 해결 방안을 탐색하고 프로세스를 개선 개발한다.

1. 목표 달성을 위한 성능 특성치 선택과 요인 진단
2. 통계적 방법을 통한 공정 변수 탐색 및 최적 공정 조건 확인
3. 공정 변수의 영향 관계 조사
4. 각 공정 변수에 대한 수행 규칙 결정
5. 개혁의 조직화와 방향 결정
6. 마일즈스톤의 설정

제5단계. 관리(Control)

관리 단계에서는 프로세스의 개선에 대한 효과를 확인하고 통합 관리한다.

1. 새로운 공저 조건의 표준화
2. 통계적 공정 관리 방법을 통한 변화 식별
3. 공정 능력의 재평가
4. 위험요인 배제
5. 도전적 계획 책정

이상의 단계를 그림으로 나타내면 다음의 그림 12.4와 같다.

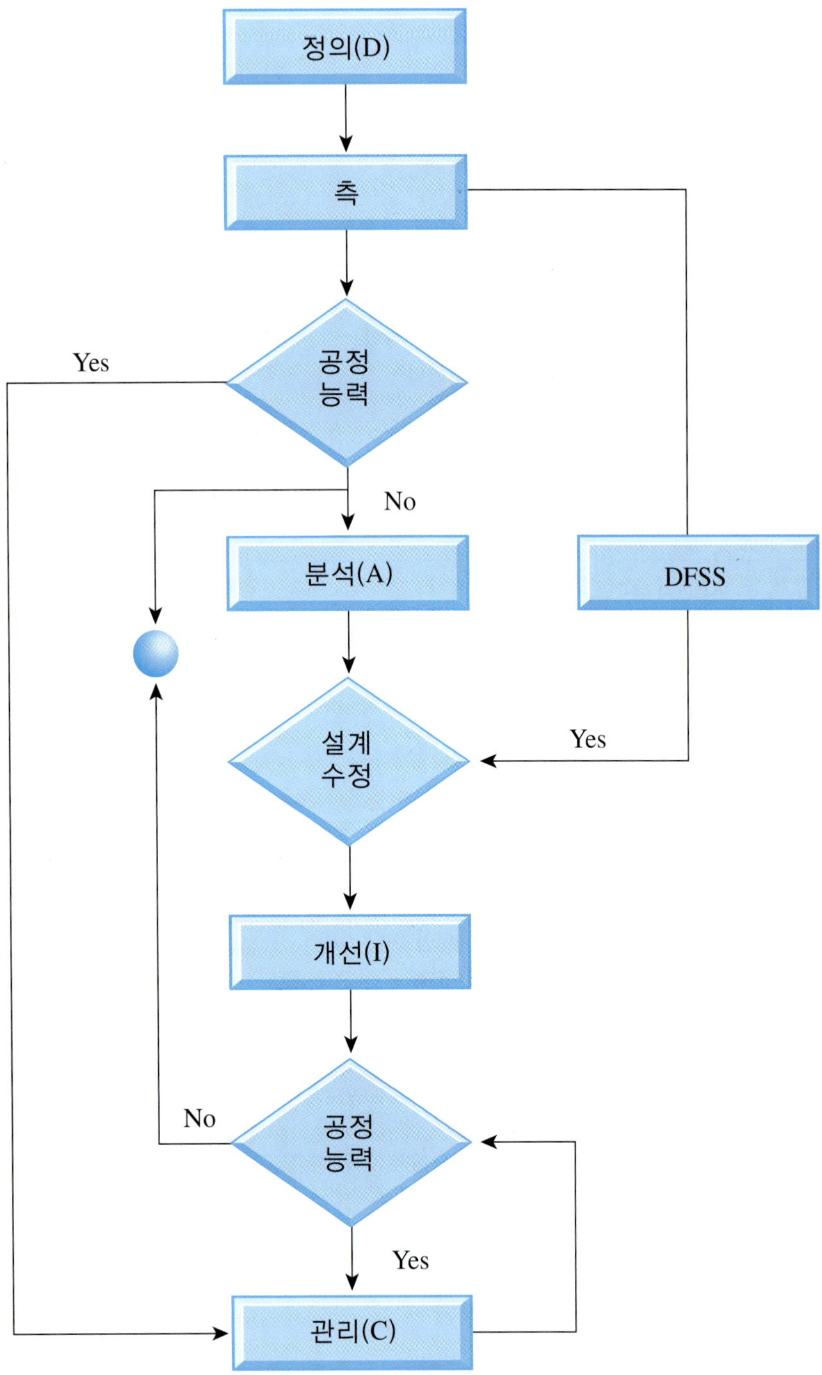

그림 12.4 DAMIC 흐름도

12.3 6시그마의 성공사례

GE의 성공

GE사의 경우, 지난 수십 년 동안 사업의 효율성과 수익률의 척도인 영업이익이 10%대에서 맴돌고 있었다. 잭 웰치 회장은 1995년 신용카드 사업에서 항공기 엔진 제작 사업, NBC 방송 사업에 이르기까지 모든 사업 분야가 6시그마를 목표로 삼도록 지시하였다. GE사는 6시그마 프로그램을 도입할 당시 3.5시그마 수준이었으나 6시그마 활동 이전 그룹의 프로세스에 확산되면서, 1995년도에 13.6%였던 영업 수입률이 1998년에는 16.7%라는 믿기 어려운 수준까지 올라갔다. 이것을 금액으로 환산하면, 1997년에는 6시그마 활동을 통해 3억 달러 이상의 영업 이익을 얻었고, 1998년에는 6시그마 재무적 효과가 6억 달러 이상이 된 것이다.

미국의 오하이오주에 있는 GE의 공업용 다이어몬드 사업부를 책임지고 있던 윌리엄 우두번은 1994년부터 6시그마를 사업부에 도입하여 투자 이익률을 4배로 향상시키고, 운영비용을 절반으로 감소시켰다. 그는 기존 설비의 효율을 극대화하여 적어도 10년 동안은 새로운 공장의 건설이나 설비의 도입이 필요하지 않도록 하였다. GE의 공업용 다이아몬드 사업부는 6시그마를 도입한 기업이 어떻게 비용 절감을 하며, 어떻게 생산을 극대화하는지, 또 새로운 공장의 건설이나 설비 도입에 따른 추가적인 투자의 필요성을 어떻게 제거하는지를 보여 주고 있는 좋은 본보기가 되고 있다.

얼라이드 시그널

얼라이드 시그널의 대표인 보시디(Bossidy, L.)는 파산의 기로에서 6시그마 혁신 전략을 도입하여 145억 달러의 효과를 보았다. 이 기업은 매년 65의 생산성 향상을 목표로, 모든 사업부의 종업원에게 6시그마와 혁신전략에 대해 교육하였다. 그 결과 전사적인 6시그마 도입으로 12%였던 운영 마진을 14.1%까지 향상시켰으며, 6시그마가 도입된 1994년부터 지금까지 직접 비용이 20억 달러 이상 감소하였다.

얼라이드 시그널사의 임원이었다가 1998년에 레이튼사의 대표 이사가 된 번햄(Burnham, D.)도 6시그마를 기업 전략계획의 초석으로 도입하였다. 번햄은 전사적으로 6시그마를 추진함으로써 2001년 매년 10억 달러 이상의 사업비용이 감소할 것으로 기대하고 있다.

폴라로이드사

폴라로이드사의 경우에도 6시그마의 효과를 잘 보여 주고 있다. 폴라로이드사는 다른 품질 프로그램들이 제품이나 서비스의 품질 향상에만 초점을 맞추었을 뿐이고, 실제로 가장 중요한 기업의 이익 수익률 향상에는 기여하지 못한다고 믿고 있었다. 이에 폴라로이드사는 프로젝트의 단계에 따라서 기업의 품질과 수익성에 영향을 미치는 프로세스에 중점을 두기 위해 6시그마를 도입하여, 그 결과 6%의 수익 향상을 달성하였다.

ABB사

에이씨 브라운 보베리(ABB)사는 6시그마의 성공적인 도입을 통하여 인도의 뭉크에 있는 변압기 공장의 측정 설비 중에서 계수기 오류를 8.3%에서 1.3%까지 낮추었으며, 로드상의 손실을 2% 내로 낮춤으로써 측정 오류를 83% 감소시켰다. ABB사는 자재 관리 부분도 개선하여 한 공장의 한 개 프로세스당 매년 77만 5천 달러의 비용을 절감하고 있다.

국내 삼성 SDI

국내에서 6시그마 활동을 가장 성공적으로 추진하고 있는 삼성 SDI는 96년부터 시작한 6시그마 활동을 통하여 2000년에 1300억원의 6시그마를 통한 재무성과를 창출하였으며, 2001년에는 2000억 원의 6시그마 재무성과를 얻었다. 이에 힘입어 98년 매출 4조 6천억 원, 경상이익 620억 원이었던 경영성과가 2000년에는 매출이 6조 3천억 원, 경상이익이 7천 500억 원을 달성하여 매출에서는 4배 그리고 경상이익에서는 무려 12배에 가까운 놀라운 성과를 내었다. 아울러 삼성 SDI는 1998년부터는 보다 높은 6시그마 성과를 위하여 DFSS와 비제조부문에 중점을 두어 추진하고 있다.

기타 성공 기업들

이 밖에도 기업들이 6시그마를 도입하여 성공한 사례를 많이 찾아볼 수 있으며, 국내에서도 LG전자, 한국중공업, LG 정보통신, 삼성종합기술원, 시티뱅크, 현대자동차, 한국타이어 등의 기업이 이를 도입하여 경영혁신에 성공하였다.

6시그마 활동은 품질경영혁신에 대한 체계적인 접근 방식이고, 시그마 수준이라는 공통의 언어를 사용하기 때문에 기업의 문화와 종업원들의 협력을 얻어내는 것이 용이하다. 또한 성과에 대한 비교와 효과를 파악하는 데도 용이하다.

일반적으로 대부분의 기업들은 경영기법의 유행에 대해 쉽게 동조하지 않는다. 그럼에도 불구하고, 많은 기업이 6시그마 활동을 통하여 자신들의 시장점유율 증가, 비용절감, 사업이익의 향상을 이룰 수 있다고 믿었기 때문에 6시그마 활동을 도입하였다. 그 결과 이제 이 기업들은 품질을 자신들의 이익에 직결시키고 있다.

6시그마 활동은 기업의 회생을 가능하게 하고, 시장점유율이나 이익 면에서 경쟁사를 앞설 수 있게 하는 비즈니스 전략을 통해 탁월한 재무적인 성과를 얻게 한다. 불가능해 보이는 분야에 도전해서 기업들은 불가능을 가능으로 바꾸는 성취를 이루어낸다.

많은 기업이 6시그마 활동을 도입한 보다 근본적인 이유는 6시그마 활동을 하고 있는 기업들이 실질적인 수익률 부분에서 놀라운 성과를 얻어 성공하였기 때문이다. 그러나 6시그마 활동으로 인한 성공 결과에만 주목하면 안 될 것이다. 기업이 새로운 품질전략을 도입해서 성공하기까지 평균 5년 정도 걸린다. 대부분의 성공한 기업들은 도입된 새로운 프로그램을 그 기업에 맞게 꾸준히 지속적으로 유지, 발전시켰다는 것을 잊지 말아야 한다.

6시그마를 단순히 통계적인 문제해결 방법으로만 오해하여 경영과 연계시키지 못하고, 단순한 품질 개선 활동으로만 추진하여 실질적인 성공을 거두지 못하는 기업도 있다.

되돌아보기

요즘 기업에서 많이 사용되는 6시그마 경영 혹은 6시그마 품질운동에 대하여 어떻게 통계적 방법들이 적용되는지 알아보았으며, 이를 통해 실생활의 다양한 분야에서 통계학이 활용되는지 알아보았다.

용어정리

- **6시그마** 3.4ppm의 DPMO 달성을 목표로 하는 품질 혁신 활동
- **DMAIC** 6시그마 프로젝트의 단계
- **DFSS** 연구에서의 6시그마 프로젝트 단계

배운 것 익히기

1 우리나라 각 기업에서 6시그마 품질경영을 어떻게 진행하고 있는지 사례를 찾아보라.

2 최근 6시그마가 어떠한 평가를 받고 있는지 조사 후 간단히 서술하라.

13

인구통계로 미래보기

이 장에서는 인구통계학을 정의하고 인구피라미드와 인구변천이론을 이해한다. 또한 한국 인구의 사회, 문화 및 경제적 특성을 파악함으로써 인구현상과 인구문제를 이해하는 능력을 함양하고자 한다. 그리고 이를 통하여 인구의 규모, 구조, 분포 및 변동과 사회, 문화 및 경제적 특성의 관계를 이해하고자 한다. 고령화사회의 도래라는 현실에 직면하여 인구 고령화 현상를 이해함으로써 미래사회에 대한 대처 방안을 살펴본다.

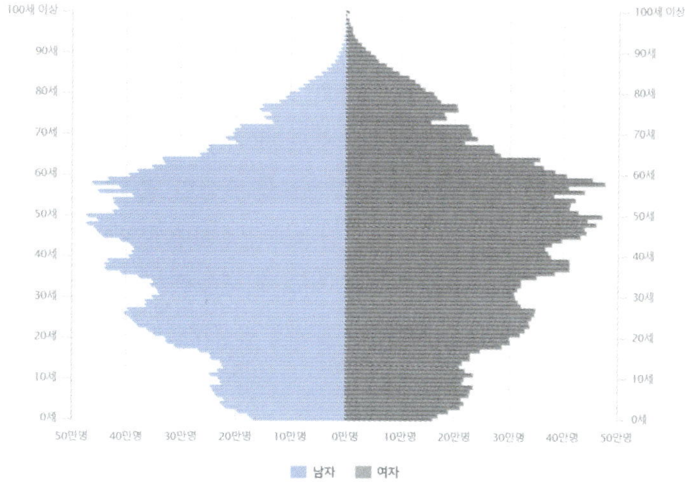

13.1 인구통계학의 개념

인구란 특정한 시점에서 일정 지역에 사는 사람들의 수를 밀한다. 인구의 규모는 고대부터 영토와 함께 한 나라의 국력을 의미하였다. 인구의 규모나 구조, 분포 등은 그 사회의 사회 · 경제적인 요인에 영향을 받지만, 한편으로는 인구의 변동이 다시 사회 · 경제적 변동을 초래하기 때문에 인구 현황의 파악은 매우 중요한 정책적 관심사라고 할 수 있다.

인구통계는 크게 인구정태통계와 인구동태통계로 나누어진다. 끊임없이 변동하는 인구를 어떤 정지된 시점에서 관찰하는 것을 인구정태통계라 하고, 인구의 크기와 구조에 변동을 일으키는 요인인 출생 · 사망 · 이동 · 결혼 · 이혼 등의 발생 수를 일정 기간 내에 조사한 것을 인구동태통계라고 한다. 통계청은 5년마다 우리나라 총인구를 파악하는 인구총조사(Census)를 실시하여 인구정태통계를, 매월 행정기관 신고 자료를 기초로 한 인구동향조사 등을 통하여 인구동태통계를 생산하고 있다.

브리테니카 사전의 정의에 의하면 인구통계학(demography)은 인구의 크기 · 밀도 · 분포 및 출생 · 사망 · 결혼 등을 통계적으로 연구하는 학문이다. 인구통계학의 기원은 16세기 말부터의 사망자와 세례자의 기록을 토대로 영국의 그랜트(Graunt, J.)가 쓴「사망률 기록문서에 관한 자연적 · 정치적 관찰(Natural and Political Observations Made upon the Bills of Mortality)」이다. 그랜트는 통계적인 규칙성을 찾기 위해 런던과 몇몇 농촌의 출생 시 남녀의 성비(性比), 사망률과 출생률을 조사하였다. 그는 최초로 사망률 통계표를 작성하여 이 분야에 크게 기여하였는데, 그는 출생률과 사망률을 분석하면서 군복무 연령층의 남성 수, 가임여성의 수, 총 세대수만이 아니라 런던의 인구까지도 대략 짐작할 수 있었다. 인구통계학을 현대적인 학문으로 정착시키는 데 기여한 또 다른 선구자는 프로이센의 쥐스밀히(Sussmilch, J.)였다. 그는『신의 질서』라는 저서에서 프로이센의 여러 도시와 주, 브란덴부르크의 1,056개 교구의 인구를 분석하였다. 또한 프로이센 총인구에 대한 최초의 사망률 통계표를 포함한 몇 개의 사망률 통계표를 작성하였다. 18세기 유럽에서는 생명보험의 발전과 공중보건에 관한 관심이 늘면서 사망률 통계연구가 활발히 진행되었다. 19세기 이후에는 출생 · 사망 · 혼인 같은 공적인 문제에 관해서는 교회의 등기소 대신 관청이 기록을 담당하였다. 이와 더불어 인구조사(Census)도 발전하기 시작하였다.

19세기의 인구통계학 연구에서는 일반적으로 사망률이 강조되었다. 그러나 19세기 후반 산업국가에서 출생률이 급격히 감소하자 인구학자들은 사망률과 함께 출생률도 본격적으로 연구하기 시작하였다. 이러한 출산율의 차이는 자연도태만이 아니라 특히 지능의 발달을 암시하는 현상으로 받아들여지면서 다윈(Darwin, C.), 골턴(Galton, F.)의 이론이나 연구에서 나타나듯이 진화론적인 관심을 널리 불러일으켰다. 제1 · 2차 세계대전 시기에 인구통계학은 다른 학문과 더 많은 관련성을 갖게 되었으며, 1928년에는 인구의 과학적인 연구를 위한 국제연합(International Union for the Scientific Study of Population)이 창립되었다.

13.2 인구피라미드와 인구변이이론

인구피라미드(population pyramid)란 인구구조를 전체적으로 알기 쉽게 표시하는 방법의 하나다. 인구피라미드는 연령별 남녀인구를 절대 수나 백분율 등으로 나타낸다. 인구피라미드에는 출산율이 높아 저연령층 인구가 많고 사망률이 높아 고연령층 인구가 적은 전형적인 후진국형인 피라미드형이 있으며, 지속적으로 출산율과 사망률이 낮아 고연령층 인구가 상대적으로 많은 선진국형인 주발형이 있다. 인구변천이론(Demographic Transition Theory)은 1945년 데이비스(Davis, K.)가 제안한 것으로 어떤 사회의 인구변천 과정을 단계별로 설명한 이론이다. 인구변천이론은 흔히 인구피라미드를 사용하여 설명된다. 그림 13.1은 인구변천의 4단계를 인구피라미드로 표현한 것이다.

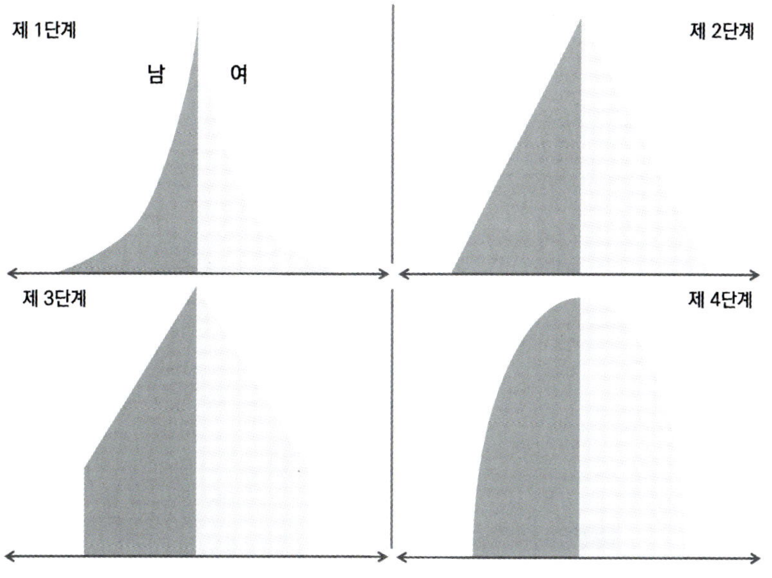

그림 13.1 인구변천 4단계

제1단계: 출산율(fertility)과 사망률(mortality)이 높아 성장률(growth rate)이 낮은 단계의 사회로, 특히 어린이의 비율이 높고 노인들의 비율이 매우 낮은 구조를 가지기 때문에 인구의 수가 균형을 이루고 있는 사회이다. 제 1단계의 사회는 평균 연령이 어리며 수명이 짧다는 특성이 있다.

제2단계: 이 사회에서는 1단계에 비해 사망률이 빠르게 떨어지고 이로 인해 기대수명이 늘어나는 반면 출산율은 여전히 높은 상태로, 출산율과 사망률의 불균형으로 인해 인구증가가 급속히 진행된다. 인구피라미드는 높은 출산율로 인하여 밑부분이 넓은 삼각형 형태를 가지며, 나이가 많아질수록 인구구성비가 줄어든다.

제3단계: 3단계에서는 출산율의 감소가 특징으로, 이로 인하여 인구증가율이 낮아진다. 이 단계에서 인구증가율이 낮아지며, 중장년층의 인구비율이 증가한다.

제4단계: 마지막 단계의 사회는 출산율과 사망률 모두 낮은 상태로 유지되어 인구피라미드는 거의 사각형에 가까워진다. 특히 이 단계에서는 노인들의 인구비율이 현저히 증가한다.

이제 구체적으로 2019년 세계 인구피라미드의 특성을 살펴보자. 세계 남녀인구는 거의 비슷하지만, 50−54세 그룹 이하에는 남자가 많고 그 이상은 여자가 많음을 알 수 있다.

인구구성비는 0~4세 그룹이 가장 작으며, 그다음 5~9세 그룹, 10~14세 그룹으로 이어진다. 15~19세 그룹부터 30~34세 그룹까지의 인구구성비는 거의 유사하며,

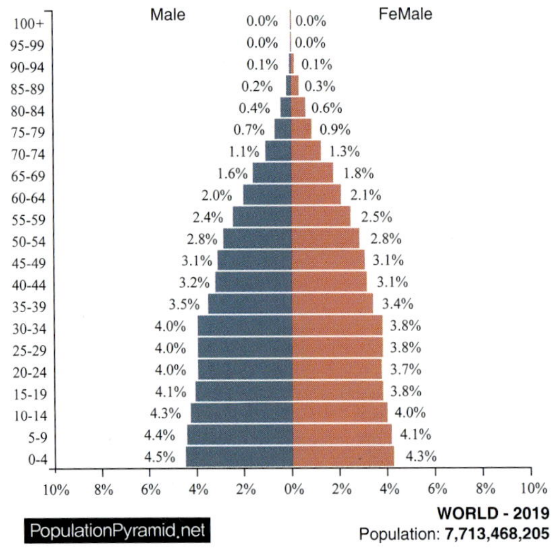

그림 13.2 2019년 세계 인구피라미드

35~39세 그룹부터 점차 나이가 들어갈수록 인구구성비가 적어진다. 다시 말하면, 세계 인구는 제3단계의 인구피라미드 형태를 띠고 있다.

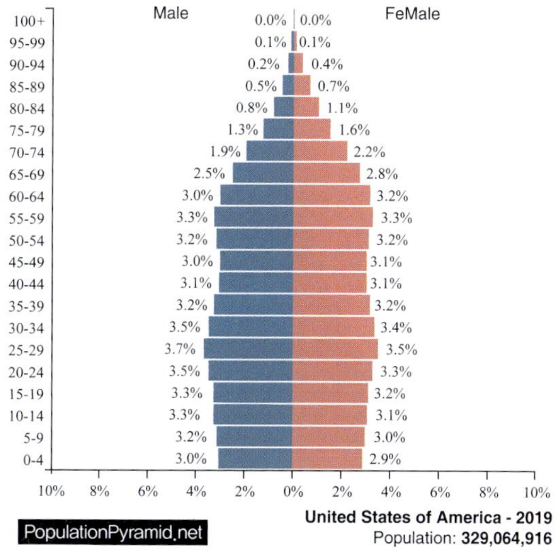

그림 13.3 2019년 미국의 인구피라미드

미국과 전 세계의 인구피라미드를 비교하면 미국은 제4단계 피라미드에 속하여 출산율이 매우 낮고 사망률이 높다. 따라서 50~54세 그룹부터는 미국의 인구구성비가 전 세계보다 높고, 그 이하 나이집단은 구성비가 낮은 것을 확인할 수 있다.

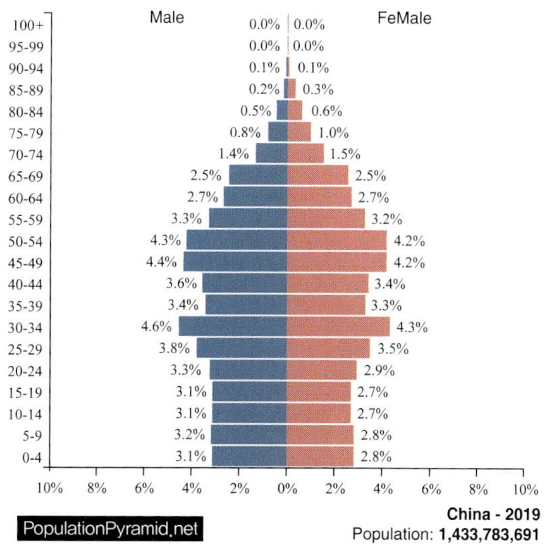

그림 13.4 2019년 중국의 인구피라미드

중국은 가장 많은 인구를 가진 나라로, 30대, 50대의 인구구성비가 높고 출산율이 낮다는 특성이 있다. 이는 과거 인구가 폭발적으로 증가하였다가 인구억제정책에 의해 인구증가율이 줄어들었기 때문이다.

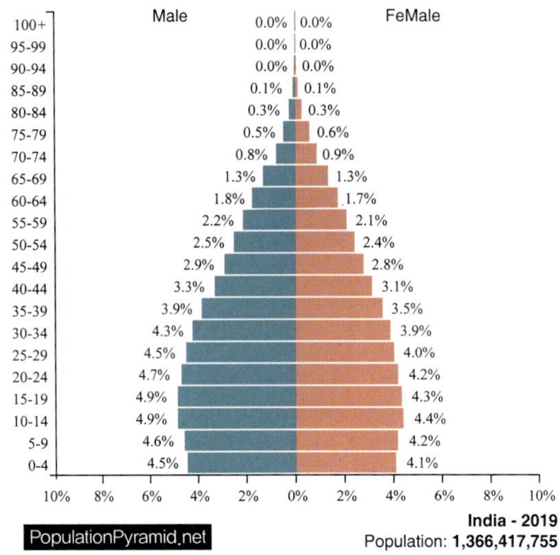

그림 13.5 2019년 인도의 인구피라미드

인도는 중국에 이어 두 번째로 인구가 많은 나라이지만 출산율과 사망률이 높다. 따라서 인구증가율이 높아 2050년경에는 중국을 앞질러 세계 최대의 인구를 가진 나라가 되리라고 예상된다.

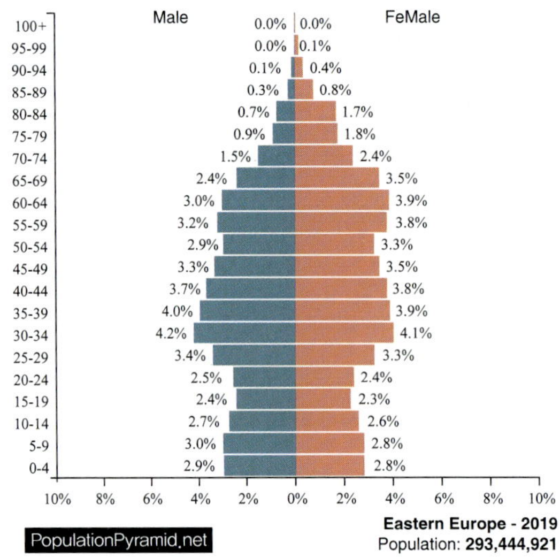

그림 13.6 2019년 동유럽의 인구 피라미드

동유럽은 매우 특이하게도 출산율이 매우 낮고 남녀성비가 왜곡되어 있다. 이는 그동안의 정치적 상황이 반영된 것으로 보이며 제2차 세계대전의 영향으로 60세 이상인 경우 남자의 구성비가 매우 낮다.

13.3 한국의 인구변동

한 사회는 그 사회가 안고 있는 인구의 규모와 구조가 어떠한가에 따라 인구가 사회의 지속적인 발전에 도움이 되기도 하고 부담이 되기도 된다. 인구는 사회적인 힘으로 지속적으로 변동하며, 이 인구의 변동이 사회에 또 다른 직접적인 영향을 준다. 그러므로 국가에서는 사회의 지속적인 발전에 유리한 인구 규모와 구조를 유지하기 위하여 인구현상에 맞는 인구정책을 도입하여 적용하고 있다. 1960년대에는 빠른 인구증가가 경제발전에 부담이 되므로 인구억제정책을 채택하였으나, 최근에는 장래인구의 감소와 심각한 고령화가 예상되므로, 너무 낮은 출산율을 높이기 위한 출산조절정책을 도입한 것이 좋은 예이다.

한 사회의 인구 규모와 구조는 물론, 인구변동을 정확하게 파악하고, 그 결과를 사회발전에 활용하기 위하여 정기적으로 실시하는 국가 차원의 사회조사가 인구총조사(인구센서스)이다. 우리나라의 인구총조사는 1925년 시작하여 거의 5년마다 실시하는 통계청의 인구주택총조사를 통하여, 조사원이 직접 가구를 방문하여 작성하고 집계한다. 총조사 인구는 실제 거주지에서 조사하기 때문에 인구의 규모뿐만 아니라 구조나 특성에 대해서도 많은 정보를 제공해 주는 이점이 있지만, 생활방식이 복잡해 지면서 유동성이 심한 계층이 누락 될 가능성에 대한 우려가 있다.

추계인구는 주민등록인구와 총조사 인구가 가지는 한계를 극복하기 위하여, 통계청이 총조사 인구를 토대로 출생, 사망, 인구이동 등 여러 가지 변수를 고려하여 실제적인 인구를 추정해서 작성하는 인구통계이다. 추계인구는 정부의 인구에 관한 공식통계로서 주요 정책 수립에 활용된다. 다만 추계인구의 경우 추계의 특성상 추계 시 전제하였던 상황과 달리 인구변화가 일어날 때 일부 차이가 발생할 가능성이 있다.

인구총조사의 연혁

인구주택총조사의 기원은 고대 바빌로니아(B.C 3600년경) 시대이며, 고대와 중세에는 재정과 징병을 목적으로 인구조사를 실시하였다. 우리나라의 인구조사는 삼한시대부터 시작되어 삼국시대, 고려시대, 조선시대에 이르기까지 호구조사라는 명칭으로 실시되었다. 근대적인 기법을 갖춘 인구총조사는 1925년, 주택총조사는 1960년에 최초로 실시되었다. 이후 5년마다 실시하여 2020년 인구 총조사는 제20차, 주택총조사는 제12차에 해당한다. 2020년 총조사에서는 전수조사 16개, 표본 55개(현장조사 45, 행정자료 대체 10) 항목을 조사하였다.

한국인구의 특징

2019년 등록센서스 방식으로 집계된 우리나라 총인구(외국인 포함)는 2019년 11월 1일 기준 5,178만 명으로 2018년 5,163만 명에 비해 15만 명 증가하였다(0.3%). 성별로는 남자 2,595만 명, 여자 2,583만 명으로 2018년에 비해 각각 7만 명씩 증가하였다. 특히 수도권(서울, 인천, 경기) 인구는 2,589만 명으로 전체 인구의 50.0%를 차지하였다. 내국인의 중위연령은 43.7세로 2018년 43.1세보다 0.6세 증가하였으며, 유소년인구(14세 이하), 생산연령인구(15~64세)의 인구는 감소하고 고령인구(65세 이상)는 증가함에 따라 그림 12.7과 같이 항아리형 인구피라미드를 나타내고 있다.

노령화지수(유소년인구 100명에 대한 고령인구 비)는 2018년 114.1%에서 122.7%로 8.6% 증가하였다. 고령인구 비율이 높은 시도는 전남(22.9%), 경북(20.6%), 전북(20.3%) 순이며, 세종이 9.1%로 가장 젊은 지역이었다.

우리나라의 성별 인구는 남자와 여자의 수가 거의 동일한 수준이다. 2019년 총조사 인구에서는 남녀의 성비가 50.1:49.9로 남자가 약 13만 명이 많았다. 또한, 우리나라의

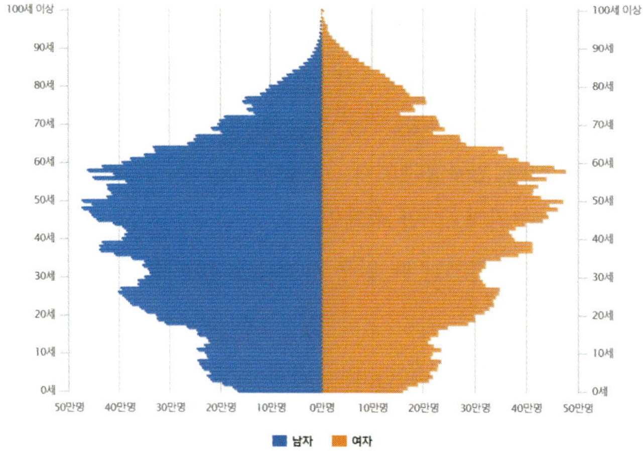

그림 13.7 한국의 2019년 인구피라미드

특징은 도시의 인구가 총인구의 80%를 상회한다는 점이다. 우리나라는 도시의 특성이 강한 행정구역인 동 지역을 도시로 하고, 군의 행정구역인 읍과 면을 농촌으로 분류하고 있다. 동 지역의 인구는 1년간 약 11만 명 증가하였고, 읍면지역은 약 4만 명 증가하였다.

장래인구전망

인구성장 중위가정에 따르면[1], 총인구는 2017년 5,136만 명에서 증가, 2028년 5,194만 명을 정점으로 감소, 2067년에는 1982년 수준인 3,929만 명에 이를 것으로 전망된다. 인구성장률은 2029년부터 마이너스성장을 하며, 2067년경에는 −1.26% 수준까지 감소할 것으로 전망된다.

표 13.1 가정별 우리나라 총인구 및 인구성장률 : 1960~2067

지표	가정	1960	1970	1980	1990	2000	2017	2020	2030	2040	2050	2060	2067
총인구(만명)	중위	2,501	3,224	3,812	4,287	4,701	5,136	5,178	5,193	5,086	4,774	4,284	3,929
	고위						5,136	5,194	5,341	5,355	5,161	4,808	4,547
	저위						5,136	5,164	5,065	4,831	4,401	3,801	3,365
인구성장률(%)	중위	−	2.18	1.56	0.99	0.84	0.28	0.14	−0.03	−0.38	−0.86	−1.20	−1.26
	고위						0.28	0.31	0.22	−0.14	−0.56	−0.77	−0.83
	저위						0.28	−0.02	−0.27	−0.66	−1.17	−1.66	−1.79

위 표에서 유의할 사항은 인구추계 시 발생하는 미래의 불확실성을 반영하기 위하여 장래 인구변동요인(출산, 사망, 국제이동) 수준을 중위 · 고위 · 저위로 설정하였으며, 인구성장의 중위가정이란 평균수준의 출산율과 기대수명, 국제순유입을 가정한 인구추계를 의미한다. 또한 고위가정과 저위가정은 각각 높은 수준과 낮은 수준의 인구성장을 가정한 미래의 인구추계를 의미한다.

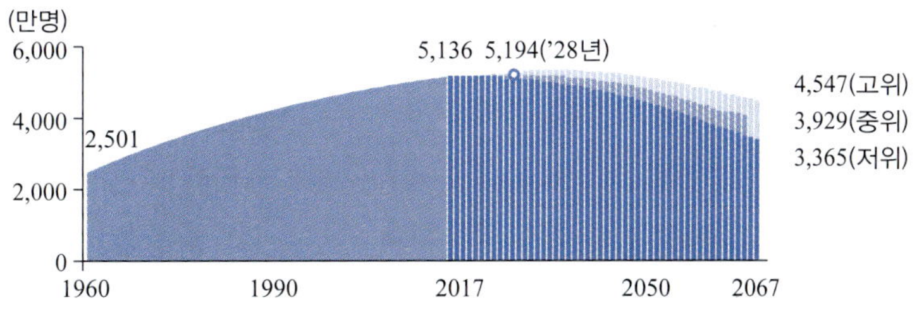

그림 13.8 인구성장 가정별 총인구 : 1960~2067

1) 통계청(2019), 「장래인구추계: 2017~2067년」

그림 13.8은 인구성장의 가정별로 총인구 추계를 그린 것이다. 그림을 통하여 국가정책적으로 출산율을 장려하고, 유아원증설 등 여러 가지 인구증가에 대한 정책을 세우면 최대인구가 2040년경에 5,355만 명으로 높아짐을 알 수 있다.

표 13.2 **주요 국가들의 인구성장률 : 2015~2065년**

(단위: %)

연도	한국	일본	스웨덴	영국	이탈리아	스페인	독일	프랑스	스위스	미국	호주
2015 ~2020	0.3	−0.2	0.7	0.6	−0.0	0.0	−0.1	0.4	0.8	0.7	1.3
2060 ~2065	−1.2	−0.6	0.4	0.2	−0.4	−0.5	−0.4	0.1	0.2	0.4	0.6

한편 주요 국가들의 인구성장률을 비교하면, 우리나라는 일본(−0.2%), 독일(−0.1%), 이탈리아(−0.0%), 스페인 (0.0%)에 이어 0.30%이다. 유엔(UN)의 인구추계에 따르면, 2015년~2067년 사이 OECD 일부 국가에서도 인구 감소 현상이 예상된다.

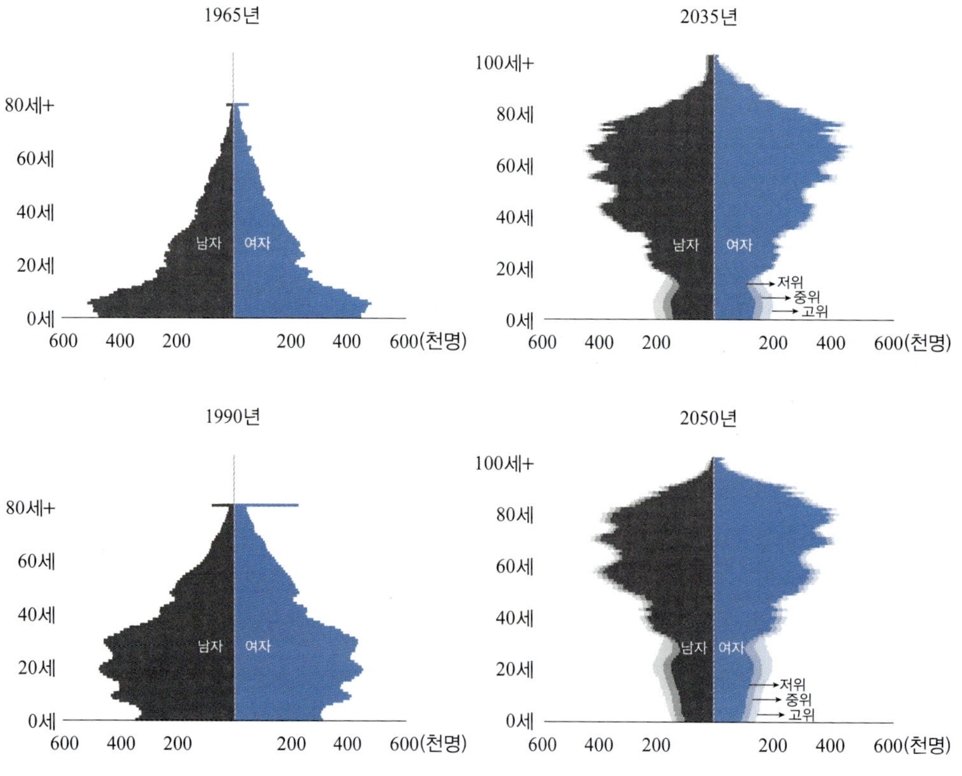

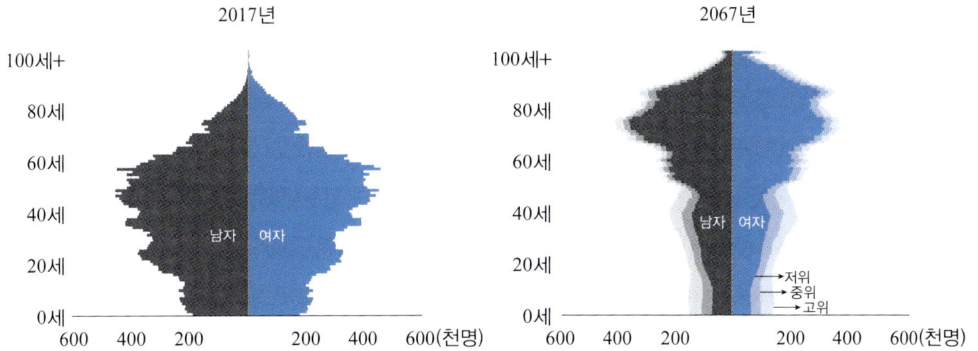

그림 13.9 인구피라미드, 1965~2067년

인구피라미드는 현재 중간 연령층이 많은 종형 구조를 띠고 있지만, 점차 아랫부분이 좁아지고, 윗부분 특히 고령층이 넓어지면서 점차 60대 이상이 두꺼워지는 역삼각형 구조로 변화될 것으로 전망된다. 베이비 붐 세대가 65세 이상에 도달한(2030년 전후) 노인인구가 급증하고, 그 세대가 사망하는 20여 년 후에는 노인인구가 다시 줄어들게 되지만(2050년 전후), 2067년의 피라미드를 보면 노인인구의 구성비가 여전히 큰 구조를 보인다. 베이비 붐 세대가 사망하는 시기에 노인인구가 감소하기는 하지만, 그동안 출산수준이 극히 낮은 상황이 지속될 때에는 노인인구가 상대적으로 많으므로 노인인구의 구성비가 여전히 큰 인구구조를 보일 것이다.

13.4 저출산 · 고령화사회

저출산

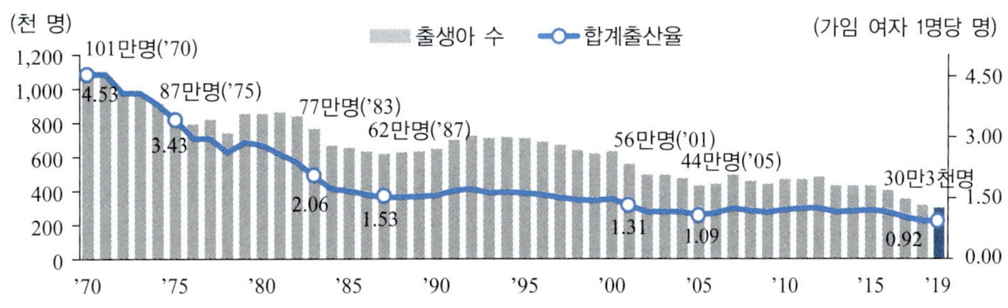

그림 13.10 출생아 수 및 합계출산율 추이, 1970~2019

최근 10년 동안 한국의 출산력을 살펴보면, 조출생율(crude birth rate)[2]은 2009년 9명에서 계속 감소하여 2019년 기준 5.9명이다. 그림 13.10을 보면 출생아 수는 1970년 이래로 감소 추세에 있다. 한편 합계출산율[3] 추이를 보면 2009년 1.15명에서 2012년 1.30명으로 최고점을 기록한 후 다시 감소하여 2019년에는 0.92명으로 나타났다. 낮은 합계출산율은 미혼율 증가, 혼인연령 상승, 여성의 경제활동 참가 증가, 자녀 양육 및 교육비 등의 영향 등 다양한 사회 · 경제적 요인이 작용한 것이라고 할 수 있다.

혼인건수는 출생아 수에 큰 영향을 주는 변수이며, 낮아진 출생아 수에 직접적인 영향을 주고 있다. 그림 13.10에서 보면, 혼인건수는 2019년 24만 건으로 2011년도보다 약 9만 건 감소하였으며, 인구 1,000명당 혼인건수를 나타내는 조혼인율[4](crude marriage rate)은 4.7건으로 2011년보다 1.9건 감소하였다. 반면 이혼건수는 2019년 11만 건으로 전년도보다 2,100건 감소하였으며, 인구 1,000명당 이혼건수를 나타내는 조이혼율(crude divorce rate)은 2.2건으로 전년보다 0.1건 증가하였다. 초혼연령과 혼인상태는 혼인력을 측정하는 2개의 주요 지표이다. 평균초혼연령은 남녀 모두 1999년 이후 매년 꾸준히 상승하였으며, 2019년에는 남자가 33.4세이며 여자는 30.6세로 높아졌다.

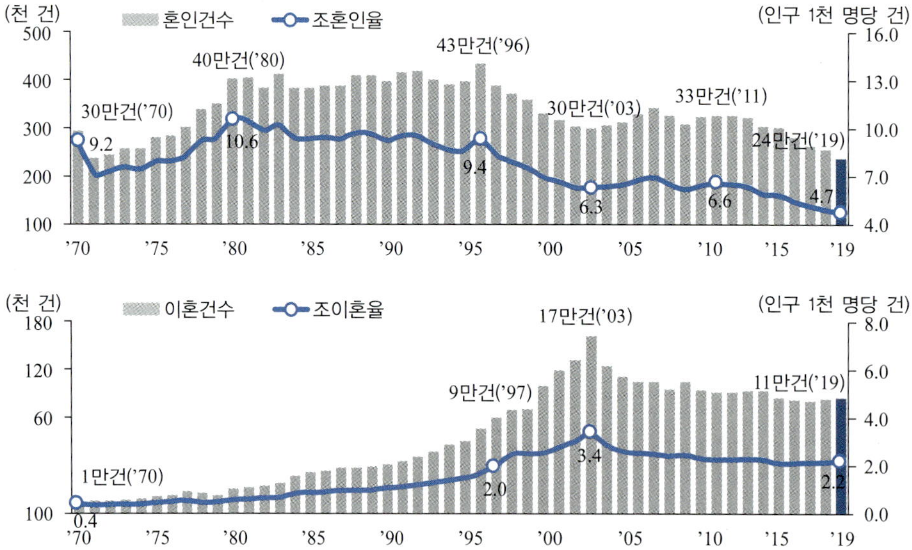

그림 13.11 조혼인율과 조이혼율 추이, 2008~2010

2) 인구 1천 명당 출생아 수

3) 여자 1명이 평생 낳을 것으로 예상되는 평균 출생아 수

4) 인구 1천 명당 혼인 건수

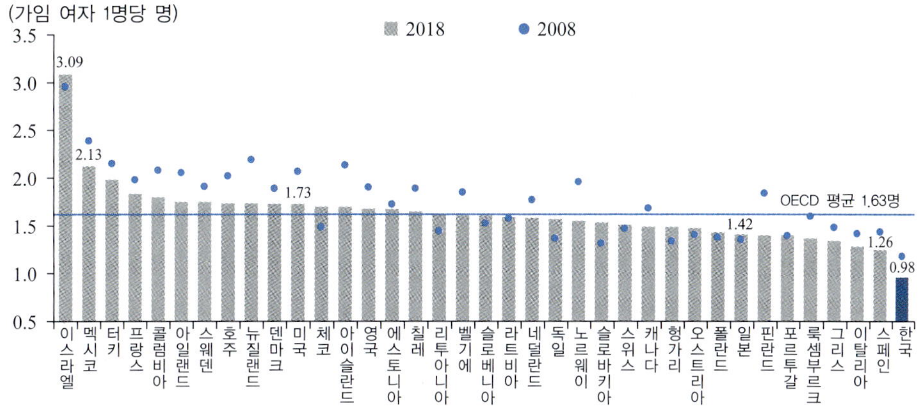

그림 13.12 OECD 회원국의 합계출산율 비율 비교

한국의 최근 저출산 문제를 이해하기 위하여, 국제비교의 관점에서 한국을 포함하여 구미선진국과 아시아의 출산력 동향을 검토하여 볼 필요가 있다. OECD 국가들의 2018년도의 합계출산율을 보면 평균은 1.63명이다.

그림 13.12를 보면 합계출산율은 이스라엘이 3.09로 가장 높고, 멕시코, 터키가 높은 수준에 있는 것으로 나타나고 있다. 세계적으로 볼 때, 대부분 국가가 저출산으로 어려움을 경험하고 있지만, 서부유럽의 프랑스, 북미대륙의 미국이 비교적 높은 출산율을 유지하고 있다. 그러나 남부유럽의 이탈리아, 스페인, 동아시아의 한국 등은 합계출산율 1.3명 이하의 초저출산(lowestlowfertility)을 경험하고 있어서, 이들이 이 문제를 어떠한 방법으로 극복하는가에 따라 이들 국가의 인구문제는 세계적 차원에서 새로운 차원으로 비화될 가능성이 있다.

고령화

최근 한국에서는 고령화가 매우 빠른 속도로 진행되고 있다. 그림 13.13을 보면 2017년도에는 65세 이상 인구가 전체 인구의 15.7%이고 15세 미만의 인구는 전체의 13.1%였으나, 현 상황이 지속되어 2067년에 이르면 고령인구가 전체의 46.5%가 되어 생산연령인구인 15~64세를 넘게 된다.

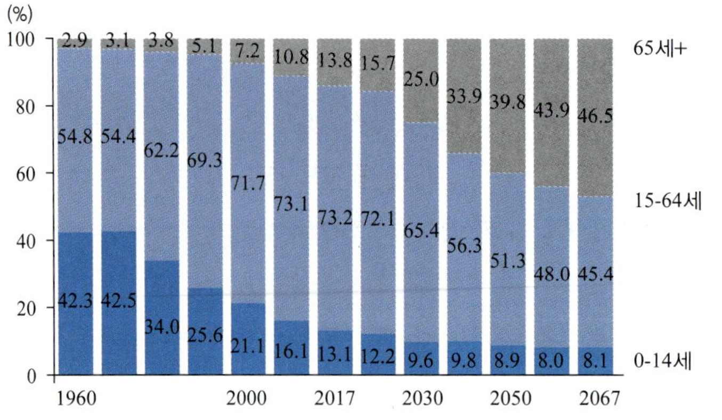

그림 13.13 연령별 인구구성비(1960~2067)

인구연령구조의 변화는 주로 수명의 지속적인 연장과 출산력의 급격한 저하에 기인하는 것이다. 현재의 한국 사회처럼 출산력이 대체수준에 훨씬 못 미치는 상황에서 고령화가 빠른 속도로 이루어지면, 사회의 여러 부문에서 긴장과 부담을 초래하기 마련이다. 우선 고령인구에 대한 부양비용이 크게 늘어나 연금, 의료보험과 같은 사회복지제도에 심각한 부담이 생기게 된다. 그리고 젊은 경제활동인구의 부족으로 노동시장에서 인력부족사태가 초래되고, 이는 경제성장을 저해할 가능성이 높다.

표 13.3 부양비 및 노령화지수 (1960–2067년; 중위)

시나리오	구분	1960	1970	1980	1990	2000	2010	2017	2020	2030	2040	2050	2060	2067
중위	총부양비	82.6	83.8	60.7	44.3	39.5	36.9	36.7	38.6	53.0	77.5	95.0	108.2	120.2
	유소년부양비	77.3	78.2	54.6	36.9	29.4	22.0	17.9	16.9	14.7	17.4	17.4	16.7	17.8
	노년부양비	5.3	5.7	6.1	7.4	10.1	14.8	18.8	21.7	38.2	60.1	77.6	91.4	102.4
	노령화지수	6.9	7.2	11.2	20.0	34.3	67.2	105.1	129.0	259.6	345.7	447.2	546.1	574.5

표 13.3을 보면 총부양비가 1960년에 82.6%였으나 2017년에는 36.7%로 가장 낮아지며, 2067년에는 120.2%로 증가하게 된다. 따라서 노인인구의 대부분이 경제활동을 하지 않는 상황에서 고령화는 경제활동인구가 부양해야 하는 피부양인구의 지속적인 증가를 의미한다. 고령화가 급속히 진행되면서 고령인구의 구조적 특성이 변하고 있다. 65세 이상 고령인구는 2017년 기준 여성 100명당 남성 73.9명으로 여성이 남성보다 많다. 이러한 성비 불균형은 연령이 높아질수록 두드러져, 85세 이상의 집단에서는 여성 100명당 남성이 34.6명으로 집계되었다. 연령별로 보면 65~74세 집단이 404명, 75~84세 집단이 242명을 차지하고 있으며, 85세 이상 인구는 60명에 불과하다. 또한

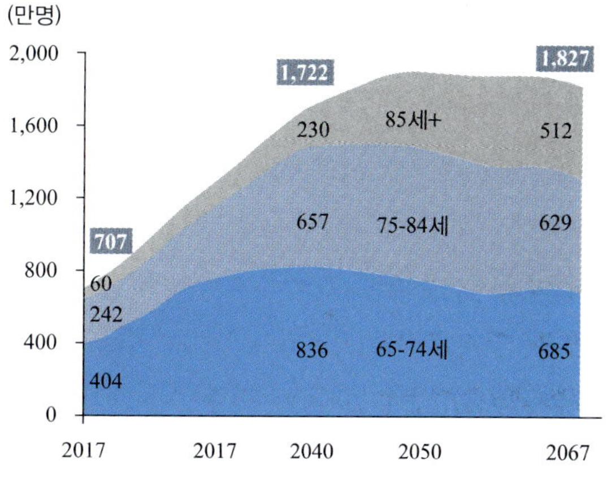

그림 13.14 고령인구 연령구조, 2017~2067년(중위)

그림 13.14를 보면 고령인구 중에서도 85세 이상 인구는 2017년 60명에 불과하였으나 2067년에는 512명으로 증가할 것으로 전망된다.

인구의 고령화 현상은 최근 대부분의 선진국에서 공통적으로 일어나는 현상이라고 할 수 있다. 그런데 한국인구의 고령화가 다른 어느 국가에서보다도 월등히 빠른 속도로 진행되고 있다는 데 문제의 심각성이 있다. 총인구대비 노인인구의 비율이 7% 이상이면 고령화사회(aging society), 14% 이상이면 고령사회(aged society), 20% 이상이면 초고령사회(super-aged society)라고 부른다. 이미 프랑스, 이탈리아, 영국, 독일, 미국은 1950년 이전에 고령화사회가 되었고, 뒤늦게 일본이 1970년 고령화사회에 진입하였다. 한국은 2000년에 고령화사회에 진입하였지만, 문제는 고령화 속도에 있다. 고령화율이 7%에서 2배로 증가한 14%가 되기까지의 소요연수를 비교하자면, 프랑스 115년, 미국 73년, 이탈리아 61년, 영국 47년 등이지만, 한국은 18년 만에 고령사회로 진입하게 된다. 그뿐만 아니라 80세 이상 초고령인구는 2017년 60만 명에서 2024년 100만 명이 넘고, 2067년 512만 명으로 2017년 대비 8.6배 수준으로 증가할 전망이다.

고령인구의 지역별 분포

한국인구의 연령구조는 거주지에 따라 뚜렷한 차이와 변화추세를 보인다. 2010년에 모든 시도가 고령화사회로 진입하였으며, 2019년 12월 기준 전남이 22.6%로 시도 중 가장 고령화가 심하였고, 경북 20.6%, 전북 20.4%, 강원이 19.6% 순이었다. 고령화가 가장 낮은 시도는 세종 9.4%, 울산 11.5% 경기 12.5% 순이였다.

저출산·고령화가 사회에 미치는 영향

산업화, 도시화, 인구억제정책 등의 결과인 인구의 고령화는 우리 사회 전반에 직접적인 영향을 미칠 것이다. 그중 중요한 사회 · 경제적 영향만을 그림 13.15로 정리하면, 노동력의 고령화와 생산성 저하, 부양부담의 급증, 연기금의 부족과 노후 불안, 의료비 증가, 가족문제의 증가 등을 들 수 있다.

적절한 출산수준이 뒷받침하지 않는 인구의 고령화는 신규노동력 공급을 감소시키고 노동력의 노령화를 가속화 한다. 이와 같이 노동공급의 감소와 고령화가 진행되면 저축률이 하락하기 때문에 투자가 그만큼 줄어들어 경제성장이 위축될 수밖에 없다. 노동력과 자본투입의 감소로 나타나게 될 저성장을 극복하기 위해서는 생산성의 향상이 필요하나, 노동력의 고령화가 빠르게 진행되는 사회에서는 이것마저 기대하기 어려운 것이 일반적이다.

우리나라 노인부양부담의 증가는 서구사회와 다른 아주 독특한 특성을 지니고 있다. 서구사회에서는 과거부터 노인부양의 주책임이 사회나 국가에 있었으며, 고령화의 정도와 삶의 질 향상을 위한 부분만큼 사회의 부담이 증가하였다. 그러나 우리나라의 경우는 빠른 출산수준의 감소에 따른 고령화의 속도만이 아니라, 노인에 대한 가족 내 부양이 사회의 부양으로 이전되면서 사회적 부담이 더욱 빠르게 증가하고 있다. 노인인구가 증가하면서 발생하는 개인과 사회의 부담은 연금과 의료비로 나타난다. 고령화와 노인만의 가구증가는 노부모와 성인자녀 간의 관계를 더욱 소원하게 하는 등 전반적인 가족문제가 심화된다. 과거 전통적인 가족제도하에서 노인은 가족 내의 부양이 중심을 이루었으나 핵가족화되면서 노인만의 가구가 빠르게 증가하고 있다. 1980년대 이후 1인 가구와 부부만의 가구가 빠르게 증가한 것은 노인만의 가구증가에서 나타난 현상이다.

출산율이 너무 낮으면 노동력 부족, 복지부담의 급증, 생산성의 저하 등 사회의 부담이 눈덩이처럼 커진다. 이러한 사회적 문제를 원만히 해결하면서 선진사회에서 살아남

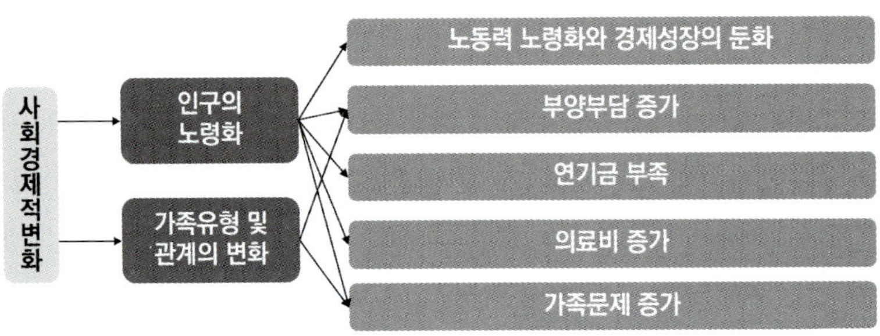

그림 13.15 인구의 고령화가 사회에 미치는 영향

기 위해서는 출산율의 회복과 유지가 절대적으로 필요하다. 저출산대책은 단기대책이 아니라 장기대책이므로 서두르지 말고 꾸준히 추진할 일이다. 근본적인 문제해결에 필요한 것은 가치관의 회복과 환경의 조성이다. 결혼이 개인의 행복에 기여하는 부분을 찾고, 자녀로부터 얻는 행복과 즐거움이 어떠한가를 논의해야 한다. 개인이 자신의 행복을 위하여 결혼과 자녀를 선택하는 가치가 필요하기 때문이다.

고령화 현상은 장기간에 걸쳐 나타나는 인구학적 변동의 결과이므로 그 근본적인 대책을 위해서는 장기적인 접근이 필요하다. 우선 고령화의 근본적 원인을 제거 내지 완화하기 위해서는 저출산문제의 해결을 위한 노력이 필요할 것이다. 출산장려가 이루어진다면 부양부담을 경감할 수 있는 직접적인 효과가 있기 때문이다. 다음으로 노인부양문제는 가족과 사회가 함께 분담해야 하므로 출산장려를 위한 대책과 함께 가족관계의 회복과 가족복지의 증진 차원에서 대책을 마련해야 할 것이다. 결국 인구문제는 개인과 사회의 가치의 차이에서 증폭되는 것이고 보면, 개인의 가치관 전환을 위한 노력을 교육과 홍보를 통하여 실현할 필요가 있다. 결혼, 가족, 출산은 행복의 원천이고, 삶의 질을 높여준다는 가치관을 교육과 홍보를 통하여 국민에게 심어준다면 출산수준도 올라가고, 부모자녀관계의 회복을 포함한 노후대책이 이루어짐으로써 사회의 안정적인 발전에 크게 기여할 것이다.

되돌아보기

이 장에서는 인구통계학의 정의와 인구변이이론을 살펴본 후 한국의 인구변동과 고령화에 대해 이해하고자 하였다. 한국인구의 여러 사회, 문화 및 경제적 특성을 파악함으로써 인구현상과 인구문제를 이해하였으며, 우리나라 및 세계 인구의 규모, 구조, 분포 및 변동과 사회, 문화 및 경제적 특성의 관계를 살펴보았다.

용어정리

- **인구통계학(demography)** 인구의 크기 · 밀도 · 분포 및 출생 · 사망 · 결혼 등을 통계적으로 연구하는 학문
- **인구피라미드(population pyramid)** 인구구조를 전체적으로 알기 쉽게 표시하는 방법
- **인구변천이론(Demographic Transition Theory)** 어떤 사회의 인구변천과정을 단계별로 설명한 이론

배운 것 익히기

1 인구변이이론을 설명하라.

2 우리나라 인구의 특징을 설명하라.

3 우리나라 인구의 저출산 문제점을 설명하라.

4 우리나라 인구의 고령화 추세를 설명하라.

14

기상통계로 미래보기

통계를 살펴봄으로써 미래를 예측하고자 하는 것은 과학적 사고활동에 속한다고 할 수 있다. 이 장에서는 지식사회에서 기상통계의 역할을 살펴보고, 기상을 어떻게 예측하는가를 이해함으로써 통계에 근거한 미래 살펴보기를 해보고자 한다.

14.1 생활 속에서의 기상통계

우리의 삶에서 기상통계가 얼마나 깊숙이 자리 잡고 있는지 이미 잘 알고 있다. 10장에서 각종 지수를 살펴보았을 때 날씨지수로 불쾌지수나 세탁지수, 세차지수뿐만 아니라 다음 날의 일기예보는 주요 정보가 되었다. 또 수험생들의 대학수학능력시험 당일의 날씨에 지대한 관심을 보이기도 하고, 각종 행사를 진행하는 데 단기 중기 일기예보를 근거로 결정함은 말할 것도 없다. 여름이 되면 찾아오는 태풍의 강도나 진로 예측에 대한 기상정보는 전 국민의 관심사이기도 하다. 이러한 모든 기상정보의 근거는 기상 관련데이터를 분석한 기상통계임은 익히 잘 알고 있다. 참고로 기상청이 세계적으로도 높은 순위에 들어가는 슈퍼컴퓨터를 보유하고 있는 이유는, 대용량의 데이터를 복잡한 수치적 모형이나 통계적 모형을 통해 예측모형을 거의 실시간으로 분석하기 위해서이다. 기상통계에 대한 이해를 좀 더 높이기 위해 다음의 기사를 살펴보자. 다음의 기사에서 우리는 날씨가 경제와 직결되어 있음을 볼 수 있다.

변화무쌍한 하늘… 날씨파생상품 도입 물꼬
– 서울경제. 2020.08.11

올여름 이례적인 폭우로 막대한 인명 · 재산 피해가 예상되는 가운데 금융투자업계에서 '날씨파생상품' 도입 논의가 물꼬를 트고 있다. 날씨파생상품은 이상기온이나 폭우 · 폭설 등 예상치 못한 자연재해에 따른 피해를 최소화하기 위해 맺는 선물 · 옵션 계약을 일컫는다. 업계에서는 날씨파생상품이 기상현상에 따른 손해를 최소화할 수 있는 대안이 될 가능성이 있다고 봤다. 날씨보험과 달리 보상이 지연될 우려도 적은데다 기온 변동, 강우량 등 일상적인 기상 변화까지 모두 헤지(위험회피)할 수 있기 때문이다. 그러나 실제로 날씨파생상품이 자본시장에서 얼마나 잘 팔릴 수 있을지에 대해서는 회의적인 시선도 상당하다.

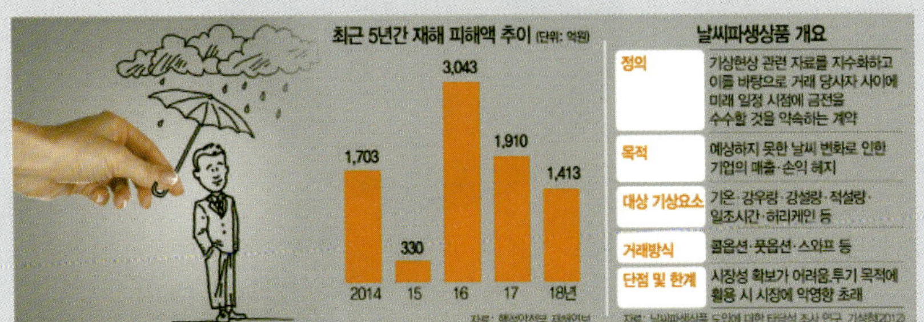

그림 14.1 재해 피해액 추이 및 날씨파생상품 개요

10일 금융투자업계에 따르면 기상청 산하기관인 기상산업기술원과 금융투자협회는 지난 7일 날씨파생상품 도입 가능성을 토론하는 세미나를 열었다. 이날 자리에서는 날씨파생상품의 효용성 등에 대한 논의가 이뤄진 것으로 전해졌다. 이번 세미나는 최근 이례적인 폭우와는 관계가 없는 것으로 알려졌다. 그러나 금융투자업계에서는 날씨파생상품이 올해와 같은 이상기후에 대해 기업들이 효과적으로 대응할 수단이 될 수 있다고 봤다.

파생상품이 거래되려면 기초상품이 반드시 있어야 한다. 날씨파생상품의 경우 '날씨파생지수'가 그 역할을 한다. 기업이나 정부기관은 기온 · 강우량 · 강설량 · 적설량 등의 데이터를 기초로 한 지수를 기반으로 선물 · 옵션 · 스와프 계약을 맺는 방식으로 기상 관련 위험을 줄이게 된다. 가령 겨울에 폭설이 예상되는 경우 지방자치단체는 강설량 관련 지수를 기초자산으로 하는 콜옵션을 사들여 제설비용을 낮출 수 있다.

이미 미국 · 유럽 등에서는 날씨파생상품 거래가 이뤄지고 있다. 1999년 미국 시카고상업거래소(CME)가 세계 최초로 기온에 대한 선물 · 옵션 계약을 상장한 후 미국에는 기온 · 서리 · 폭설 · 폭우 · 허리케인 관련 지수가 구비돼 있다. 유럽파생상품거래소(EUREX)에서도 날씨 관련 지수를 기반으로 한 파생상품 거래가 가능하다. '오마하의 현인'으로 불리는 워런 버핏 역시 미 플로리다 주정부와 대규모 허리케인으로 피해가 발생할 때 40억달러 규모의 주정부 채권을 사들이기로 하는 옵션 계약을 맺은 바 있다.

국내에서는 2009년 자본시장법이 제정되면서 도입 논의가 이뤄지기 시작했다. 파생금융상품도 자본시장법상 규율 대상으로 들어오면서 '제도권' 내에서 각종 파생상품 개발이 가능해졌기 때문이다. 2011년 기상청에서 파생상품 도입 관련 타당성 조사 연구를 학계와 민간 기상 분석업체에 의뢰했다. 2012년에는 한국거래소에서 파생상품연구센터가 개설되면서 날씨파생상품 관련 지수 개발에 대한 기대감이 커졌다.

날씨파생상품이 날씨보험을 보완해줄 수 있다는 것 때문이었다. 우리나라에서는 날씨 관련 위험을 줄일 수 있는 금융상품이 날씨보험 외에는 없다. 그러나 날씨보험의 경우 손해액을 산정하는 데 오래 걸린다는 단점이 있다. 반면 날씨파생상품은 자본시장 내 기상 지수 변동과 파생계약에 따라 보상받는 액수가 일정한 만큼 기업이 즉각적으로 재무상 피해를 줄일 수 있다는 장점이 있다. 또한 날씨보험이 날씨로 인한 '손해'만 보상해주는 반면 날씨파생상품은 기온 · 강우량 등 기상 관련 수치가 '일정 조건'을 충족하면 곧바로 이득을 볼 수 있다는 점에서 좀 더 포괄적인 헤징이 가능하다. 특히 지구온난화로 올해와 같은 이상기후 현상이 지속적으로 나타나고 이에 따른 피해액 역시 예측하기 어려워지고 있어 날씨파생상품 관련 도입 논의는 더욱 본격화할 것으로 전망된다.

그러나 날씨파생상품이 출시됐을 때 얼마나 '시장성'을 가질 수 있는지에 대해서는 아직 논란이 적지 않다. 금융투자업계의 한 관계자는 "전 세계적으로도 날씨파생상품 상장 수가 기존의 절반 이상 줄어든 상황"이라며 "원유 파생상품 등으로도 충분히 날씨 관련 위험을 헤징할 수 있는데 굳이 국내 기업들이 날씨파생상품을 거래하려고 할지는 의문"이라고 말했다. 날씨보험과 달리 투기수요에 따라 헤징 수요가 왜곡될 수 있다는 것도 한계로 꼽힌다.

심우일기자 vita@sedaily.com

이 기사에서 보듯이 이제 날씨는 경제와 바로 직결되는 시대에 살고 있음을 알 수 있다. 또 다른 예로써 가전제품을 생산하는 회사에서 그해 여름을 대비한 냉방기기의 생산량 책정과 겨울을 대비한 난방기의 생산량 책정을 무작정 하는 것이 아니라, 그 해의 전반적인 기상예보와 장기적 예보를 근거로 생산량과 시기를 결정하고 있다. 또 세계적인 유명가수나 오페라를 야외 공연할 때 우천으로 연기될 것을 예비하여 날씨에 대한 보험을 들고 있는지는 이미 오래된 일이다. 특히 20세기 말부터 기상정보도 하나의 재화로 취급되어 기상정보가 상품화되었다. 기상정보 제공 웹사이트인 '케이웨더(K weather)'[1)]가 그 예다. 이 사이트는 국내 최초이자 최대 기상정보제공업체로서 유무선 연동 날씨 서비스뿐만 아니라 기상데이터를 기반으로 한 경영컨설팅 서비스와 일기예보, 각종 지수 등을 활용한 다양한 컨텐츠를 보유하고 있다.

산업별 날씨 위험관리 부분에서는 날씨 위험에 대하여 사전 위험으로는, 생산 설비 계획 수립이나 유통 판매 계획 수립 시 등에 고려되는 날씨 위험이나 방재 시설 설립 시 또는 과거 재해 통계 및 지역적 특성으로부터 야기되는 위험 등이 있다. 사후 위험으로는 날씨 위험에 대한 정보를 활용하여 사전 위험을 제거했음에도 불구하고, 예상치 못한 기상변동으로 발생하는 매출 감소 등의 비용 발생 등과 같은 금융 위험이나 사전 날씨 정보로 대책을 수립하고 실행하였음에도 불구하고 발생하는 자연재해에 대한 피해

1) 케이웨더. www.kweather.co.kr

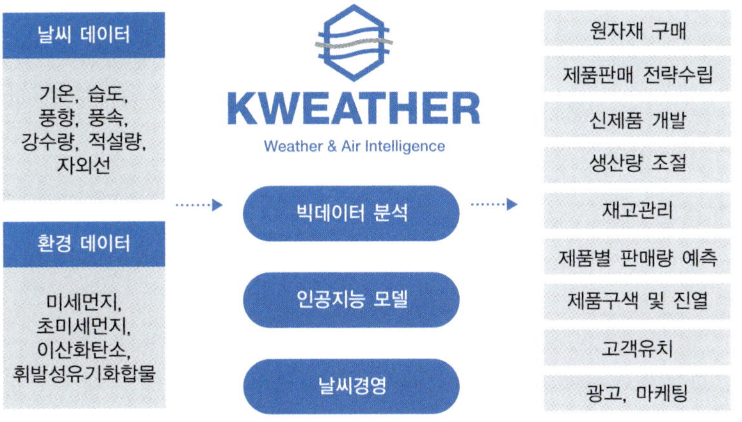

그림 14.2 케이웨더 개요

복구나 손해 배상에 필요한 재원의 미확충으로 발생하는 위험 등이 있어, 날씨 위험 종류와 업종별 날씨 위험 관리를 체계적으로 지원하고 있다. 표 14.1은 주요업종별 날씨 위험을 보여 주고 있다. 지식사회답게 기상에 대한 정보를 포함한 모든 지식은 모두 재화로 나타나고 있음을 잘 보여 주고 있다고 말할 수 있다.

표 14.1 주요 업종별 날씨 위험

구분	산업	내용
재해빈발	농업	수해 및 가뭄으로 생산량 감소 및 병충해 증가
	건설	공사현장 재해, 공정지연, 장비 및 인력수급 차질
	교통	운항 중단 및 안전사고
수요변동	가전	판매급/증감 및 재고 발생
	패션	판매급/증감 및 재고 발생
	음식료	판매급/증감 및 재고 발생
	유통	매장 내방객과 매출감소 및 상품 구색 오류
	레져	예약 취소 및 매출 감소, 옥외 이벤트 중단
	에너지	냉방전력 급증 및 가스 사용량 변화

최근에 가장 중대한 이슈 중 하나인 지구의 온난화에 대한 모두의 관심이 지대하다. 어떤 전문가는 지구가 기상재앙으로부터 자유로울 수 있게 대처할 수 있는 시간이 8년밖에 남지 않았다고 한다. 온난화와 관련된 다음의 조선일보 기사를 보자.

기후시스템 교란 경제활동 크게 위축…보험료 인상 · 산업구조 변화 불가피
– 조선일보, 2007.05.18

태풍 · 가뭄 등 기상재해 피해 2000년대 2조6900억원

1960년대의 20배로 급증

신재생 에너지 사업 급부상하고…

온실가스 배출권 활용하는 기업이 살아남아

지구온난화가 본격적으로 대중의 관심을 끌고 UN 주도하의 국제적인 협약으로 탄생하게 된 것은 1980년대 들어 빈발하기 시작한 기상재해와 무관하지 않다. 기후변화가 평균기온 상승으로 대표되기는 하지만, 기온상승 자체보다는 온난화에 따른 기후시스템의 교란과 이로 인한 태풍 · 가뭄 · 홍수 등의 기상이변이 더 큰 문제이다.

영국의 가디언지(2004년 2월 22일자)가 인용한 미국 국방성 보고서는 지구온난화가 현재 추세로 진행된다면 증가하는 기상재해로 인해 에너지 · 수자원 · 식량 확보를 위한 국가 간 갈등을 증폭시켜, 궁극적으로는 전쟁 및 핵무기 확산의 위험을 증대시킬 것이라고 경고하고 있다. 뉴욕 타임스(2007년 5월 12일자)는 미국의 최고 정보책임자인 마이클 맥코넬이 미 하원 정보위원회에 보낸 서한에서 미국 정보기관이 기후 변화가 미국의 안보에 미치는 의미를 평가하고 분석하는 것은 당연하다고 이야기하고 있음을 보도하고 있다. 부시 행정부가 온실가스 감축을 위한 교토의정서에 참여하지는 않았지만, 기후 변화를 국가안보 차원에서 중요한 이슈로 다루고 있음을 알 수 있다.

독일의 뮌헨 재보험회사가 전 세계의 기상재해 발생건수와 피해액의 변화 추이를 집계한 자료에 따르면, 1950년대에 20건 피해액으로는 449억달러 수준이던 기상재해가 해가 갈수록 증가해 표 14.2 기상재해 피해액 추이를 보면 1960년대에는

표 14.2 전 세계 기상재해 발생건수와 피해액 변화추이

단위: 건, 십억달러

기간	1950 ~1959년	1960 ~1969년	1970 ~1979년	1980 ~1989년	1990 ~1999년	2000 ~2006년
기상재해 발생건수	20	27	47	63	91	63
피해액	44.9	80.5	147.6	228.0	703.6	566.8
보험손실액	–	6.4	13.7	28.8	132.2	101.7

27건에 805억 달러, 1970년대에는 47건에 1476억 달러, 1980년대에는 63건에 2280억 달러로 늘었다. 1990년대에 들어서는 건수로는 91건으로 4.5배, 피해액은 7036억 달러로 무려 15.7배나 증가했다. 집계가 불가능하거나 집계 대상에서 빠진 것을 포함한다면 피해 규모는 훨씬 클 것이다.

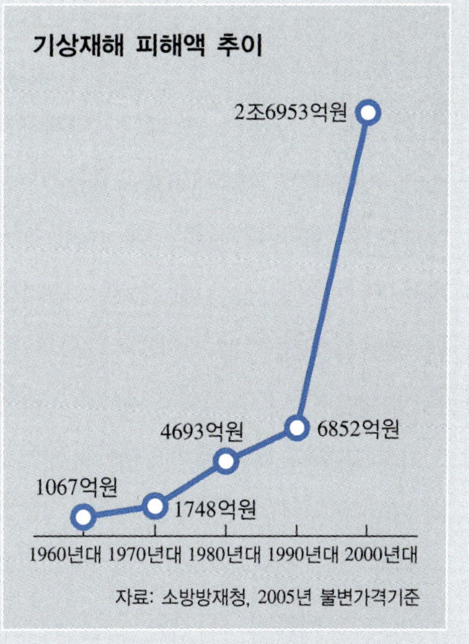

그림 14.3 기상재해 피해액 추이

우리나라도 예외는 아니다. 소방방재청 집계에 따르면 1960년대에 연간 1067억 원이던 기상재해 피해액이, 1970년대에는 1748억 원, 1980년대에는 4693억 원, 1990년대에는 6852억 원, 2000년대 들어서는 2조 6953억 원으로 급증했다. 경제성장으로 인해 부동산 가격이나 생산품의 가격 등이 올라서 화폐로 환산한 피해액이 더 커진 영향도 있겠지만, 기상재해의 발생건수나 파괴력이 과거에 비해 더 커진 것은 부인할 수 없다. 온난화는 지역과 산업에 따라 그 영향을 달리한다. 지역별로는 적도 근방에 위치한 나라들이 기후 변화에 더 취약하고, 고위도 지방의 나라들은 기후가 온화해지면서 오히려 농산물 생산이 증가하고, 관광산업에 긍정적인 영향을 줄 것으로 예측되고 있다. 산업에서도 화석연료 의존도가 높지만 온실가스를 감축할 기술이나 대체에너지원의 확보가 곤란한 산업은 불리하고, 신재생에너지 산업이나 온실가스배출권을 잘 활용할 수 있는 기업은 기후 변화가 오히려 사업 확장의 계기로 작용할 수 있을 것으로 생각된다.

〈중략〉

기후 변화에 초점을 맞춘 사업도 향후 유망 산업으로 부상하고 있다. 뉴스위크(2007년 4월 16일자) 에 따르면, 도요타의 하이브리드카 프리우스는 최근 시장을 급속히 넓혀가고 있다. 영국의 슈퍼마켓 체인인 테스코는 앞으로 5년간 총 10억 달러를 투자해 매장의 전력공급을 풍력발전으로 전환하고, 식료품이 매장에 진열되기까지의 운송거리를 표시해 기후 변화에 민감한 소비자를 사로잡을 계획이라고 한다.

신재생에너지 사업이 급부상하고 온실가스 배출권 활용하는 기업이 살아남아, 기후변화로 인해 수자원 부족이 예상되는 지역에서는 해수의 담수화 사업이 유망할 것으로 전망된다. 현재 전 세계에서 가장 큰 담수화 공장을 운영하고 있는 프랑스의 베올리아 워터(Veolia Water)사는 스페인에서 1억 2800만 유로짜리 계약을 따냈으며, 중국의 간쑤성에 16억 유로짜리 물 처리 공장을 건설하기로 계약했다. 가뭄이나 수해, 고온에 견디는 종자를 개발하는 종자공급회사나 각종 질병치료제와 백신을 개발하는 제약회사 또한 기후 변화로 인하여 수익을 거둘 것으로 기대되는 분야다.

기후 변화에 대응하기 위한 국제적 노력으로 탄생한 국제협약인 교토의정서에 의해 새롭게 탄생한 것이 온실가스 배출권을 거래하는 탄소시장이다. 온실가스 배출권이란 흔히 탄소배출권이라고도 말한다. 선진국들은 2008년부터 2012년까지 5년 동안 연간 배출할 수 있는 온실가스의 총량을 할당 받았으며, 할당량이상으로 배출하려면 다른 나라로부터 필요한 만큼 배출권을 구매해야 한다. 2004년부터 본격적으로 형성되기 시작한 탄소시장은 2004년에 시장규모 5억 7000만 달러에서, 2005년 100억 달러, 2006년 220억 달러로 급증했고, 개도국에서 공급되는 배출권의 가격도 이산화탄소 1t당 2004년에 5.15달러에서, 2005년 7.04달러, 2006년 11.56달러로 크게 상승했다. 주요 구매자는 온실가스 감축의무를 가진선진국 중 일본 · 네덜란드 · 영국 등이며, 개발도상국의 주요 판매자는 중국 · 인도 · 브라질 · 한국 등이다.

〈중략〉

기후 변화에 의한 해수면 상승과 홍수의 빈발로 인해 해변이나 하천 가까이 건물을 짓는 것은 갈수록 위험한 일이 되고 있다. 그에 따른 보험료도 상승할 것이다. 기온 상승과 건조한 기후에 의한 산불 위험이 갈수록 증대돼 우리의 생명과 재산을 위협할 것이다. 기후 변화는 단순히 기상재해에 의해서 우리의 생활에 영향을 끼치는 것이 아니라, 산업 및 경제구조의 변화를 통해서도 우리에게 큰 영향을 끼칠 것이다.

– 이명균 계명대 교수 · 에너지환경계획학과

이 기사뿐만 아니라 독일의 뮤니히 르 그룹(Munich Re Group) 보험사가 제공한 그림 14.4를 보면 최근 수십 년간 기상재해 건수가 상당히 증가하였음을 확인할 수 있다. 동시에 뮤니히 르 그룹에서 공개한 내용에 따르면 사상 최대 피해액을 낸 자연재해는

2011년 3월 11일 일본에서 발생한 토호쿠 지진으로 총 2,100억 달러의 손실을 초래하였다고 한다. 보험손실 기준으로 현재까지 가장 비용이 많이 든 자연재해는 허리케인 카트리나로 2005년 8월 뉴올리언스를 강타해 손해보험사가 총 605억 달러의 피해를 보았다.

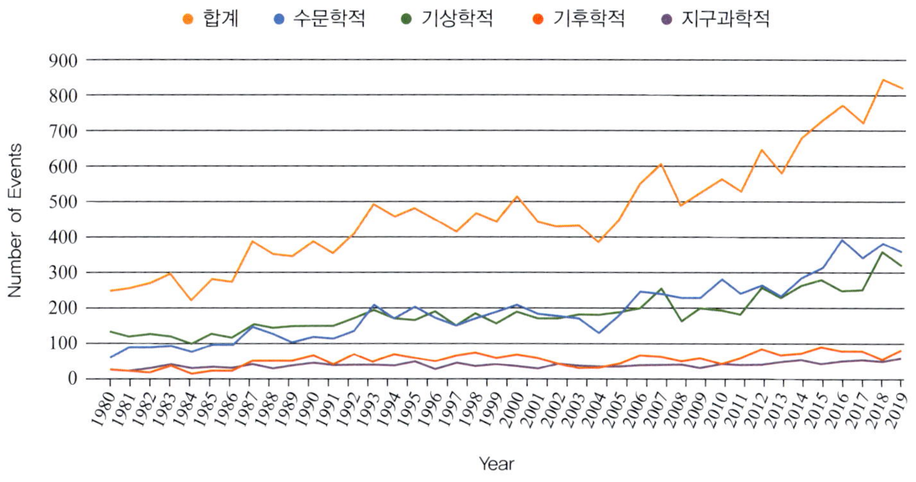

그림 14.4 1980~2019 전 세계 자연재해 종류별 발생건수

또한 우리나라의 기상재해 가운데 자연재해로 인한 재산 피해액을 대충 요약해 보면 다음과 같다.

기상재해 피해액/인명피해/재산피해
1970년대 1조 6208억 원, 1980년대 4조 3547억 원, 1990년대 6조 3546억 원,
1993년부터 2002년 동안 연평균 기상재해 피해액이 GNP의 2.4% 상당. 인명피해는 사망 및 실종 129명 발생, 피해액 1조 2999억 원, 복구비 1억 9941억 원이 소요.

폭우 피해(2020.8)
사망자 23명, 이재민 1087명 발생. 재산피해 9181억 원, 복구비 1조 7790억 원 소요.

태풍 '루사'(2002.8)
246명이 사망 · 실종. 6만 3000여명의 이재민 발생. 재산피해 5조 1479억 원. 복구비 7조 1450억 원.

태풍 '매미'(2003.9)
인명피해 130명, 이재민 1만여 명, 재산피해 4조 7810억 원, 복구비 6조 5580억 원.

폭설 피해(2004.3)
충청권과 경북지역을 강타한 폭설로 전국 교통마비.

경주 지진(2016.9)
1978년 지진 관측 시작 이후 역대 최대 규모의 지진. 부상자 23명, 재산상 피해 5,120건 발생. 재산피해 110억 원.

이러한 기상재해를 막는 최선의 방법은 개개인이 노력하여 이산화탄소 배출량을 줄이는 것이겠지만, 한편으로는 미래를 대비한 다양한 전략이 국가적으로도 필요함을 알 수 있다. 특히 지구의 온난화에 대한 우려가 점차 현실로 나타나고 있는 시점에서 기후변동에 대한 예측과 원인 분석은 물론, 대기 오염 물질 방출에 대한 국가적 전략과 대책을 세움에 있어 통계적 접근방법이 최고의 방책이라 할 수 있다. 왜냐하면 숫자로 표현되지 않으면 해결할 방법을 찾을 수 없기 때문이다.

지금까지 기상통계와 관련된 사항들을 살펴보았다. 정리하자면 기상통계는 기상 및 기후에서 기상 및 기후 현상을 분석하고, 기상 또는 기후의 예보 내지는 예측하는 통계학과 대기학이 접합된 분야라 할 수 있다. 즉 기상통계는 기상분석 및 예보기술과 함께 학제 간 협력으로 이루어진다. 기상위성과 고층 관측소 등 새로운 관측 장비와 기술, 다양한 수리모형의 개선 방향에 따라 새로운 통계모형이 개발된다. 또 사회 변화와 기상정보의 활용은 지식사회에서 부가가치의 창출과 생활, 산업, 금융 등 다양한 분야에서 수요자 중심으로 급성장하고 있다.

14.2 기상관측

강수확률예보

원시 시대에는 날씨의 변화가 생활양식과 생존을 좌우하는 중요한 문제였던 반면, 현대는 냉난방 시설 등 문명의 발달로 날씨의 영향을 어느 정도 극복하였다고 말할 수 있다. 그러나 기상 현상에 대한 지식이 날로 증대되고 인간의 활동이 다양해짐에 따라 기상정보에 대한 수요는 더 많아지고, 그만큼 정확한 정보를 생활에 이용하려는 욕구는 더욱 커지고 있다. 대부분의 사람은 아침에 일기예보를 보고 하루의 일과를 준비하고 계획한다. 일기예보의 내용 중 가장 많은 관심을 끄는 것은 바로 강수 유무이다.

현재 일상적으로 행해지고 있는 강수예보법은 기후예보법, 범주예보법, 확률예보법이다. 기후예보는 강수 발생의 기후적 통계값을 예보값으로 표현하는 것으로, 예를 들면 8월 한 달 중 평균 강수일은 10일이라고 예보하는 것이다. 범주예보는 '강수 있음',

'강수 없음' 둘 중 하나로 예보하는 것이고, 강수확률예보는 더 자세히 비 올 확률 몇 %로 나타내는 것이다. 그러므로 확률 예보는 똑같은 상황에 대해 범주예보보다 더 많은 정보를 포함하게 된다.

우리나라에서는 1987년부터 강수확률예보가 시작되었고, 그 후 '오늘은 비가 올까?' 보다는 '오늘 비 올 확률은 몇 %인가?'라는 질문이 나올 정도로 우리 생활에 밀접히 관련되었으나 그에 대한 이해는 아직 정확하지 않은 것 같다. 강수확률예보의 한 예를 들어보자. 이를테면 '오늘 서울 지방의 강수 확률이 70%'라는 예보의 뜻은 적어도 서울 시내 어디에선가 비가 올 가능성이 70%라는 뜻으로 서울의 총 면적 중 70% 가량의 면적에 비가 온다는 뜻은 아니다. 그리고 하루 24시간 중 비가 오는 시간 비율이 70%라는 뜻도 아니다. 즉 강수확률예보는 예보기간에 지정된 장소에서 일정량의 강수가 발생하는 것을 확률로 나타낸 것이다.

여기서 예보에 확률적 표현이 포함되면 그 확률을 결정하는 문제가 제기된다. 일반적으로 확률을 결정하는 데는 두 가지 방법이 있는데, 그중 하나는 상대 빈도 해석이고, 다른 하나는 주관적 해석이다. 강수 확률이 40%라고 하자. 이때 상대 빈도 해석은 현재와 같은 기상 상태가 수없이 반복될 때 약 40%의 경우에는 비가 온다고 판단한다. 이것은 동전을 수없이 반복하여 던졌을 때 앞면이 나올 확률이 약 1/2임과 같이 거의 확실한 것이라 할 수 있다. 그러나 실제의 대기 현상은 비록 시간을 달리하는 두 가지 기상 현상이 매우 유사할지라도 그 각각을 독특한 것으로 간주해야만 한다. 따라서 확률 예보를 상대 빈도의 의미로 설명하기는 매우 어렵다.

강수 확률 40%를 주관적 해석으로 나타내면 예보자의 주관적 판단으로 비가 올 가능성과 비가 안 올 가능성은 4 : 6이 된다. 일기예보에서는 주관적 확률 해석이 더 적절한 것으로 간주하는데, 이는 앞에서 말한 바와 같이 기상 현상은 어떠한 경우에도 똑같은 현상으로 나타나지 않음을 생각할 때 매우 당연하다. 확률의 주관적 해석법은 예보자가 예보 결정(확률값 결정) 과정에서 기후적 상대 빈도뿐 아니라 다른 모든 기상자료와 정보를 종합하여 이용하게 된다.

강수 확률예보는 두 가지 장점을 가지고 있다. 첫째, 확률예보는 수요자들이 합리적인 결정을 하는데 필요한 정보를 제공하며, 이것은 상당한 경제적 가치를 도출한다. 둘째로 확률은 일기예보의 불확실성을 가능한 한 정밀하게 표현한다. 위의 장점 중 경제적 이익에 대해 알아보자. 예를 들어, 규모가 큰 건설 공사를 시작한다고 하자. 비에 대한 대비를 하지 않았을 때 받을 손실이 700만 원이고, 사전 예방 조치에 소요되는 비용이 200만 원이라고 하자. 만약 강수 확률이 80%라면 비에 대한 예방 조치를 하지 않을 경우 입게 될 예상 손실액은 700만 원의 80%인 560만 원이고, 예방 조치를 할 경우 소요될 비용은 200만 원이다. 따라서 이 경우에는 비에 대한 예방 조치를 하는 것이 손해를 덜 보는 방법이 되며, 이때 예상이익은 360만 원이다.

일기예보가 나오기까지

과거에는 일기란 점술가나 예언가들이 신통력에 의해 예측하는 것, 즉 한 개인이 관측에서 예측까지 모든 일을 혼자서 수행하는 것으로 인식되었던 반면, 현재 일기예보는 개인 소유의 지식이 아니며 과학적인 공동 작업의 결과로 산출된다. 또한 최근 들어서 기상 업무가 점점 분업화, 전산화됨에 따라 예전과 같은 정성적 예보보다는 정량적 예보(강수확률예보 등)를 생산하여 기상 정보를 실생활에 좀 더 효율적으로 이용하려는 움직임이 일고 있다.

일기예보를 생산하기 위해서는 우선 각종 기상요소에 대한 관측 자료를 수집해야 한다. 지상기상, 고층기상 및 기상 레이더 관측자료, 기상위성 수신자료, AWS 자료 등 사용 가능한 모든 자료가 수집되는데, 지상기상은 3시간 간격으로 일 8회(00시, 03시, 06시…, 21시), 고층기상은 12시간 간격으로 일 2회(09시, 21시) 관측되며, 레이더와 기상위성, AWS 관측은 수시로 실시된다. 지상 및 고층 관측 자료들은 일기도에 기입되어 고 · 저기압의 위치 및 이동경로, 기압과 고도의 변화 경향, 전선의 발생과 소멸 및 이동 추적, 날씨 변화, 대기의 수직구조 등을 분석하기 위해 쓰이는데, 분석은 수작업 및 종합기상전산망에 의하여 수행된다. 또한 기상 레이더 자료는 강수구역, 강도, 이동 등을 추적하는 데 쓰이며, 기상위성자료는 구름의 분포와 종류 등을 분석하는 데 이용된다. 이런 자료들을 기초로 해서 작성된 일기예보는 기상청의 예보 관계자들이 참여하는 예보관 토의에서 종합적인 검토를 거친 후 최종적으로 확정된다.

예보는 기상청이 전국을 총괄하여 예보문을 발표하고, 각 지방기상청은 지형 특성을 고려하여 지역 예보문을 발표하며, 각 기상대는 관할지역의 시군별 기후 특성을 고려하여 국지예보를 발표한다. 전국예보, 지역예보, 국지예보는 컴퓨터 단말기, 팩시밀리, 전화를 이용하여 각 언론 매체에 통보되며, 일반 이용자는 집에서 TV나 라디오, 신문 등을 통해 이 정보를 접하게 된다. 또한 각 매체에서 정규적으로 전달하는 것 외에 일기예보를 알 수 있는 방법으로는 자동예보응답기[2)]를 이용하는 방법이 있다.

2) 국번없이 131

수치예보의 시작

기상연구는 신화와 더불어 시작되었다. 까마득한 옛날 사람들에게 있어 기상은 신이 명령하는 현상이었다. 그 후 인류는 기상의 배후에 자연의 원인이 존재한다는 사실을 깨닫기 시작했고, 몇 세기 동안 과거의 경험을 토대로 날씨를 예측하였다. 17세기 이후 물리학의 발전과 함께 기체의 성질 및 운동에 대해 새로운 사실이 많이 알려졌고, 기상 관측도 비교적 정밀하게 행해졌다. 그러나 기상학의 이론은 1900년경에야 비로소 실제 일기예보에 적용되기 시작하였다.

노르웨이의 비야크네스(Bjerknes, J.)는 매일의 일기를 과학적 법칙을 통하여 예측할 수 있다고 생각하고, 그 방법으로 다음 사항들을 제시하였다. 첫째, 광범위한 관측망을 설치하여 지상과 고층의 기온, 기압, 습도, 풍속 등을 규칙적으로 수집하고 둘째, 이 자료로 일기도를 만들어 이것을 대기의 초기 상태로 하며 셋째, 이 일기도와 기상자료를 수학적으로 분석하여 미래의 일기를 계산하는 것이다. 비야크네스는 위의 방법을 실행하려고 애썼고, 그 결과 관측망을 늘릴 수 있었으나 기상자료를 분석하는데 필요한 수학적인 기술이 없었다. 이 문제에 대한 해결방안을 제시한 이는 영국의 수학자 리처드슨(Richardson, L.)이었다. 그는 복잡한 수식을 간단한 가감승제에 의하여 풀 수 있으리라고 생각하고, 1922년『수치계산에 의한 일기예보』라는 책을 출판하였다. 이 책에서 그는 “일기예보공장”을 서술하고 있는데, 그것은 원형극장 같은 둥근 홀로 벽에는 지구 전체의 지도가 그려져 있고, 천정이 북극, 영국은 2층 관람석, 열대는 2층 정면석, 남극 대륙은 오케스트라 박스에 위치하고 있다. 각각의 위치에서 6만 4천 명의 수학자들이 계산기를 가지고 계산을 하며, 맨 마지막에 그 결과가 점등판에 계시된다는 것이다. 그 당시에는 이것은 꿈같은 이야기였지만 25년도 지나기 전에 컴퓨터의 도움으로 그 꿈은 모두 실현되었다. 최초로 10만 명의 수학자가 할 수 있는 일을 해낸 컴퓨터는 존 노이만(Neumann, J.)이 만든 매니악(MANIAC)이었다. 1950년 기상학자들은 매니악을 이용해서 최초로 미래의 일기를 계산하는 데 성공하였다.

수치예보

수치예보는 넓은 의미로 보면 수치화된 모든 기상정보의 처리과정이다. 이러한 수치 자료를 처리하는 것은 컴퓨터이며, 이런 점을 감안하면 수치예보체계는 하나의 컴퓨터 시스템으로 볼 수 있다. 한편 좁은 의미로 보면 수치예보는 수집된 관측자료를 기상 역학 방정식에 입력하여 일정 기간 후의 예보자료를 산출하는 과정이며, 이것이 우리가 일반적으로 말하는 수치예보이다.

수치예보를 설명하기에 앞서 우선 일기예보를 예측방법에 따라 구분하면 크게 종관예보와 수치예보로 나눌 수 있다. 종관예보는 관측자료를 일기도에 기입, 분석한 후 그 패턴에 따라 날씨의 변화를 예측하는 것으로, 미래의 일기가 예보자의 경험이나 사고에 의해 예측되므로 동일한 일기도에 대한 일기예보 결과는 예보자에 따라 다를 수 있다. 반면 수치예보는 기상역학의 원리에 토대를 두고 기본방정식을 수치적으로 해석하여 수치모델을 구성한 후, 이 모델의 틀 안에서 날씨를 예측한다. 그러므로 수치예보는 수치모델이 일정하면 예보자에 관계없이 동일한 결과를 산출하게 된다.

수치예보는 대기도 우주 내의 모든 물질과 마찬가지로 물리학의 기본 법칙을 따른다는 생각에서 시작된다. 일기예보의 대상인 대기는 운동량보존법칙, 질량보존법칙, 열역학 제1법칙, 기체 상태방정식, 정역학방정식, 수분보존법칙의 지배를 받는다. 이 사실로부터 대기의 운동 및 변화를 지배하는 방정식계를 만들 수 있는데, 방정식계를 구성하는 방정식들은 시간에 대한 미분 방정식이다. 그러므로 이 방정식들에 초기값(기온, 기압, 바람, 습도 등)을 넣고 시간에 대하여 적분한다면 지금 현재 시각으로부터 원하는 시간 후의 일기요소(기온, 기압, 바람, 습도 등)가 계산되게 된다.

원하는 시간이라고 해서 무한정 시간이 흐른 후의 기상도 예측할 수 있느냐 하면 그렇지는 않다. 그 이유로는 첫째, 대기현상 자체가 무수히 많은 입자운동의 산물이기 때문에 몇 가지 상태변수(기온, 기압, 바람, 습도 등)만으로 설명할 수 없고, 그러므로 대기의 운동을 지배한다고 본 기본 방정식계 자체가 대기를 완전히 설명한다고 보기 어렵다. 둘째, 방정식계가 비교적 완전히 갖추어졌다고 할지라도 실제 계산과정에서의 여러 가정 및 오차 때문에 일기예측에는 한계가 있다. 지금까지는 대략 2주까지가 수치예보를 이용하여 예보가 가능한 기간으로 보고 있으며, 우리나라에서는 24, 36, 48시간 수치예보를 발표하고 있다.

분명히 수치예보는 미래의 일기를 예측하려는 오랜 기간 인간의 노력이 결집된 결과이지만, 아직까지는 모든 문제를 완전히 해결한 것은 아니며 좀 더 정확한 일기 예측을 위하여 노력하는 과정이라 할 수 있다. 다음의 몇몇 기사는 최근 기상청이 슈퍼컴퓨터를 도입하여 예측의 정확도를 높이고자 하였지만, 아직 기대에 미흡한 점이 있음을 보여 주고 있다.

장마 전선은 '오르락내리락'…기상청 예보도 덩달아 '오락가락'
– 뉴스1코리아. 2020.07.28

슈퍼컴퓨터 분석도 한계, 전문성 필수 예보관은 기피보직
한국형수치예보모델 내년 도입…데이터 축적 과정 거쳐야

"예보는커녕 이젠 중계도 제대로 못한다. 비가 한창 쏟아붓고 그쳤는데 뒤늦게 '호우경보'를 내는게 말이 되느냐."

장마 전선이 예상 외로 많은 피해를 내면서 기상청을 향한 불신이 커지고 있다. 가뜩이나 불신이 가득한 기상청의 신뢰도 하락에 기름을 끼얹는 모양새다.

일기예보 오보를 줄이는 것은 국가재난 예방을 위해서 반드시 필요하다. 하지만 시스템적 문제가 크고, 기후변화에 따른 변수가 크게 증가한 현실도 감안해야 한다는 항변도 있다. 보다 장기적이고 근본적 해결책을 고민해야 할 시점이라는 지적이 나온다.

행정안전부에 따르면 정부가 보유한 물품 중 기상청이 보유한 슈퍼컴퓨터 5호기는 가장 고가의 장비로 등재돼 있다. 2019년말 기준 가격이 520억원에 달한다. 기상청 슈퍼컴퓨터 4호기도 170억원에 달한다.

기상청은 고가의 최첨단 장비의 분석을 토대로 예보를 내지만 여전히 오보는 적지 않게 발생한다. 일례로 지난 5월 기상청은 7월 말부터 8월 중순에 무더위가 절정에 이를 것으로 전망했지만, 현재 장마 전선이 한반도에 머물면서 기상청의 예보는 빗나갔다.

특히 최근 장마기간 중 기상 예보가 잇따라 틀리면서 시민들 원성이 자자하다. 비가 안 온다고 했지만 비가 오거나, 비가 오는데 안 온다고 예보하는 경우가 많았다.

기상청의 예보에 대한 불만과 불신이 팽배하지만 이는 시스템적 한계의 영향이 크다. 일기예보 선진국도 오보를 내는 경우가 흔하고, 최근에는 기후변화의 영향으로 예측이 더욱 어려워진 점도 감안해야 한다.

우리나라의 경우 영국의 수치예보 모델을 도입해 사용하고 있는데, 영국과 우리나라의 기후 및 지형 조건이 상이한 만큼 컴퓨터의 분석을 마냥 신뢰할 수는 없다. 독자적 수치예보모델을 개발 중이지만 내년 이후에나 도입할 예정이고, 도입 후 오차 보정 등에도 적지 않은 경험과 데이터가 쌓여야 정확도를 높일 수 있을 것으로 보인다.

과거와 달리 예보가 시간대별로 세분화돼 제공되는 것도 오보가 늘었다는 체감을 높이는 요소로 지적된다. 과거에는 하루를 뭉뚱그려 '비가 온다', '구름이 많다', '맑다' 등으로 예보해 상대적으로 오보의 여지가 적었지만, 현재는 시간대별 예보를 제공해 시민들이 체감하는 기상정보 오류가 오히려 늘었다는 항변이다.

컴퓨터 분석을 토대로 한 예보관의 '직감'도 예보의 중요한 요소로 꼽힌다. 하지만 우리나라 기상청의 예보관은 근무강도가 높기로 유명해 보직 변경이 잦다. 똑같은 공무원이지만 주야간 근무를 번갈아가며 일하는 예보관은 과거와 달리 '기피 보직'이 된 것이 현실이다.

한번 출근하면 12시간 이상 연속 근무하는 예보관들은 육체적 피로도 문제지만 정신적 스트레스가 더 크다고 호소한다. 예보가 조금만 틀려도 항의가 빗발치고, 비난과 비판이 집중되기 때문이다. 재난예방의 한 축을 담당한다는 사명감으로 버티지만 '잘 해야 본전'인 기상예보의 특성상 동기부여가 쉽지 않다고 한다.

국회 환경노동위원회 야당 의원실 측 관계자는 "기상청 오보는 반드시 개선해야 할 사안이지만 현재의 시스템으로는 한계도 명확하다"며 "한국형수치예보모델 도입 후 운영방향에 대한 장기적 관점의 고민이 필요한 시점"이라고 말했다.

심언기 기자 eonki@news1.kr

기후 계절 관측

다음은 2007년 6월 29일 자 로이터 통신의 기후 뉴스에 대한 헤드라인이며 기사 내용을 요약하면 다음과 같다.

2007 seen as second warmest year as climate shifts
– Reuters, 2007.06.29

올해 여름은 기상 관측이 시작된 1860년대 이래 두 번째로 더운 해가 될 것이며 파키스탄의 홍수와 그리스의 폭염은 아마도 최악의 수준이 될 것이라고 전문가들이 전망했다.

유엔 국제기상기구 (International Meteorological Organization, IMO)에 자료를 제공하는 영국 이스트 앤질리아 대학 기후연구소의 존스 소장은 "지난 4월까지의 기록으로 보면 올해는 지난 1998년에 육박하는 두 번째 더운 해가 될 것"이라고 말했다.

그는 지난해 발표한 연구보고서에서 화석 연료 연소와 태평양의 엘니뇨 등의 요인으로 온실가스 집중현상이 심해지면서 "2007년이 1998년을 제치고 사상 가장 더운 해가 될 것"이라고 전망했었다. 대부분의 기상학자들은 지구 상에 가뭄과 홍수, 혹서와 강력한 폭풍이 잦아지는 추세라고 보고 있다. 그러나 날씨 자체는 원래 무질서하기 때문에 개별적으로 일어나는 극단적 기후현상은 정상적으로는 온난화의 징후가 아니라고 설명하고 있다.

〈중략〉

지난 150년 동안 가장 더웠던 10차례의 여름은 모두 1990년 이후에 있으며, IMO의 평가에 따르면 지난해는 6번째로 더운 해였다. IMO와는 조금 다른 자료를 사용하는 미국항공우주국(NASA)에 따르면 사상 가장 더운 해는 1998년보다는 2005년이었다. 극심한 재난 가운데는 파키스탄, 인도와 아프가니스탄에서 지난 주 홍수로 인해 500명 이상의 사람이 사망한 것도 있다.

〈이하 생략〉

이와 같이 세계 각국은 물론 나라마다 기후에 대한 중장기 혹은 단기 예측을 통하여 기후에 의한 재앙을 미리 막기 위해 최선을 다하고 있다. 우리나라의 경우, 기상청 산하 전국 69개 관서에서 정규적인 기상관측과 계절관측을 실시한다. 계절관측이란 계절의 빠르고 늦음, 지역적인 차이 등을 합리적으로 관측함으로써 기상상황이 변하여 가는 것을 총괄적으로 파악하는 데 그 목적이 있다. 계절관측은 크게 생물계절, 생활계절 및 기후계절 관측으로 나눌 수 있다. 생물계절 관측은 계절을 대표하는 여러 가지 동 · 식물을 관측하는 것이고, 생활계절 관측은 단풍 시기나 해수욕장 개 · 폐장 시기를 조사하는 것이다. 또한 기후계절 관측은 눈, 서리, 얼음, 관설 및 강하천의 결 · 해빙을 관측하는 것인데, 계절관측 중 가장 객관적인 자료이다.

기후계절의 관측방법은 다음과 같다. 눈과 서리는 관측소 노장 내에 현상이 처음으로 발생한 날과 마지막 날을 관측하는데 발생한 날을 첫눈, 첫서리, 끝난 날을 마지막 눈, 마지막 서리라고 한다. 얼음은 노장 내에 설치한 소형 증발계의 물이 처음으로 빙결되었을 때 첫얼음으로 관측하고, 빙결이 계속되다가 융해되어 빙결이 되지 않으면 마지막으로 빙결이 되었던 날을 마지막 얼음으로 한다. 관설이란 관측소를 중심으로 관측자의 시계 내에 있는 지정된 산정에 눈이 덮인 것을 말한다. 관설관측은 지정된 산에 대하여 시작일과 마지막 일을 관측한다. 관측소 부근에 주요 강하천이 있는 곳에서는 강하천의 결빙과 해빙상태를 관측한다. 강하천의 결빙이란 얼음으로 인하여 수면이 완전히 덮혀서 수면을 볼 수 없는 상태를 말하며, 얼음의 두께와는 상관없다. 강하천의 해빙이란 결빙되었던 수면이 어느 일부분이라도 녹아서 노출된 상태를 말한다. 따라서 결빙시작일과 마지막 해빙일 사이에 몇 번의 결빙과 해빙이 있을 수 있다.

그림 14.5 2020년 단풍절정지도

이렇게 관측된 기후계절은 생활과 밀접히 관련되어 일반 산업 활동, 특히 농업, 교통, 레저 분야에 이용된다. 또한 기후계절 관측의 대상이 주로 겨울과 봄에 일어나는 현상이므로 겨울과 봄의 길이를 나타내는 지표가 되며, 결과적으로 전반적인 기후 변화를 설명하는 요소들 중 하나로 이용될 수 있다.

생물계절 관측은 계절을 대표하는 여러 가지 생물의 상태를 관측하여 계절의 빠르고 늦음, 지역적인 차이 등을 합리적으로 관측함으로써 기상상황이 변하여 가는 것을 파악하는 데 그 목적이 있다. 생물계절은 식물계절과 동물계절 관측으로 구분하여 기상청이 지정한 종목에 대하여 관측하는 것을 원칙으로 하나, 지방의 지역적 특성에 따른 특수종목에 대하여도 관측할 수 있다. 이 관측자료는 기온의 고 · 저와 같은 기상 변화가 실제 계절현상에 미치는 영향을 나타내는 지표로 이용된다. 그러나 산업화, 도시화에 따라 동물의 출현이 적어지고, 또 관측 자체의 임의성 때문에 동물계절 관측은 계절변화 경향을 짐작하는 데만 주로 쓰인다. 반면 식물은 기상청 산하기관에 관측목을 심어 관측하므로 상대적으로 객관적이며, 그 결과가 분석되어 '벚꽃시기발표', '단풍절정지도'와 같이 이용된다.

식물계절 관측의 종목은 벚꽃, 매화, 개나리, 진달래, 아카시아, 복숭아, 배나무, 코스모스, 은행나무, 단풍나무이며, 관측현상은 발아, 개화, 만발, 단풍, 낙엽이다. 관측소 구내에서 관측하는 것이 원칙이나 현재 구내에 표준목이 없거나 과거에 심은 표준목이 늙고 병들어서 관측이 부적당할 경우는 새로 표준목을 심고, 그것이 관측에 적당한 크기로 자랄 때까지는 관측소 부근에 있는 식물을 표준목으로 지정하여 관측하고 있다. 관측목은 관상용이거나 과실을 수확하는 것이 목적이 아니므로 될 수 있는 한 자연상태 그대로 보존해서 관측한다.

또한 동물계절 관측의 종목은 제비, 종달새, 뻐꾹새, 뱀, 개구리, 배추흰나비, 밀잠자리, 참매미이고, 관측현상은 초견, 종견, 초성, 종성이다. 관측소구내 혹은 부근에서 동물계절 관측을 하여야 하지만, 어떤 동물은 매년 잘 나타나는 장소가 대략 정해져 있기에 미리 관측 장소를 조사하였다가 관측하는 경우가 많다. 이러한 동 · 식물 현상은 해에 따라 빨리 또는 늦게 나타날 수 있으므로 관찰자가 과거의 현상발생시기를 대략 알고 있다가 그 시기가 되면 주의 깊게 관찰하고 있다.

계절관측을 하다 보면 추울 때 벚꽃이 핀다든가 가을에 종달새가 우는 등 때아닌 현상이 일어날 때가 있다. 이렇게 각종 현상이 평년(과거 30년)과 전혀 다른 시기에 나타날 때 이 현상을 이상 현상이라고 하며, 사진을 찍고 상세한 사항을 기록하여 그 원인을 조사하고 있다. 이렇게 관측된 동 · 식물 계절관측 자료는 주로 레저 분야에 이용되는데 요즈음은 이상저온, 이상고온과 같은 이상기상현상을 설명하기 위한 기초자료로도 많이 쓰이고 있다.

기후예측을 위한 적합된 통계모형 설정

Climatic Research Unit 웹사이트[3]를 찾아가면 1870년부터 2002년까지의 전 세계에 걸친 평균 온도에 대한 데이터와 오스트레일리아 노던 주(州)의 중심 도시인 다윈과 태평양 남부에 있는 섬인 타이티 사이의 표준화된 기압차이(SOI; Southern Oscillation Index)에 대한 데이터를 얻을 수 있다. 각 데이터를 그림 14.6과 그림 14.7로 나타내면 다음과 같다.

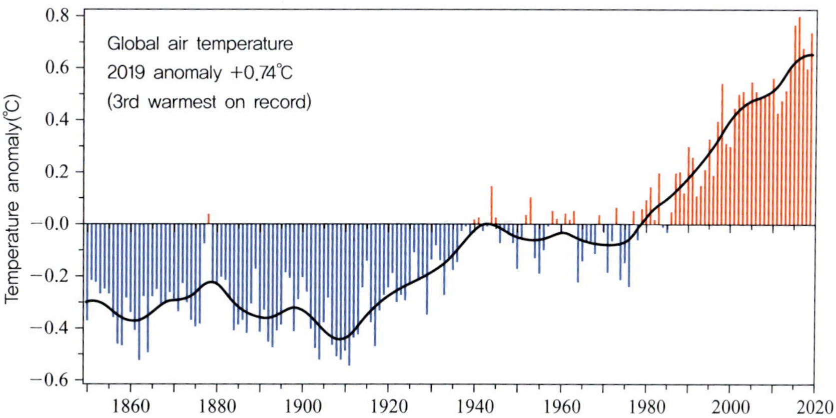

그림 14.6 1860년부터 2020년까지 전 세계 온도 데이터

3) Climatic Research Unit. http://www.cru.uea.ac.uk

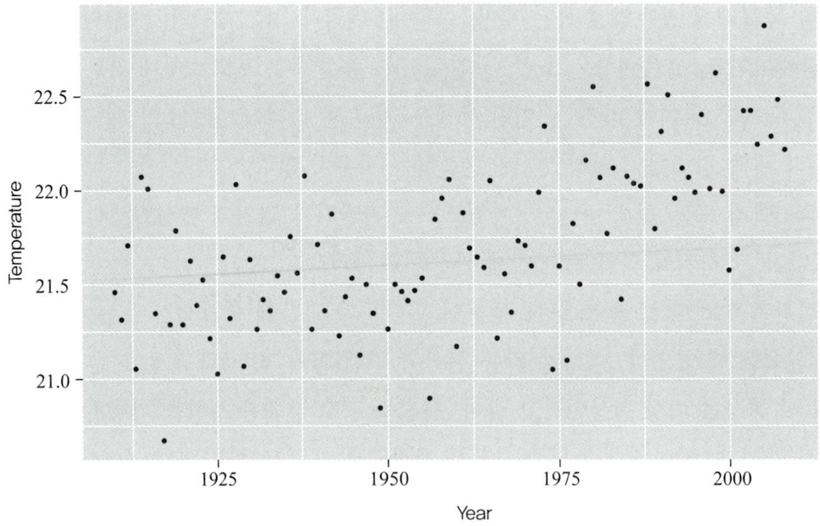

그림 14.7 오스트레일리아 다윈과 타이티 섬 사이의 SOI 데이터

이러한 연도에 따른 온도 데이터와 SOI를 이용하여 통계적 방법으로 모의실험을 한 후, 선형회귀를 적합시키면 다음과 같은 그림을 얻을 수 있다.

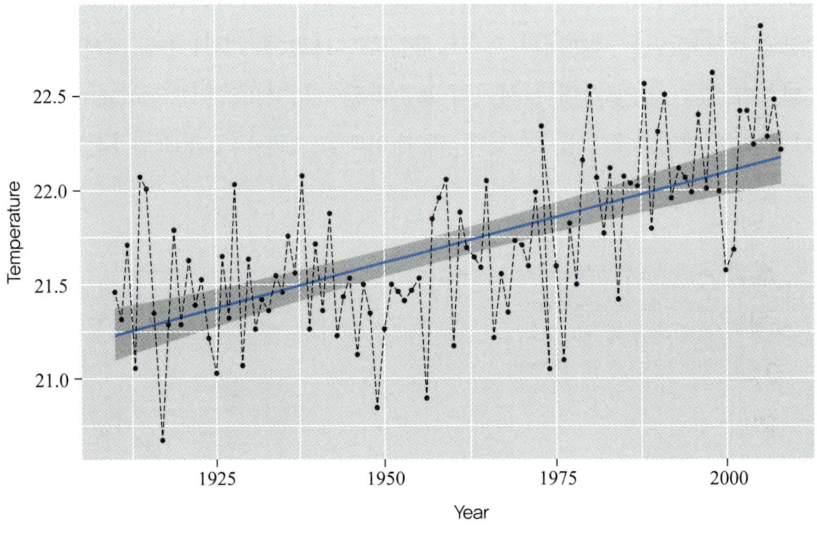

그림 14.8 온도와 데이터와 SOI를 이용한 적합된 회귀모형

여기에 대한 통계모형은 Temperature = 3.822 + 0.009 × Year + 0.0138 × SOI이 된다. 그림 14.7과 같이 예전부터 지금까지의 기후에 대한 데이터를 가지고 통계적 방법을 이용하면 기후에 대한 지금까지의 경향을 분석할 수 있고, 더 나아가 앞으로의 기후에 대해서도 예측할 수 있게 된다.

엘니뇨

엘니뇨란 스페인어로 남자아이(The child) 또는 아기예수를 의미하며, 열대 태평양 적도부근에서 남미 해안으로부터 중태평양에 이르는 넓은 범위에서 해수면온도가 지속적으로 높아지는 현상이다. 2~6년마다 한 번씩 불규칙하게 발생하는데, 주로 9월에서 다음 해 3월 사이에 일어나는 현상이다. 엘니뇨의 어원은 페루와 에콰도르의 국경에 있는 과야킬만에서 매년 12월경 북쪽으로부터 난류가 유입되어 연안의 해수면 온도가 상승하자, 이난류를 따라 평소 볼 수 없던 고기가 되돌아와 페루 어민들이 하늘의 은혜에 감사하는 뜻으로 크리스마스와 연관시켜 아기예수의 의미를 가진 '엘니뇨(El Nino)'라 불렀다고 한다.

그러나 수년에 한 번의 빈도로 해면수온이 평년에 비하여 2~5℃나 높은 상태가 반년에서 1년 이상이나 지속되어 수온 상승에 따른 영양염의 감소에 의하여 물고기의 먹이가 되는 플랑크톤이 격감하여, 안쵸비를 비롯한 연안어업에 커다란 타격을 주고, 페루와 에콰도르 일대에 호우가 빈발하는 등 날씨에 의한 피해가 발생하는 현상도 생겨, 현지에서는 이 현상도 엘니뇨라고 불렀다.

1950년대까지는 엘니뇨 현상을 수년에 남미 연안의 국지적인 현상의 일종이라고 생각하였으나, 1950년대 들어 지구 규모의 대기 · 해양의 관측망이 정비되기 시작하자 남미연안의 국지적인 현상이 아니고, 태평양 적도지역의 중앙부 날짜 변경선 부근까지 미치는 대규모의 것이며, 남미 연안의 현상은 그 일부에 지나지 않음이 밝혀지게 되었다.

더욱이 이 현상은 태평양 열대지역 기압장의 변동과 밀접한 관계가 있어 안쵸비의 어획량 감소 및 홍수의 발생 등에 의하여 페루의 사회 · 경제에 타격을 줄 뿐만 아니라, 전세계에 걸치는 대기 순환에 영향을 미쳐 중 · 고위도까지 포함하는 세계 각지의 날씨에 중대한 영향을 주고 있음을 알게 되었다.

열대 태평양의 해수면 온도 분포는 보통 서태평양이 고온이고, 동태평양 남미연안에서는 남쪽으로부터 페루 한류가 흘러들어서 저온이 된다. 또한 남미연안에서는 용승현상으로 차가운 하층해수가 해수면으로 용출함에 따라 동태평양 페루연안에서는 차가운 해수가 늘 유지된다.

대기의 순환은 이러한 해수면 온도 분포를 유지하는 데 중요한 역할을 하며, 적도지역에서 서쪽으로 부는 무역풍은 서태평양의 더운 해수와 동태평양의 차가운 해수분포를 유지하는 역할을 한다. 무역풍이 해수면의 따뜻한 물을 태평양 서쪽으로 운반하기 때문에 난수층의 두께는 서쪽에서 두껍고 동쪽에서 얇아지고, 해수면 수위는 동쪽보다 서쪽이 40 cm 정도 높아진다. 이 무역풍이 약해지면 서쪽의 난수층은 보통 때보다 얇아

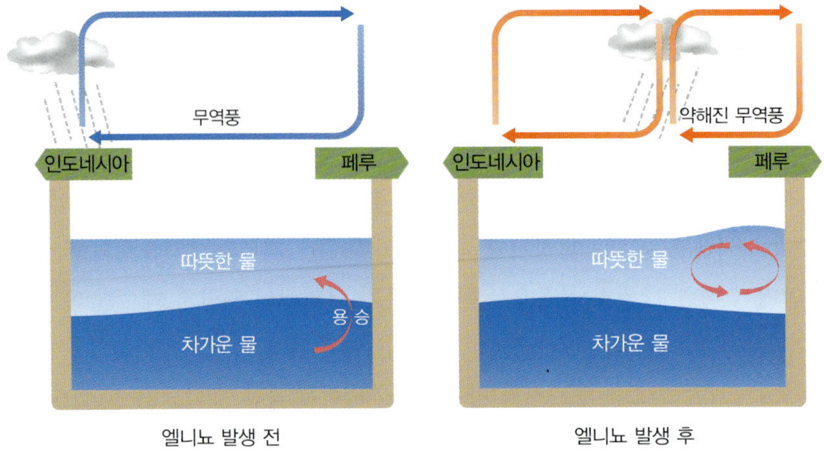

그림 14.9 엘니뇨의 발생과정도

지고 동쪽의 난수층은 두꺼워진다. 이 때문에 용승효과[4]가 약화되고 더운 해수가 동쪽으로 이동함에 따라 중부와 동부 적도 태평양의 해수면 온도는 점차 상승하게 된다.

엘니뇨의 발달은 이와 같이 적도 무역풍의 약화 때문으로 설명되며, 그밖에 동쪽으로 이동하는 해양파에 의한 에너지 전달 등도 중요한 발생 원인으로 꼽히고 있다. 동부 적도 태평양의 해수면 온도가 높은 상태는 무역풍을 더욱 약화시키는 작용을 하여 같은 상태가 안정적으로 지속된다. 이와 같은 해양과 대기의 상호작용 과정이 1년~1년 반쯤 지속되는 엘니뇨현상의 라이프 사이클에 대한 상세한 매커니즘은 아직 밝혀지지 않았다. 엘니뇨현상이 나타날 때 일반적으로 필리핀, 인도네시아, 호주 동북부 등지에서는 강수량이 평년보다 적으며, 반면에 화남 및 일본 남부 등 아열대 지역과 적도 태평양 중부, 멕시코 북부와 미국 남부, 남미대륙 중부에서는 홍수가 나는 등 예년보다 많은 강수량을 보이는 경향이 있다. 또한 알라스카와 캐나다 서부에 걸쳐 고온 경향이, 미국 남동부는 저온이 되기 쉽다. 즉 엘니뇨현상이 발생하면 태평양 상의 에너지 분포가 바뀌고, 대기의 흐름을 변화시켜 페루 등 남미지역과 태평양을 둘러싼 열대, 아열대지역인 인도네시아, 필리핀, 호주 등지에 이상기상을 일으키는 경향이 뚜렷하다. 엘니뇨 발생 시 이와 같이 동태평양에서 발달하는 엘니뇨 영향이 멀리 떨어진 서태평양 연안지역에 뚜렷이 나타나는 이유는 동태평양 열대역의 대류활동의 분포가 변하여 전 지구적으로 많은 대기흐름의 변화를 초래한다. 1950년대 이후의 크고 작은 엘니뇨의 발생은 12회 정도로 약 2~5년의 주기로 발생하였다.

특히 엘니뇨가 가장 강했던 1982~1983년에는 타히티부터 인도에 걸쳐 가뭄과 산불,

4) 일명 용오름 현상. 200~300m의 중층의 찬 해수가 여러 가지 원인으로 상승하여 해면으로 솟아오르는 현상.

홍수 및 허리케인으로 2천여 명이 숨지고, 수천 명의 이재민이 발생하였으며, 이로 인해 전 세계적인 피해액은 무려 130억 달러(약 11조 7천억 원)에 달하였다. 해양의 변화에 따른 에너지의 재분배가 기후변동에 지대한 영향을 줄 수 있음을 1960년대 후반에 비야크네스(Bjerknes, J.)에 의하여 밝혀졌다. 그 연구결과는 크게 관심을 끌지는 못하였지만, 1982~1983년 금세기 최대의 엘니뇨 발생과 함께 해양활동이 이상기후에 미치는 영향에 대한 심각성으로 인해 세계적인 연구의 대상이 되었다.

콩, 옥수수 등 주요 작물의 대부분을 수입에 의존하고 있는 우리나라는, 이들 작물의 생산국인 미국, 호주 등 세계 곡창지대에서 엘니뇨의 영향으로 수확이 줄어 곡물가격이 오르면 수입가격 부담이 커진다. 또한 커피와 코코아 가격 등 수입농산물의 가격인상은 수입농산물을 원료로 제조하는 사료 등 농산물의 가격인상을 불러올 가능성이 높다. 작년 봄부터 발달하기 시작한 엘니뇨현상은 금세기 최고로 강했던 1982－1983년 수준에 도달하고 있어 전 세계를 다시 긴장시키고 있다.

인도네시아 산불로 생긴 동남아의 연무현상도 엘니뇨에 의한 영향으로 보고 있다. 원래 인도네시아 산림지대는 열대성 강우가 자주 내려 화전민들이 불을 놓더라도 금방 꺼졌지만, 올해는 엘니뇨현상으로 더운 해수를 따라 강우대가 동태평양 쪽으로 옮겨가는 바람에 지속적인 가뭄을 맞게 되었고, 이 때문에 대형 산불의 피해를 받게 되었다(동남아시아 연무현상). 이와 같이 사람들은 자기가 살고 있는 환경에 익숙해 있고, 100년에 1~2회 찾아오는 이상기후현상에 무방비할 때가 있다.

정체성을 가지는 더운 해면상에서 지속적으로 방출되는 강한 열기와 습기가 대기 중으로 올라가게 되면, 상승기류와 하강기류가 교체되는 기압계의 흐름을 막아 기압계 배치가 오랜 기간 정체되는 현상이 빚어진다. 저기압이 오랫동안 머무는 지역은 집중적인 폭우가 내리거나 폭설과 한파 같은 기상이변이 일어나는 반면, 고압대에 위치하는 지역에서는 심한 가뭄을 겪는 경우가 많다.

과거 1982~1983년에 걸쳐 엘니뇨현상이 발달했던 당시 페루는 GNP의 12% 가량이 감소하는 등 농업 · 수산업 전반에 걸쳐 큰 타격을 입었으며, 미국은 1983년 여름에 가뭄으로 수백 명이 더위로 사망하고, 가축과 농작물의 피해 등 열대지역에 위치한 나라들은 농산물의 피해를 입었던 것을 감안하면 결코 방심할 수 없는 실정이다. 그래서 지구촌 세계 곳곳에서는 이상기상을 초래하는 엘니뇨현상에 대해 대처 방안을 모색 중에 있다.

엘니뇨가 거의 절정에 달할 때까지 예측을 못하였던 1982－1983년 엘니뇨 때와는 달리 그간의 노력으로 선진국의 엘니뇨감시와 예측능력은 상당히 발전된 수준이다. 선진국들은 엘니뇨의 발달을 미리 예측하여 경각심을 일깨우고 예기치 않은 자연재해를 줄이기 위하여, 농업 · 수산업을 비롯한 각종 산업에 홍보를 게을리하지 않고, 엘니뇨 비

상사태를 선포하는 등 대비에 만전을 기하고 있다. 산불 등에 의한 생태계의 파괴는 회복하는데 최소 50년 이상이 걸린다고 한다. 인도네시아와 같은 실수를 되풀이하지 않기 위하여 우리나라도 기상청 전문가 5인과 학계인사 3인으로 '엘니뇨 대책반'을 구성하였으며, 미국 국제 기후예측연구소 등과 연계하여 대책을 마련하기로 하였다. 또한 관련 부처들과 함께 엘니뇨 워크샵을 개최하여 보다 내실 있는 대책을 강구하여 나갈 것이며, 엘니뇨 및 기후변화에 대한 범정부적인 대응방안을 마련하여 추진해 나갈 계획이다.

지구의 온난화

지금 가장 중요한 토픽 가운데 하나가 지구의 온난화이다. 미국의 부통령이었던 고어(Gore, A.)는 『불편한 진실』(김명남, 좋은생각, 2006)이라는 책을 발간하면서 지구 온난화의 가속화에 경종을 가하였다. 하지만 대다수의 과학자는 아직 고어가 주장하는 온난화의 가속화에 대해 동의하지 않고 있는 편이다. 즉 고어가 예로 든 킬리만자로산 정상의 만년설이 녹아내린다든가 하는 것들의 부분적인 현상으로 전체를 확대 적용하기에는 무리가 있다는 뜻이다.

하지만 우리나라의 경우를 보면 생각이 달라질 수밖에 없다. 사과를 보면 일제 강점기 시절 선교사가 가져온 사과나무가 대구에 심겨지면서 1960－70년대를 풍미하였던 대구사과는 이제 더 이상 대구에서는 보기가 힘들어졌다. 도리어 경북 북부지방인 안동이나 영주 등지에서 많은 사과 과수원을 볼 수 있으며, 한 대형시장에서는 영월 사과를 최고의 당도로 간주납품 받기로 하였다고 한다. 사과의 경우 일교차가 큰 지역에서 색깔이나 당도가 다 좋으므로 더운 지방에는 부적절한 과일로 알려져 있다. 그림 14.10은 사과 재배 최적지가 어디로 이동하고 있는가를 보여 주고 있다.

또한 태평양의 국가 투발루는 이제 온난화로 인하여 해수면이 상승함으로써 지구상에서 사라질 운명에 처해 있다. 비단 투발루뿐만 아니라 휴양지로 유명한 몰디브 또한 서서히 사라지고 있다고 한다. 그린란드도 온난화를 비껴갈 수 없다. 빙하가 녹아내려 2만여 명의 에스키모들이 갈 곳이 없으며, 300여 명으로 이루어진 마을에서 2~3명의 유능한 사냥꾼이 익사하는 사고가 잦다고 한다. 북극곰 또한 익사하는 예가 흔해졌음은 물론이다. 서서히 다가오는 온난화의 여파를 생각하면 이제 지구상의 모든 국가가 힘을 모아 이 문제를 보다 심각하게 공동으로 대처해야 할 시점이 도래한 것 같다.

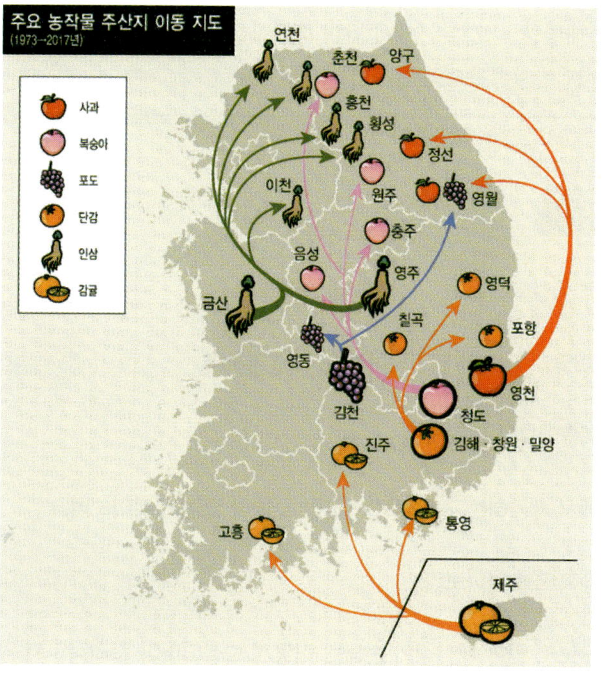

그림 14.10 주요 농작물 주산지 이동 지도

되돌아보기

기상통계는 이제 생활에 꼭 필요한 정보이다. 태풍의 강도나 진로예측을 포함한 기상정보는 자연재해 피해를 줄이기 위하여 꼭 필요한 정보이기도 하다. 이러한 모든 기상정보의 근거는 기상 관련 데이터를 분석한 기상통계임을 확인하였다. 또한 날씨가 경제와도 직결되어 있음을 짚어보았다.

특히 지구의 온난화에 대한 우려가 점차 현실로 나타나고 있는 시점에서 기후 변동에 대한 예측과 원인 분석을 비롯하여 대기 오염에 대한 대책을 세울 때도 통계적 접근이 필요함을 알 수 있었다.

용어정리

- **강수확률예보** 범주 예보와 달리 강수 확률을 백분율로 나타내는 것
- **수치예보** 넓은 의미로 수치화된 모든 기상정보의 처리과정
- **계절관측** 계절의 빠르고 늦음, 지역적인 차이 등을 합리적으로 관측하는 것
- **생물계절** 관측은 계절을 대표하는 여러 가지 생물의 상태를 관측하여 계절의 빠르고 늦음, 지역적인 차이 등을 합리적으로 관측함으로써, 기상상황이 변해가는 것을 파악하는 것

- **엘니뇨** 열대 태평양 적도 부근에서 남미 해안으로부터 중태평양에 이르는 넓은 범위에서 해수면 온도가 지속적으로 높아지는 현상

배운 것 익히기

1 주위에 생활과 직결되어 있는 기상정보를 살펴보라.

2 날씨 정보가 어떻게 재화와 연결되어 있는지 설명하라.

3 수치예보와 확률예보를 비교하라.

4 현재 기상청에서 제공하는 기상정보는 어떤 것들이 있는지 찾아보라.

5 기상예보의 정확도를 알아보라.

6 기상예보의 오보로 인한 재산상의 손해는 어떻게 보상되어야 합리적인지 말하라.

출처

1장

- **그림 1.2–1.4** 하지홍, 김경석. (1998), 기타 : 한국 토종개의 기원에 관한 고찰. 한국축산학회지, 40(6), 701–710.

3장

- **그림 3.1** 네이버증권 내 삼성전자 주가 차트 참고 (2020. 12. 2)
- **그림 3.2** Playfair, W. (2005), "Playfair's commercial and political atlas and statistical breviary", Cambridge University Press.
- **그림 3.3** Nightingale, F., Farr, W., & Smith, A. (1858), "Notes on Matters Affecting the Health, Efficiency, and Hospital Administration of the British Army"
- **그림 3.4** 기상청, 기상자료개방포털, 기온분석그래프.
- **그림 3.5** 통계청, 소비자물가지수.
- **그림 3.12** 통계청, 통계지리정보서비스. 전국인구추계 피라미드.
- **그림 3.16** Lukaye, Joshua & Etano, Godfrey & Abbott, Geoffrey. (2017), "Molecular Organic Geochemistry of Crude Oils from the Albertine Graben, Uganda: Possible Implications on the Expulsion of the Oils from the Source Rocks". *Journal of Earth Science and Engineering*. 7.
- **그림 3.17** 유용주, (1998), "IMF체제 6개월간의 경제상황과 국별비교", CEO Information. 145.
- **그림 3.19** Herman Chernoff (1973), "The Use of Faces to Represent Points in K–Dimensional Space Graphically", Journal of the American Statistical Association. American Statistical Association. 68 (342): 361 – 368.
- **그림 3.20** Turner, E., (2004). Life in Los Angeles. Gene's Map Gallery(online)
- **그림 3.21** Minard, Charles–Joseph (1781–1870), "Tableaux graphiques et cartes figuratives," Bibliothèque numérique patrimoniale des ponts et chaussées, accessed November 28, 2020, https://patrimoine.enpc.fr/document/ENPC01_Fol_10975.

4장

- **표 4.1** 통계청, 소비자물가조사, "2020년 8월 소비자물가동향"

5장

- **그림** 5.1 뷔퐁의 바늘실험, https://mste.illinois.edu/activity/buffon/
- **표** 5.1 통계청, 생명표(2019)
- **본문**: 도로교통공단, 교통사고분석시스템(TAAS), 교통사고건수.
- **본문**: 허명회, (1994), 14면 주사위의 확률. 응용통계연구, 7(1), 113-119.
- **본문**: 채경철, & 이충석, (1995), 14면 주사위 확률에 대한 역사적 고찰, 응용통계연구, 8(2), 179-185.
- **기사**: 신동흔, "유방암 치료약「타목시펜」 예방에도 효과", 조선일보.
- **기사**: 김수진, "美 앞지른 대장암 완치율… 말기 환자도 30% 생존율", 헬스조선.

6장

- **그림 6.1** 전통 윷놀이, © NoonBusin/Shutterstock
- **그림 6.2** 카드게임의 하나인 포커게임, © StarLine/Shutterstock
- **그림 6.6** 스포츠 토토, https://www.sportstoto.co.kr/
- **그림 6.7** 마작, © ben bryant/Shutterstock
- **그림 6.8** 마작을 즐기는 중국인, © Bullstar/Shutterstock

8장

- **그림 8.1** 지영호, "8천억 리서치시장, 매출 1위는 정치여론조사...'한철 장사' ARS 제외", 머니투데이.
- **표 8.10** 잡코리아 내 기업정보 및 공시된 재무정보 참고

9장

- **그림 9.9** Skodak, M., & Skeels, H. M., (1949), A final follow-up study of one hundred adopted children, The Pedagogical Seminary and Journal of Genetic Psychology, 75(1), 85-125.

10장

- **본문 10.2** 통계청(2019), 「2019년 12월 및 연간 소비자물가동향」.
- **본문 10.4** IPCC, 2014: Climate Change 2014: Synthesis Report. Contribution of Working Groups I, II and III to the Fifth Assessment Report of the Intergovernmental Panel on Climate Change [Core Writing Team, R.K. Pachauri and L.A. Meyer (eds.)]. IPCC, Geneva, Switzerland, 151 pp.

- **표 10.4** 기상청, 생활기상정보.
- **표 10.5** 기상청, 생활기상정보.

11장

- **기사** 왕해나, "국내 코로나19 백신 · 치료제 개발 어디까지 왔나", 이데일리.
- **그림 11.1** 미국 국립보건원(NIH) 임상시험 온라인 등록 시스템, www.clinicaltrials.gov
- **그림 11.2** 식약처, 임상시험계획 승인현황 자료 이용, KoNECT 재가공 그래프.
- **그림 11.5** 한미약품, 신약개발 프로세스.

13장

- **그림 13.2–13.6** United Nations, Department of Economic and Social Affairs, Population Division. World Population Prospects: The 2019 Revision. (Medium variant).
- **그림 13.7** 통계청, 통계지리정보서비스, 전국인구추계 피라미드.
- **그림 13.8–13.9** 통계청(2019), 「장래인구추계: 2017~2067년」.
- **그림 13.10–13.12** 통계청(2020), 「2019년 출생 통계」.
- **그림 13.13** 통계청(2019), 「장래인구추계: 2017~2067년」.
- **표 13.1** 통계청(2019), 「장래인구추계: 2017~2067년」
- **표 13.2** UN(2017), 「World Population Prospects: The 2017 Revision」
- **표 13.3** 통계청(2019), 「장래인구추계: 2017~2067년」

14장

- **기사** 심우일, "변화무쌍한 하늘... 날씨파생상품 도입 물꼬", 서울경제.
- **기사** 이명균, "기후시스템 교란 경제활동 크게 위축…보험료 인상 · 산업구조 변화 불가피", 조선일보.
- **기사** 기상청 일기예보 예측, https://www.news1.kr/articles/?4009625.
- **기사** Alister Doyle, "2007 seen as second warmest year as clinate shifts", Reuters.
- **그림 14.3** 뮌헨 재보험회사 연례보고서(2004, 2005)
- **그림 14.4** 소방방재청, 기상재해 피해액 추이.
- **그림 14.5** 산림청 2020년 단풍절정지도.
- **그림 14.10** 주요 농작물 주산지 이동 지도, 한겨레, "온난화가 밀어올린 과일 재배지... 사과는 정선, 복숭아는 충주"

찾아보기

ㅂ

ㅅ

ㅇ

ㅈ

ㅊ

저자 소개

김영민
연세대학교 응용통계학과 졸업
Iowa State University 통계학박사
현 경북대학교 통계학과 조교수

김용구
경북대학교 통계학과 졸업
Ohio State University 통계학박사
현 경북대학교 통계학과 부교수

송준모
서울대학교 통계학과 졸업
서울대학교 통계학박사
현 경북대학교 통계학과 부교수

이경은
경북대학교 통계학과 졸업
Texas A&M University 통계학박사
현 경북대학교 통계학과 부교수

조교영
경북대학교 통계학과 졸업
Virginia Polytechnic Institute
and State University 통계학박사
현 경북대학교 통계학과 교수

조길호
경북대학교 통계학과 졸업
영남대학교 이학박사
현 경북대학교 통계학과 교수

통계로 세상보기 제2판

저 자 김영민 · 김용구 · 송준모
이경은 · 조교영 · 조길호
발 행 인 김지영
발 행 처 자유아카데미
주 소 경기도 파주시 회동길 37-42
파주출판도시
전 화 031-955-1321
팩 스 031-955-1322
홈페이지 www.freeaca.com
전자우편 main@freeaca.com(대표)
editor@freeaca.com(편집)
crm@freeaca.com(영업)
등 록 제406-2003-017호, 1980. 7. 12
제2판1쇄 2021년 2월 25일 발행
제2판2쇄 2023년 2월 10일 발행
정 가 25,000원

저자와의
협의하에
인지생략

ISBN 979-11-5808-302-1 93310